地下工程绿色支护设计与施工

刘兴旺　施祖元　编著

中国建筑工业出版社

图书在版编目（CIP）数据

地下工程绿色支护设计与施工/刘兴旺，施祖元编
著. —北京：中国建筑工业出版社，2015.3
ISBN 978-7-112-19224-3

Ⅰ.①地… Ⅱ.①刘… ②施… Ⅲ.①地下工程-支
护工程-结构设计②地下工程-支护工程-工程施工
Ⅳ.①TU94

中国版本图书馆 CIP 数据核字（2016）第 049872 号

本书对多种地下工程绿色支护技术进行了详细介绍，并配合大量工程实例予
以说明，理论与实践紧密结合。本书主要内容包括：绿色理念与地下空间、可重
复使用的基坑支护体系、与主体结构相结合的支护技术、超深地下空间组合支护
技术、环境保护技术。本书可供相关专业技术人员参考使用。

责任编辑：李 明 李 阳 周 觅
责任设计：董建平
责任校对：陈晶晶 赵 颖

地下工程绿色支护设计与施工
刘兴旺 施祖元 编著
*
中国建筑工业出版社出版、发行（北京西郊百万庄）
各地新华书店、建筑书店经销
北京佳捷真科技发展有限公司制版
北京圣夫亚美印刷有限公司印刷
*
开本：787×1092毫米 1/16 印张：16½ 字数：409千字
2016年3月第一版 2016年3月第一次印刷
定价：45.00元
ISBN 978-7-112-19224-3
(28488)

序

近年来随着我国经济的发展和城市化的推进，地下空间开发利用的力度逐步加大。为解决交通拥堵问题，不少城市正在建设地铁；为解决停车难问题，大量地下停车库不断新建；为解决城市的有机更新，地下综合管廊、地下排洪系统等也已列入建设计划。地下空间开发利用首屈一指的技术难题即为深基坑支护，支护设计或施工不当，不仅可能危及自身安全，同时影响到周边环境要素（如邻近建筑物、道路、管线等）的安全和正常使用。在举国上下大力发展绿色建筑的今天，绿色理念也正逐步融入深基坑支护中。

浙江省建筑设计研究院于1995年成立了结构与岩土工程研究室，引进了一批优秀的博士和硕士，在建筑结构及岩土工程领域开展了卓有成效的工作。特别是在绿色支护技术方面，多年来在引进国外先进技术的基础上，结合我国国情及水文地质条件，取得了一大批创新性较强的科技研究成果，并在实际工程中大胆应用，社会效益和经济效益显著。该书的作者刘兴旺博士、施祖元博士具有多年的从业经验，结合浙江省建筑设计研究院多年来的工程实践，针对传统支护形式存在的问题，系统地介绍了绿色支护技术的设计与施工要点，涉及的主要技术包括：可重复使用的支护结构（由 SMW 工法或 TRD 工法形成的型钢水泥土连续墙、多种形式的预应力钢结构支撑）、与主体结构相结合的支护技术（地下连续墙"二墙合一"、逆作法、中心岛法）、超深地下空间组合支护技术（基坑施工过程临时加深的组合支护结构、超深坑中坑、复杂地下障碍物的处理）以及环境保护技术（保护地铁盾构隧道、历史建筑、浅基房屋等）。

该书对涉及的各种绿色支护技术，均提供了多个具体的工程案例，这些案例是理论与实践相结合的较好的典型，不仅总结了应用中存在的主要问题，而且提出了解决方案，对工程设计和施工具有重要的参考价值。

益德清

前　言

　　自 1995 年学校毕业参加工作至今已有 20 年，正赶上我国改革开放以来的高速发展期。1995 年以前，地下空间开发的规模很小，建筑物大多不设地下室或仅设置 1 层地下室，采用的支护形式也相对简单。随着高层建筑的不断建设和城市规模的扩大，地下空间的开发力度持续加大，基坑工程逐步呈现"数量多、面积大、开挖深"等特点，同时，环境保护和可持续发展要求日益提高，支护设计原则正逐步从稳定、强度控制为主转向变形控制为主，绿色理念正逐步贯入支护设计与施工中。

　　本书介绍的实例基本反映了绿色支护技术在我国应用与发展的过程。1997 年～2000 年，杭州凯悦大酒店工程，设三层地下室，采用地下连续墙"两墙合一"和上下同步逆作法施工技术，充分将主体结构与支护结构相结合。2006 年～2010 年，浙江省建筑设计研究院和杭州大通建筑工程有限公司开展了型钢水泥土搅拌墙和预应力装配式钢管内支撑组合支护应用研究，并在杭州运河宾馆、宁波恒丰金融商贸中心等项目中，运用该技术取代传统的钻孔灌注桩结合混凝土内支撑方案，取得成功。2010 年，杭州大通建筑工程有限公司从日本引入渠式切割型钢水泥土连续墙技术，并在国内首次应用到杭州下沙智格办公楼项目，效果较好。鉴于传统钢管支撑存在的问题，2012 年以来，在中国工程院院士、浙江大学滨海和城市岩土工程研究中心主任龚晓南教授的关心和支持下，预应力装配式型钢组合支撑在杭州、上海、昆明、南京等地广泛应用，杭州上塘单元 R22-02 地块小学工程（4 号楼）项目首次应用了预应力装配式型钢拱形支撑，余政储出【2014】22 号地块项目，将预应力装配式鱼腹梁组合支撑应用于软土地基平面尺寸约 200m×120m、开挖深度约 16m 的大型基坑。型钢水泥土墙与预应力装配式钢结构支撑的组合支护结构，在确保安全的基础上，可重复使用型钢，缩短建设工期，节省工程造价，减少环境影响，同时避免了围护体成为地下障碍物，保证了土地资源的持续开发利用。

　　为充分利用地下空间，工程建设中需要解决一些特殊的技术难题。杭州湖滨 25、22、19 号地块工程和杭州钱江时代国际广场项目，均面临着基坑工程已进入挖土施工阶段而地下室需要增加一层的若干技术难题；杭州广利大厦、杭州地铁 1 号线龙翔桥上盖物业以及杭州城西银泰等项目，建设场地原有围护桩、工程桩及地下结构等成为深层地下障碍物。杭州武林门旅游客运中心改造项目，三层地下室的一部分位于大型河道范围，涉及的地下障碍物包括原有河道驳坎、码头基础及工程桩等，基坑各侧侧压力严重不平衡，本书介绍了上述技术难题的解决方案。

　　在环境保护方面，运营地铁盾构隧道、浅基础老旧房屋、文保或历史保护建筑等环境设施对基坑变形相当敏感，本书结合浙二医院脑科中心、萧山华润万象汇、浙江广发大厦等项目，介绍了针对各种复杂条件的环境保护技术。

　　本书在编写过程中自始至终均得到中国工程设计大师益德清教授级高级工程师的关心和指导，浙大网新科技股份有限公司吴世明教授对本书的结构及内容提出了很好的建议，在此深表感谢！浙江省建筑设计研究院杨学林、袁静、李冰河、曹国强、陈东、陈卫林、童磊、马少俊、陈萍和黄杰卿等同志为本书提供了丰富的工程资料，东通岩土科技（杭州）有限公司李瑛博士、上海强劲地基工程股份有限公司刘全林教授、浙江大学童根树教授和潘秋元教授为本书提供了宝贵的技术资料，在此一并表示感谢！

　　由于水平和能力所限，书中定有不妥之处，请予批评指正！

浙江省建筑设计研究院

刘兴旺

2015 年 11 月 26 日

目　　录

1 绿色理念与地下空间

1.1 绿 色 建 筑

改革开放以来，我国的经济建设取得了举世瞩目的成就，人民生活水平不断提高，城市面貌日新月异。与此同时，经济发展过程所带来的环境问题也日益严峻，空气质量、水土污染等环境问题困扰了人们的生活。我国人口众多、资源紧张，如何在稳步发展的同时减少资源的消耗，保护环境，实现"青山、绿水、蓝天、白云"，具有十分重要的现实意义。绿色建筑在我国的大力发展也正基于此时代背景。

绿色建筑是指在建筑的全寿命周期内，最大限度节约资源，节能、节地、节水、节材、保护环境和减少污染，提供健康适用、高效使用、与自然和谐共生的建筑。为应对全球气候变化、资源能源短缺、生态环境恶化的挑战，1980年，世界自然保护联盟首次提出"可持续发展"的口号，节能建筑体系逐渐完善，并在德、英、法、加拿大等发达国家广泛应用。中国政府自1992年以来相续颁布了若干相关纲要、导则和法规，大力推动绿色建筑的发展。2004年9月，建设部"全国绿色建筑创新奖"的启动标志着中国的绿色建筑发展进入了全面发展阶段。2006年，建设部正式颁布了《绿色建筑评价标准》。2009年8月27日，中国政府发布了《关于积极应对气候变化的决议》，提出要立足国情发展绿色经济、低碳经济。2009年11月底，在积极迎接哥本哈根气候变化会议召开之前，中国政府作出决定，到2020年单位国内生产总值二氧化碳排放将比2005年下降40%～45%，作为约束性指标纳入国民经济和社会发展中长期规划，并制定相应的国内统计、监测、考核制度。

我国目前正处于新型城镇化的过程中，从传统建筑转向绿色建筑，以低碳为导向，发展循环经济，建设低碳生态城市。节约、智能、绿色、低碳等生态文明的新理念需要融入到工程建设的方方面面，最终实现可持续发展。

1.2 地 下 空 间

在大力发展绿色建筑的同时，地下空间由于具有节能、节地、环保等概念而具有广阔的开发利用前景。所谓地下空间，主要是指人类为满足某方面的需要而对地表以下的介质进行有目的的改造而生成的人工空间，如地下储物库、地下停车场、地下商城、地铁车站及隧道、地下通道、人防战备工程、地下工厂、地下河川等。人类开发和利用地下空间已经有悠久的历史。中国在地下储粮已有5000多年的历史，公元前8世纪到前5世纪，中国的铜矿矿井就有竖井和斜井，深达40m以上。进入20世纪，人们开辟了地下空间利用的新领域。20世纪30年代初，日本首先在地铁出入口的通道两侧设置商店，随后开始兴建地下商业街。20 世纪 40 年代初，瑞典在岩石中建成了地下污水处理厂。第二次世界大战后，许多国家都有步骤地将一些重要的工业和军事工程转入地下，并在城市中大量构筑平时和战时两用的地下民防工程。20 世纪 70 年代以来，随着现代科学技术和工业的发展，地下空间的利用逐步转到保护地面环境、节省能源、解决城市交通等方面，地下快速轨道交通系统与地下街区的有机连接形成地下城。地下高速道路、排洪与蓄水的地下河川、地下热电站和蓄水的融雪槽等设施的建设进一步发挥了地下空间的作用。进入到 21 世纪后，我国地下空间的开发利用突飞猛进，逐步呈现出"数量多、规模大、功能多元化"的特点。地下空间的建设也同时面临着基坑开挖深度深、水文地质条件复杂、环境保护要求高等问题，由于缺少宏观、长远、系统的地下空间规划，后期的地下空间开发对既有地下空间的保护和综合利用已成为困扰工程界的难题。

与地面建筑内部空间相比，地下空间主要具有下列优越性：

（1）恒温，能较好地绝热和蓄热，节约能源；

（2）抗震性能好；

（3）隐蔽性好，能经受和抗御武器的破坏；

（4）节约土地资源。

当然地下空间同时存在阳光短缺、温差小、湿度大、空间封闭压抑、空气不易流通、人员活动不自在、环境噪声、微生物繁殖快等缺点。这些问题已引起人们的日益关注，并在进行研究解决，以使人们在其内部能更好地生产和生活。

基于绿色、低碳的发展理念，地下空间的开发利用在我国具有广阔的前景。

1.3　传　统　支　护　技　术

地下空间开发中首当其冲的难题即为深基坑支护，支护技术随着工程实践的发展而不断发展。基坑支护形式的选取需要考虑的主要因素包括：基坑开挖深度、地质条件、场地条件及环境保护要求等，常用的基坑围护形式有放坡、土钉墙、复合土钉墙、重力式挡墙、桩墙式支护结构、组合支护结构等。

放坡开挖在开挖深度浅、环境及土质条件较好的基坑工程中应用广泛，在粉土地基上的应用最大开挖深度超过 10m，但在软土地基上成功应用的开挖深度一般不超过 5m。

优点：

（1）施工简单、建设工期快；

（2）成本低；

（3）地下室施工完成后如注意填料的选择，不会形成地下障碍物。

缺点：

（1）需要较大的建设场地，在城市中心区域基本没有实施的可能，在郊区、开发区等用地较为宽松的区域应用较多；

（2）适用的开挖深度较浅，开挖深度较深时，除了稳定及变形控制难度大之外，地下室完成后需要进行大量的回填工作，大体积回填土的要求严格、费用高、时间长，回填不密实时易产生地面沉降，曾有不少项目在工程完成后由于回填地面下沉造成进户管线断裂，影响居民的生活；

（3）在软土地基上基坑变形控制难，适用于周边环境对基坑变形控制要求不严的工程。

土钉墙或复合土钉墙在放坡开挖的基础上通过增设土钉、竖向加强体等措施，改善边坡土体的性质，提高其地基承载力，增加边坡的稳定和变形控制能力，应用范围在技术上较放坡开挖更广。但土钉伸入到坑外，形成永久的地下障碍物，可能会影响后续工程的施工，而且土钉如超越用地红线，还需得到相关部门的同意和协调好与周边的关系。由于土钉墙对基坑土方开挖的要求较为严格，在软土地基上，当开挖深度较深、土钉竖向道数较多时，施工常常因为土方开挖难度大而出现违规现象，从而容易引发工程事故。因此，在软土地基上土钉墙的适用开挖深度一般不超过 5m，复合土钉墙的适用开挖深度一般不超过 7m。

重力式挡墙一般由多排水泥土搅拌桩或高压旋喷桩组成，通过边坡土体加固措施，使边坡的稳定得到保证，基坑变形满足要求。其主要优点是施工简单，土方开挖方便；但同时存在围护体占地面积大、对较深基坑变形控制效果不好的缺点。多排水泥土搅拌桩或高压旋喷桩施工时，挤土效应对周边环境的影响不容忽视，施工速度过快、施工次序不当易产生环境灾害。由于近年来环境保护要求越来越高、建设场地有限，因此重力式挡墙的应用趋于减少，但在基坑内部局部电梯井等坑中坑的支护中应用广泛。

桩墙式支护结构的应用最为广泛。桩墙式支护结构是由围护墙和内支撑或锚杆（索）组成的支护结构，地下水位较高时，当采用沉管灌注桩、钻孔灌注桩等桩型作为围护桩，需要在围护桩后设置由连续搭接的水泥土搅拌桩或高压旋喷桩形成的截水帷幕；近年来集挡土与截水于一体的地下连续墙、咬合桩等的应用逐渐增多；内支撑常用材料为钢筋混凝土内支撑，有条件时也采用预应力锚杆（索）代替内支撑。目前工程中应用桩墙式支护结构的主要问题如下：

（1）部分围护桩型施工过程存在较大的环境影响，如沉管灌注桩施工时存在振动及挤土效应，当基坑周边存在浅基础建筑物、地铁盾构隧道等对外界扰动较为敏感的建筑物或设施时，成桩施工易产生过大的变形，甚至使结构开裂；采用钻孔灌注桩工艺时，大量的泥浆排放成为社会环境负担，处理难度大、成本高。

（2）围护桩在围护功能结束后不能重复利用，形成地下障碍物，当地下空间需要进一步开发利用时，破除既有围护桩成为工程难点。

（3）钢筋混凝土内支撑施工工期长，拆除困难，且拆除后成为建筑垃圾，不能重复利用。基坑平面尺寸较大时，这个问题更加突出。

（4）采用预应力锚杆（索），存在变形控制效果不佳、环境保护及锚杆（索）形成地下障碍物、超越红线等问题。

实际工程中采取的围护措施常常是以上各种形式的组合。

1.4 绿 色 支 护 技 术

针对传统支护技术存在的问题，近年来具有绿色概念的支护技术在工程中逐步推广应用和深入发展。传统的支护技术存在的共性问题，主要包括如下几类：

（1）材料的不可重复利用。

在目前的基坑工程中，钢筋混凝土钻孔灌注桩和钢筋混凝土内支撑量大面广，应用最为广泛。但基坑工程完成后，钻孔灌注桩成为地下障碍物，而混凝土内支撑拆除后成为建筑垃圾，需另行处理；拆除过程中，产生噪声、粉尘，对周边环境有一定影响；机械拆除时，操作不当，也易使围护墙在拆撑阶段产生较大变形，影响周边环境的安全。

（2）部分施工工艺存在严重的材料浪费现象。

如软土地基上的三重管高压旋喷桩，成桩过程中，不少水泥浆液从桩孔溢出，形成废浆。某工程现场统计表明，近30%～50%的水泥浆溢出后成为废浆，现场需准备较大的废浆池，并需要考虑外运。

（3）基坑围护工作结束后，围护体成为地下障碍物，影响了后续工程的进行。

与围护桩相比，土钉、锚杆、锚索等的影响更为突出。有些土钉伸入到市政道路之下，市政管线顶管施工时，遇到土钉而无法进行下去；有些土钉伸入到邻近建设工地，造成邻近围护桩及工程桩施工困难。

目前工程中采用较多的绿色支护技术，主要包括：

（1）可重复使用的支护体系。

型钢水泥土墙和钢结构支撑是住房和城乡建设部一直在大力推广应用的基坑支护技术，型钢水泥土墙技术通过在水泥土中插入型钢，形成集挡土与截水于一体的围护墙，地下室施工完成、围护功能结束后，将型钢从水泥土中拔出，经整修后供下个工程再次使用。

采用钢管、H型钢等作为主要受力构件，通过标准节点、现场装配和预应力技术，形成刚度较大、装拆方便的钢结构支撑，克服了传统混凝土支撑的缺点。型钢水泥土墙与钢结构支撑的组合，在具有绿色概念的同时，能缩短基坑的施工时间，促进材料的周转利用。

（2）对平面尺寸超大的深基坑工程，将基坑支护与主体结构相结合，充分利用主体结构作为支护结构的一部分。具体包括：

1）地下连续墙同时作为地下室外墙，即"二墙合一"，需要时，地下连续墙可进一步作为竖向承重或抗拔构件。

2）对超大超深基坑工程，利用主体地下结构作为基坑施工过程的支撑系统，采用"逆作法"或"中心岛"的施工工艺，在提高整体安全度的同时，减少资源消耗。

（3）复杂地层的地下空间开发利用技术，主要包括：

1）既有地下空间的深化利用技术。在不少城市的中心区域，由于历史原因，已经形成的地下室往往只有一层，由于轨道交通建设和城市地下空间的综合开发需要，既有浅部地下结构需要拆除、改造或加深。

2）深层障碍物的清除技术。超深地下空间开发过程中，需要克服废弃的江堤、驳坎、飘石等深层障碍物的不利影响，保证围护墙的施工质量和性能。

3）超深地下空间的开发利用。在许多城市，为解决交通、停车问题，大量城市综合体不断兴建，地下室层数达到5层以上，如本书实例中的浙江国贸总部大楼、杭州国大城市广场等；新型的智能停车系统促进了超深地下立体车库的建设，如本书实例中的杭州荣邦水岸莲花项目和杭州密渡桥路地下车库。超深地下空间开发时，涉及到各种复杂地层和承压水问题。

(4) 复杂环境条件下的基坑支护措施。

随着地下空间的深入开发利用，地下室的面积越来越大、深度越来越深，环境保护面临较为严峻的形势。一旦建筑物因损伤严重需要拆除，将直接造成房屋资源的损失；当由于基坑坍塌而导致房屋倒塌时，直接影响到人民的生命财产安全；当房屋因损伤而需加固时，技术难度大，费用高，甚至影响建筑使用寿命，降低整体安全度。基坑周边管线遭到破坏，将引起电力中断、煤气泄漏、供水和排水中断等问题，管线安全同样关系到社会安全和人们的正常生活。随着轨道交通的建设，不少城市面临着轨道交通设施，如地铁车站、盾构隧道等保护的难题，由于邻近地下空间开发造成盾构隧道收敛变形过大、管片开裂和渗漏的事故屡见不鲜。

复杂环境条件下的地下空间开发，应严格控制周边土体的变形，确保环境要素的安全。对超大超深地下空间，采取常规的基坑支护措施很难达到有效的环境保护目的，需要根据具体情况进行深入研究。

先进有效的环境保护技术，应能够保证邻近建筑物、周边市政道路及管线、轨道交通设施等环境要素的全生命周期的正常使用，从而给地下空间的大力开发利用奠定了良好的基础，促进了资源的充分使用和社会的持续发展。

1.5 环 境 效 应

地下空间开发过程中，需要进行桩基、土方开挖、降水等施工作业，施工影响区域的保护对象包括既有建筑物、城市道路、轨道交通设施、各类地下管线及河道等水利设施等，深基坑开挖对环境的影响主要包括下列几个方面：

(1) 围护墙或地基加固施工过程中，成孔、挤土或冲击等施工作业改变了地基土体的平衡状态，地基土体受到扰动后强度降低，周边环境设施相应产生变位。

(2) 坑内卸荷改变了地基原有的平衡状态，土体产生位移，当由于支护不当致使土体位移过大，环境影响更为明显；当支护强度或稳定安全度不足时，支护体系破坏、土体失稳可能产生较为严重的环境灾害。

(3) 由于地下水没有处理好，基坑开挖过程坑外地下水位下降、坑壁流砂、管涌，坑底土体突涌等，均会恶化基坑周边环境设施的地基条件。

(4) 施工车辆的重载、施工过程的振动。

由于设计和施工不当而产生环境灾害的案例屡见不鲜。1998 年，我国南方某基坑倒塌，两栋楼倒入基坑；2003 年，某地铁隧道联络通道施工时，流砂管涌致使地面建筑整体下陷，江水倒灌；2008 年，某地铁基坑坍塌，造成 21 人死亡，社会影响恶劣。

不同的保护对象，其灾变机理和变形控制要求也不一样，应区别对待。

20 世纪 80 年代、90 年代及以前建造的砌体结构浅基础住宅，由于年代久、设计标准低、施工技术落后等因素，对基坑变形较为敏感，对楼盖采用预制板、未设置圈梁和构造柱的房屋，问题更为突出。

超大、超深基坑工程施工，对桩基础建筑也有可能具有明显的影响。某软土地区地铁车站基坑，长度约 300m，开挖深度约 16~17m，邻近一幢 10 层的桩基础建筑，采用钻孔灌注桩以中风化岩层为持力层，且已使用多年，沉降稳定；基坑施工期间产生了20～30mm的沉降，部分结构构件因不均匀变形产生裂缝。事后经分析，基坑开挖改变了桩基周边土体的性状，主动区土体的变位使土体强度降低，由于基坑施工时间长，影响区域大，桩基的侧摩阻力明显下降，端阻增加，从而产生了较大附加沉降。

近几年我国许多城市均在进行城市轨道交通设施的建设，工程建设对邻近轨道交通设施的保护已成为关注的热点。特别是软土地基上的盾构隧道，由于邻近工程建设造成隧道变位过大、管片开裂和渗水的事故案例逐年增多。由于盾构隧道的变形控制要求相当严格，如何从设计、施工角度采取有效的变形控制措施尚是困扰工程界的难题。

2 可重复使用的基坑支护体系

2.1 概　述

随着地下空间开发力度的加大，基坑稳定性、支护结构的受力性能、环境保护等要求越来越高，桩墙式支护结构在实际工程中应用广泛。传统的围护墙技术中，灌注桩排桩由于具有地层适应性强、桩径及桩长可根据需要灵活设置以及施工技术成熟等优点而得到广泛应用，但该技术同时存在下列问题：

（1）采用泥浆护壁湿作业灌注桩工艺时，围护桩施工产生大量泥浆，后续外运及处理复杂，对环境有一定影响。

（2）高地下水位地区，采用灌注桩作为围护桩时，一般情况下需要在排桩后另外设置一道连续封闭的截水帷幕，围护墙占地面积大、施工工序复杂、工期长，处理不当易因桩间土流失影响围护墙挡土和截水的综合性能（图2.1）。

图 2.1　截水帷幕失效

（3）围护墙一般仅作为临时结构，基坑施工结束后，成为地下障碍物，对后续道路、景观和管线工程存在一定影响。当工程的地下空间进一步开挖利用时，围护墙形成的深层地下障碍物往往给工程建设带来较大的难度，本书第4章介绍的实例即为对此类情况的处理。

对较深的基坑或环境保护要求较高的基坑工程，为改善围护墙的受力性状、有效控制基坑变形，常需在围护墙上设置内支撑。传统的钢筋混凝土内支撑由于具有刚度大、平面布置灵活、挖土施工方便等特点而得到广泛应用，但同时也存在下列问题：

（1）施工时间长。开挖到支撑标高后需要完成地模施工、钢筋绑扎、架立模板和浇筑混凝土等工序，混凝土养护到规定强度后，才能进行下一阶段土方开挖；基础或地下结构楼板混凝土养护到规定强度后，才能拆除支撑。

（2）支撑拆除费时费力，且噪声大、粉尘多，对环境影响大。

（3）支撑拆除后产生大量建筑垃圾。

（4）由于不能施加预应力，控制基坑变形只能通过增加支撑数量和平面刚度等措施，对平面尺寸较大的基坑，综合考虑长细比、混凝土收缩、徐变等因素，支撑系统往往规模非常庞大。

针对传统的围护墙或混凝土内支撑所存在的问题，近几年我国陆续出现了型钢水泥土搅拌墙、渠式切割水泥土连续墙、钢结构内支撑等技术，其共同特点是：

（1）节材。将钢结构技术应用到基坑支护的围护墙和内支撑中，通过标准化手段实现材料的可循环重复使用，节约了资源。

（2）节地。通过在水泥土中插入型钢，形成集挡土与截水于一体的围护墙，减少了围护体的用地，节约了场地。型钢回收后，在地基中不存在刚性、难以清除的地下障碍物，利于场地的进一步开发利用。

（3）节时。采用钢结构技术，减少了传统混凝土技术所需的养护时间；且装配式构件的拆卸方便，施工效率高。

（4）环保。施工过程噪声小，大大减少了泥浆排放，通过预应力技术和信息化监测手段可有效控制基坑变形，保证周边环境的安全。

2.2　型钢水泥土搅拌墙

型钢水泥土搅拌墙（简称 SMW 工法）通过在连续搭接的三轴水泥土搅拌桩中插入 H 型钢，形成集挡土与截水于一体的围护结构，地下室施工完成后，将 H 型钢从水泥土搅拌桩中拔出，达到回收和再次使用的目的。该工法节约了资源，同时避免围护体成为地下障碍物，实现了可持续发展。与常规围护形式（指常用的排桩方案）相比，施工过程无污染、场地整洁干净、噪声小，具有环保的概念。在工期方面，也较常规的围护形式有所缩短。整体来看，采用 SMW 工法具有节约资源、可持续发展、环保以及减少工期、提高施工效率等特点。目前该工法在我国的应用日渐普遍，应用于基坑工程的最大开挖深度已超过 18m。

2.2.1　三轴水泥土搅拌桩

普通的水泥土搅拌桩常常用于地基加固、基坑截水帷幕、重力式挡土结构等等。一般适用于正常固结的淤泥和淤泥质土、粉土、素填土、黏性土以及无流动地下水的饱和松散砂土等地基。由于施工机械本身的性能限制，一般在软土地基上的应用深度不超过 18m，粉土地区不超过 10m。曾有工程利用普通桩机在粉砂土地基施工 13m 长的水泥土搅拌桩，完工后取芯检测桩身强度时，发现地表下 6m 范围成桩尚可，但 6m 以下搅拌桩基本没有成型，甚至较深处取出来的均为粉土。SMW 工法首先需要解决的就是不同地质条件下水泥土搅拌桩的施工质量问题，其对水泥土搅拌桩的主要技术要求是：

（1）搅拌桩施工后型钢能顺利插入，地下室施工完成后，型钢能顺利拔除；

（2）搅拌桩要具有一定的抗剪、抗拉和抗压强度，以与型钢共同作用，形成挡土结构；

（3）在基坑土方开挖过程中，搅拌桩能形成一道连续的地下截水帷幕。

针对普通深层搅拌技术存在的问题而研制成功的三轴搅拌技术，在有效提高水泥土质量的基础上，拓宽了深层搅拌技术的适用土层和适用深度，为 SMW 工法技术的形成建立了良好的基础。近年来，陆续出现的五轴、六轴等多轴搅拌技术，进一步提高了型钢水泥土搅拌桩的性能和技术优势。

对 SMW 工法而言，水泥土搅拌桩主要技术性能包括如下几个方面：

1. 水泥土搅拌桩的水泥土配比

根据 SMW 工法的特点，水泥土配比的常规技术要求如下：

（1）设计合理的水泥浆水灰比，在确保水泥土强度的同时，在插入型钢时，尽量使型钢靠自重插入，或略微借助外力，就能使型钢顺利插入到位；

（2）水泥土 28d 的无侧限抗压强度需满足设计要求，应大于 0.5MPa；

（3）使水泥土与涂有减摩剂的型钢之间具有良好的握裹力，确保受力性能满足要求，并为型钢回收创造有利条件，使在拔除型钢时，水泥土能够自立不坍，便于充填空隙。

常用的 SMW 工法水泥浆配比表如下：

SMW 工法水泥浆配比表 　　　　　　　　　　　　　表 2.2.1

地质	配比（加固 1m³ 土）			水灰比	压缩强度（MPa）
	水泥（kg）	膨润土（kg）	水（L）		
黏性土	300～450	5～15	450～900	1.5～2.0	0.5～1
砂质土	200～400	5～20	300～800	1.5～2.0	0.5～3.0
砂砾土	200～400	5～30	300～800	1.5～2.0	0.5～3.0
高黏性土	室内试验配合调整				

浙江地区的应用实践表明，在软土地基上，三轴水泥土搅拌桩的水泥掺量可适当加大，一般不宜少于 20%，在淤泥的有机质含量较高时，可考虑掺入适量针对性的外加剂（如 SN-201），以保证水泥土的强度满足要求。在软土中的三轴水泥土搅拌桩中起拔型钢比较容易，较少出现型钢起拔困难的情况。

在粉性土地基上，当地下水位高、流动性强时，水泥浆中宜适当增加膨润土的掺量，以在孔壁形成一定厚度的泥皮，阻止水泥浆的流失。同时适当控制水泥土的强度，增加桩体的均匀度，保证型钢的顺利起拔。杭州四堡污水处理厂、东杭大厦工程，由于水泥土强度很高，开始阶段的型钢起拔难度相当大。紧邻钱塘江的杭州某超深基坑工程，由于对地下水的流动性认识不足、措施不到位，按常规方法施工的三轴水泥土搅拌桩由于水泥浆流失而出现局部缺陷，产生了较为严重的渗漏现象。

2. 水泥土的强度

水泥土的强度影响因素主要有：土质条件、水泥掺量、水泥强度等级、龄期、外加剂等。

（1）土质条件

在水泥掺量相同的情况下，软土地基中形成的水泥土强度低，粉性土地基中形成的水泥土强度高。影响水泥土抗压强度的主要土性指标是颗粒级配、稠度、有机质含量等。就级配而言，土的平均粒径越大，水泥土抗压强度越大，反之则越小。稠度而言，土的天然

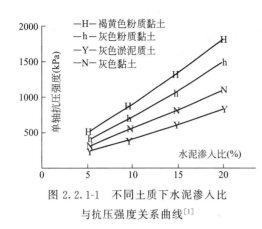

图 2.2.1-1 不同土质下水泥渗入比
与抗压强度关系曲线[1]

含水量比液限小得越多，将土与水泥浆混拌均匀所耗时间越长。有机物含量过多，有碍水泥土硬化，须事先调查确定土中有机质情况，通过室内试验来选定合适的外加剂。

软土地基典型工程杭州运河宾馆项目，工程实测的水泥土（水泥掺量 20%）28d 平均强度 1.2MPa，最低 1.0MPa，最高 1.5MPa。

粉砂土地基现场取芯后的水泥土抗压强度普遍较高，但离散性较大。以杭州几个实际工程为例：

东杭大厦（水泥掺量 22%）：28d 平均抗压强度 2.3MPa，最低 1.8MPa，最高 2.8MPa；60d 平均抗压强度 4.6MPa，最低 2.1MPa，最高 8.3MPa；

临平南苑大厦（水泥掺量 22%）：60d 平均抗压强度 1.6MPa，最低 1.1MPa，最高 2.8MPa；

浙江财富金融中心（水泥掺量 22%）：28d 平均抗压强度 4MPa，最低 3.3MPa，最高 6.6MPa；

杭州华润新鸿基钱江新城综合项目（水泥掺量 22%）：28d 平均抗压强度 1.8MPa，最低 1.3MPa，最高 2.4MPa。

（2）水泥掺入比

水泥土的强度随着水泥掺入比的增加而增大，当水泥掺量低于 5% 时，水泥与土的化学反应微弱，土的强度改善不明显。图 2.2.1-2 给出了水泥掺入比与强度的试验曲线，可见水泥土的强度随着水泥掺入量的增加呈现非线性增长。实际工程中水泥掺量不宜小于 20%。

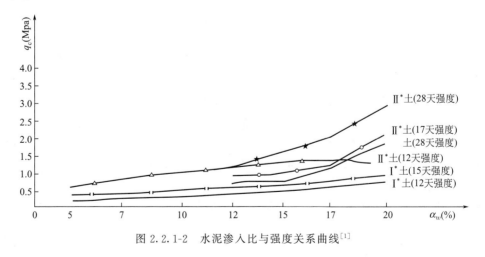

图 2.2.1-2 水泥渗入比与强度关系曲线[1]

（3）水泥强度等级

当水泥配方相同时，水泥土的强度随水泥强度等级的提高而增大。试验结果表明，使用矿渣水泥和硅酸盐水泥，水泥强度等级从 32.5 提高到 42.5，水泥土强度可增大 30%～

70%；水泥强度等级从 42.5 提高到 52.5，水泥土强度可增大 20%。

（4）龄期

水泥土的强度随着龄期增大而增大，在龄期超过 28d 后，强度仍有明显的增加，一般以 90d 的强度作为水泥土的标准强度，图 2.2.1-3 给出了水泥土强度随时间的增长曲线。

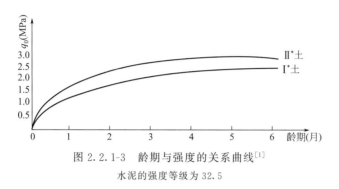

图 2.2.1-3　龄期与强度的关系曲线[1]

水泥的强度等级为 32.5

（5）其他

水泥土的强度还与外加剂的掺量、养护条件、地基土的含水量等有关，在有机质含量较高的淤泥质土中，掺入适量的 SN-201 可显著提高强度。

当水泥土的抗压强度为 0.5～4.0MPa 时，其抗拉强度为 0.1～0.7MPa，一般为抗压强度的 15%～25%。

当水泥土的抗压强度为 0.5～4.0MPa 时，其内聚力为 0.1～1.1MPa，摩擦角在 20°～30°左右。变形模量 E_{50} 约 40～600MPa，一般为抗压强度的 120～150 倍，压缩模量为 63.3～103.7MPa。

3. 水泥土的渗透性能

SMW 工法水泥土搅拌桩的一项重要功能是作为截水帷幕，因此抗渗性能是 SMW 工法水泥土搅拌桩的重要指标，水泥土渗透系数控制在 10^{-7} cm/sec 以下，在工程中可作为截水帷幕考虑。

水泥土的截水效果主要取决于土体与水泥浆是否混拌均匀，搅拌的均匀性，对于 SMW 工法水泥土的抗渗能力具有重要的影响。

水泥土的渗透系数随着水泥掺入比的增加和加固龄期增加而减小（如图 2.2.1-4 所示）。砂性土加固后渗透系数可降低 3 个数量级，黏性土加固后渗透系数可降低 1 个数量级，其抗渗、截水性能明显改善。实际工程中影响水泥土渗透性能的因素主要包括：

（1）搅拌的充分性和均匀性。

（2）钻进和提升速度。

（3）在渗透性能强、地下水流急的地层，应采取措施防止水泥浆的流失，实践证明，适当掺入膨润土可在孔壁形成一定厚度的泥皮，阻止水泥浆的流失。

（4）连续搭接的搅拌桩要充分保证桩的垂直度和有效搭接面积，确保搭接效果，对 SMW 工法而言，应采用全截面套打工艺，保证整体效果。

（5）基坑开挖过程，合理控制基坑变形，保证水

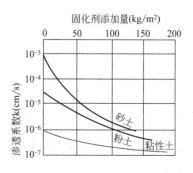

图 2.2.1-4　固化剂量～渗透系数图[1]

泥土在工作状态下的截水效果。

2.2.2　型钢

水泥土的抗拉强度低，因此水泥土搅拌桩的抗弯、抗剪性能差，直接用作支护结构时，常常通过多排设置形成重力式支护结构，工程中常常通过进一步插入毛竹、钢管等受拉性能较好的材料提高其抗弯性能。型钢水泥土搅拌墙的抗弯、抗剪性能主要由型钢提供，因此对型钢的规格、性能有一定要求，通常采用 Q235B 级钢和 Q345B 级钢，具体规格、型号及有关要求按现行国家标准《热轧 H 型钢和部分 T 型钢》GB/T11263 和《焊接 H 型钢》YB3301 选用。

搅拌桩直径为 650mm 时，内插 H 型钢截面采用 H500×300、H500×200；

搅拌桩直径为 850mm 时，内插 H 型钢截面采用 H700×300；

搅拌桩直径为 1000mm 时，内插 H 型钢截面采用 H800×300、H850×300。

型钢的加工制作应满足如下要求：

（1）型钢材料强度应满足设计要求；

（2）型钢宜采用整材，分段焊接时应采用坡口等强焊接。对接焊缝的坡口形式和要求应符合现行国家行业标准《钢结构焊接规范》GB 50661 有关规定，焊缝质量等级不应低于二级。单根型钢中焊接接头不宜超过 2 个，焊接接头的位置应避免设置在支撑位置或开挖面附近等型钢受力较大处，型钢接头距离坑底面不宜小于 2m；相邻型钢的接头竖向位置宜相互错开，错开距离不宜小于 1m；

（3）型钢有回收要求时，型钢接头焊接形式与焊接质量尚应满足型钢起拔要求。

拟回收的型钢，插入水泥土搅拌桩前应在干燥条件下清除表面污垢和铁锈。其表面应涂敷减摩材料。型钢回收后，应进行校正、修复处理，并对其截面尺寸和强度进行复核。

由于型钢可以重复使用，型钢水泥土搅拌墙的工程造价主要取决于型钢的租赁费用，当实际工程出现下列情况时，型钢水泥土搅拌墙存在一定的造价风险：

（1）基坑环境条件复杂，拔出型钢会对周边环境保护设施造成较大影响，型钢只能一次性投入使用；

（2）场地条件紧张，不具备型钢回收的施工空间，型钢只能一次使用；

（3）由于种种原因，如与周边居民的纠纷、项目设计修改等等，基坑施工工期具有不确定性。

基于以上型钢存在的造价风险，一些型钢替代产品相应产生，如预制钢筋混凝土工形支护桩，这类工厂化生产制作、养护而成的工形截面钢筋混凝土桩，通常采用高强度预应力钢棒配筋，也可采用普通钢筋进行组合配筋，桩身混凝土 C50 以上，蒸汽养护，生产速度快（3d 可拆模起吊），达到强度要求后送至施工现场。由于采用高强钢筋和混凝土，该桩型较普通灌注桩具有较大的技术经济优势，采用搅拌后插入施工工艺后，预制桩施工的挤土问题得到有效解决。但与型钢水泥土搅拌墙相比，芯材不能重复使用，围护功能完成后成为地下障碍物，不利于资源的重复使用和可持续发展。

2.2.3　型钢水泥土组合结构受力机理

目前在工程中应用较为广泛的三种截面形式如图 2.2.3-1 所示：

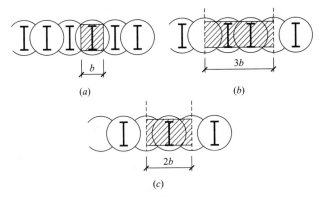

图 2.2.3-1 常用的三种截面形式

（a）密插型；（b）插二跳一型；（c）插一跳一型

型钢水泥土墙在侧压力作用下的受力特征可分为三个阶段，应力分析如图 2.2.3-2 所示：

（1）弹性共同作用阶段：其特征主要表现为在水泥土开裂前，组合结构基本处于弹性状态，型钢水泥土墙的组合刚度即为材料各自刚度之代数和；由于弯矩较小，截面上水泥土与型钢应力呈线性分布。

（2）非线性共同作用阶段：水泥土开裂初期，型钢与水泥土之间发生微量黏结滑移，组合刚度下降，但下降速率缓慢；水泥土受拉区产生裂缝，水泥土开裂部分即退出工作，随着弯矩的增大，裂缝向中性轴发展，组合结构的中性轴略往上移，该阶段持续至型钢受拉区达到其屈服极限为止。

（3）型钢单独作用阶段：水泥土开裂深度越来越大，水泥土的作用已不明显，可认为只有型钢单独作用；型钢受拉区达到屈服强度，应力分布不再呈线性。这是一般工程设计控制的阶段。

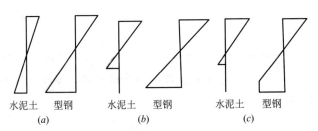

水泥土　型钢　　　水泥土　型钢　　　水泥土　型钢

（a）　　　　　　（b）　　　　　　（c）

图 2.2.3-2 各阶段型钢及水泥土截面应力分布图

（a）第一阶段；（b）第二阶段；（c）第三阶段

2.2.4 设计

型钢水泥土搅拌墙的设计计算内容主要包括如下几个方面：

（1）水泥土配合比及设计强度

水泥土作为围护墙的组成部分，要求具有足够的强度。水泥土的强度与水泥掺量、土的性质、龄期、外加剂等等因素有关。一般而言，水泥土的抗压强度随水泥掺入量的增加而增加，随时间的增长而增加，一般以 90d 的强度作为标准强度。

（2）入土深度的确定

主要由基坑的坑底抗隆起、桩端土的承载力、围护体的抗倾覆以及坑底土的抗管涌等因素确定。具体计算方法均参照现行国家及地方有关基坑工程方面的规范及规程。

（3）围护体内力及变形分析

可采用桩墙式支护结构常用的弹性地基梁法分析围护墙在各施工工况的内力变形。

（4）水泥土强度校核

主要验算搅拌桩在最不利截面的抗剪及局部承压强度。

（5）型钢抗拔计算

型钢抗拔须考虑 3 个因素：型钢与水泥土的静摩阻力、变形阻力以及型钢自重。型钢抗拔计算是型钢顺利回收和重复利用的理论基础。

（6）围护体施工、基坑开挖及型钢拔除的环境影响评估。

型钢水泥土搅拌墙技术应用的关键环节之一是型钢回收，只有实现型钢回收，才能使环境尽可能接近或恢复原状，也同时才能重复使用资源，降低工程造价。从围护体本身的受力性能角度来看，型钢如能与水泥土结合得较好，二者的复合作用将比较理想，抵抗外力的效果也将比较好；但从型钢回收的角度来看，型钢与水泥土的黏结力过高，型钢的完整起拔将非常困难。因此，要顺利有效地回收型钢，必须在型钢表面粘贴或涂刷隔离材料，即减摩剂。减摩剂的性能要求是，保证 SMW 挡墙在工作状态时型钢与水泥土之间有较好的黏结，在起拔时，隔离材料自上而下剪切破坏，使起拔力小于型钢强度，从而完整地回收型钢。

型钢回收时，一般采用 2 台液压千斤顶组成的起拔器夹持型钢顶升，使其松动，然后采用振动锤利用振动方式或采用卷扬机强力起拔，将 H 型钢拔出。采用边拔型钢边进行注浆充填空隙的方法进行施工。

型钢起拔开始时，起拔力在型钢中的传递路线及其变化还缺少试验数据，一般根据材料的强度反推最大抗拔力。考虑到型钢回收后须重复使用，型钢拔除时应尽量保持型钢截面完好，控制型钢的伸长变形量，减少强度和刚度的损失值。一般要求型钢最大拔出应力不超过型钢屈服强度的 70%，以使型钢保持在弹性状态。

根据上海地区得到的型钢拔出特征曲线，最大拔出力为起拔力，当静止摩擦变为动摩擦后，拔出力迅速减少。所以，只有起拔力得到严格控制，型钢才能保持较完整的截面、强度和刚度，达到回收利用的目的。

型钢的起拔力主要由两部分组成：摩阻力和由变形产生的附加阻力。在型钢表面涂抹减摩剂可以有效地减小摩阻力。根据涂有减摩剂的型钢与无减摩剂的型钢相比，上部阻力相差可达 18 倍。附加阻力则和拔出时型钢的垂直度和变位有关，因此型钢施工时须保证插入时的垂直度，垂直度越高，拔出时的阻力越小；同时围护设计和施工时，应控制围护体的变位，变位越小，阻力越小。

根据杭州地区的施工经验，基坑开挖影响深度范围内土体以淤泥质土层为主时，一般，12m 长的型钢，起拔力约 1500～2000kN 范围内，超过 12m，起拔力约 2500kN 范围内。粉砂土地基，型钢的起拔力相对较大，甚至有项目在最初起拔时导致型钢端头撕裂。充分搅拌的水泥土搅拌桩，粉砂土层的强度明显大于淤泥质土层，水泥土搅拌桩与型钢的握裹力相应较大，这是粉砂土地基中型钢较难起拔的重要原因。

围护墙的侧向变形对型钢的起拔力有较为明显的影响。

以杭州某地下室基坑为例，该工程位于软土地基，基坑平面为矩形，平面尺寸约 70m×25m，基坑实际开挖深度为 4.35m，汽车坡道处开挖深度为 1.5～4.35m。基坑影响深度范围内的地基土主要为填土、黏土、淤泥质粉质黏土等，其中地表下 2m 左右为淤泥质粉质黏土，厚度为 4～7m。工程桩为预应力管桩。开始时，基坑支护未经专业单位设计，施工单位在北侧采用了土钉墙支护方案，南侧采用了 8m 长的竖向钢板桩支护方案，基坑土方开挖时，地表土体出现滑动裂缝和明显沉降，出现险情，危及邻近既有综合楼的安全。后施工单位采取坑内回填措施，有效控制了险情。重新进行基坑支护设计时，采用了直径 650mm 三轴水泥土搅拌桩内插 H 型钢作为围护桩，结合一道钢管支撑的围护体系，基坑工程施工过程较为顺利。

地下室施工完成后，进行型钢的起拔工作。该工程基坑开挖浅，型钢插入总长度短，又是淤泥质土，根据以往工程的经验，该工程型钢拔除不成问题。但实际施工时，部分区域型钢起拔非常困难，甚至起拔力达到 2500kN。究其原因，前期土体扰动降低了土体强度，增大了作用于围护墙的侧压力，致使基坑变形总体较大，局部区域未全部完成基础底板施工即拆除钢管支撑，造成围护墙侧向变位突变，加大了型钢拔除的难度。

除型钢的截面、插入深度以及土质条件外，拔除工艺也对型钢拔除的效果有较大影响。千斤顶的选择和型钢端头的起吊接头设计相对比较重要，以某粉砂土地基基坑工程为例。

该项目起拔型钢时，最初使用了 2 只千斤顶，由于起拔力及量程有限，无法起拔。后由 2 只千斤顶改为 4 只千斤顶，起拔力增加了一倍，导致型钢端头腹板撕裂。经反复研究，原型钢起拔时，仅通过夹具夹住型钢端头腹板，千斤顶通过夹具，将起拔力传递到型钢腹板的夹点位置，夹点的作用面积小，使得该处应力集中，一旦起拔力加大，应力成倍增加，以致撕裂腹板。通过改进节点装置，端头夹具改装成对焊节点，将起拔力均匀传递到型钢的腹板和翼缘，由翼缘和腹板截面共同受力。由于翼缘和腹板的截面积之和远远大于夹具夹点的面积，虽然起拔力相同，但起拔应力大大减少，最终起拔成功。

型钢抗拔计算主要包括如下一些内容：

（1）最大抗拔力 P_m

最大抗拔力确定的基本原则是使型钢拔出后，保持完好，拔出过程使型钢处于弹性状态，最大抗拔力不宜超过型钢屈服强度的 70%：

$$P_m < 0.7\sigma_s A_H$$

（2）将型钢从水泥土中拔出需要的拔力

型钢拔出需要克服的阻力有：静摩擦阻力、变形阻力及型钢自重；抗拔力的大小可按下式计算：

$$P > \Psi(u_{f1}A_{c1} + u_{f2}A_{c2})$$

u_{f1} 为型钢翼缘外表面与水泥土单位面积的静摩擦阻力，加减摩剂后一般取 0.02～0.04MPa；由于型钢翼缘外表面的水泥土较薄，SMW 挡墙受力后水泥土容易开裂、剥落，不少工程开挖后，整个翼缘外表面完全暴露，因此该范围的静摩擦阻力相对较小。A_{c1} 为型钢翼缘外表面与水泥土的接触面积。

u_{f2} 为型钢其余范围与水泥土单位面积的静摩擦阻力，加减摩剂后一般取 0.02～0.07MPa；

A_{c2} 为型钢其余范围与水泥土的接触面积。

Ψ 为考虑型钢变形、自重等因素后的调整系数，当型钢的变位率（型钢的变形与长度的比值）控制在 0.5% 之内时，Ψ 取 1.3～2.0，变形小时取下限。当变位率超过 0.5% 时，视实际情况适当增大 Ψ 的取值。

实际需要的拔力要同时满足以上 2 个条件。

国内外大量实验表明，如在型钢与水泥土之间不设隔离材料，则型钢与水泥土之间的黏结力一般在 0.2～0.3MPa（小于钢筋与混凝土之间的黏结强度，约 0.4MPa），水泥土强度低时取下限，强度高时取上限。型钢与水泥土之间存在减摩剂时，型钢与水泥土之间的黏结强度一般在 0.02～0.08MPa 之间，水泥强度低时取下限，强度高时取上限。杭州地区的几个工程实际抗拔实验经反分析后，也可以得到上述结论。

如杭州东杭大厦工程，设计采用 $\phi850$ 三轴水泥土搅拌桩内插 H700×300×13×24 型钢。坑底以上型钢长度 10.7m，坑底以下 8m。水泥土 60d 平均抗压强度 4.6MPa，最低 2.1MPa，最高 8.3MPa；u_{f1} 取 0.03MPa，u_{f2} 取 0.07MPa；基坑最大变形约 25mm，变位率 0.13%，故 Ψ 取 1.3，计算得到 $P=4230$kN。实际采用的起拔力约 4000kN，比较接近。

运河宾馆工程，采用 $\phi850$ 三轴水泥土搅拌桩内插 700×300×13×24 型钢，用于周边围护结构，型钢约 24m 长，水泥土 28d 平均强度 1.2MPa，最低 1.0MPa，最高 1.5MPa。u_{f1} 取 0.02MPa，u_{f2} 取 0.03MPa；基坑最大变形约 30～60mm，变位率 0.12%～0.25%，故 Ψ 取 1.5，计算得到 $P=2460$kN。实际起拔力在 2500kN 范围内。

型钢水泥土搅拌墙应满足一定构造要求，保证其性能的充分发挥。

（1）水泥土搅拌桩：

1）搅拌桩达到设计强度后方可进行基坑开挖。

2）搅拌桩养护龄期不应小于 28d。

3）搅拌桩的深度宜比型钢适当加深，一般桩端比型钢端部深 0.5～1.0m。

（2）型钢：

1）型钢宜采用整材；当需采用分段焊接时，应采用坡口焊接，当型钢长度超过 20m 时，对接焊缝不能为平接，须采用蝴蝶型接缝以增加焊缝长度。

2）基坑平面形状转折处应设置型钢，且型钢布置加密；对于环境条件要求较高，或当桩身范围内多为砂（粉）性土等透水性较强的土层，对搅拌桩抗裂和抗渗要求较高时，宜增加型钢插入密度。环境条件复杂的重要工程，型钢的平面布置宜采用密插形式。

3）在型钢水泥土搅拌墙中搅拌桩桩径变化处或型钢插入密度变化处，搅拌桩桩径较大区段或型钢插入密度较大区段宜作适当延伸过渡。

（3）顶圈梁

型钢水泥土搅拌墙的顶部，应设置封闭的钢筋混凝土顶圈梁。顶圈梁计算时应考虑由于型钢穿越对顶圈梁截面的削弱影响，并应满足如下要求：

1）顶圈梁截面高度不应小于 600mm。当搅拌桩直径为 650mm 时，顶圈梁的截面宽度不应小于 900mm；当搅拌桩直径为 850mm 时，顶圈梁的截面宽度不应小于 1100mm；当搅拌桩直径为 1000mm 时，顶圈梁的截面宽度不应小于 1200mm。

2）内插型钢应锚入顶圈梁，顶圈梁主筋应避开型钢设置。为便于型钢拔除，型钢顶部应高出顶圈梁顶面一定高度，不宜小于 500mm，型钢与围檩间的隔离材料之基坑内一侧应采用不易压缩的硬质板材。

3）顶圈梁的箍筋宜采用四肢箍筋，直径不应小于 8mm，间距不应大于 200mm；在支撑节点位置，箍筋宜适当加密；由于内插型钢而未能设置的箍筋应在相邻区域内补足面积。

2.2.5　施工

型钢水泥土搅拌墙在各种典型地质条件下均有成功应用的经验，如杭州运河宾馆工程位于深厚软黏土地基上，杭州东杭大厦、四堡污水处理厂位于深厚粉砂土地基上，而杭州天际大厦、杭州留下商贸大厦工程位于山前的软土地基上，基岩埋深浅。地质条件不同时，型钢水泥土搅拌墙施工中遇到的问题也不一样，需要采取针对性的技术措施。下面重点叙述三轴水泥土搅拌桩内插型钢形成的型钢水泥土搅拌墙施工技术[4]。

1. 施工机械

从已有的工程实践来看，要保证墙体施工质量，施工机械需满足如下要求：

（1）搅拌桩施工应根据地质条件与成桩深度选用不同形式或不同功率的搅拌机械，其钻杆的扭矩应能满足土层的要求，当穿越大厚度、强度较高的粉土或粉砂时，动力设备采用 240 马力以上型号，总功率不小于 180kW，三轴钻杆必须由 3 个电机独立控制，保证土体切碎、搅拌均匀。与钻机配套的桩架性能参数必须与三轴搅拌机的成桩深度和提升力要求相匹配，常用的桩架有液压步履式或履带式桩架，其特点是移动灵活、轻便。当桩端遇到碎石土或强风化岩层时，应备有相应的专用钻具。

（2）三轴搅拌桩机应具有搅拌轴驱动电机的工作电流显示；具有桩架立柱垂直度调整功能，具有卷扬机无级调速功能。主卷扬机有电机工作电流显示或油压显示或钢丝绳的工作拉力显示。桩架立柱下部装有搅拌轴的定位导向装置。

（3）在搅拌深度超过 20m 时，须在搅拌轴中部位置的立柱导向架上安装移动或定位导向装置。

（4）注浆泵的工作流量应可调节。用于贯入送浆工艺的注浆泵，其额定工作压力宜大于 0.8MPa。

2. 施工流程和施工方法

型钢水泥土搅拌墙施工工艺流程如图 2.2.5-1、表 2.2.5 所示。

实际施工的关键要点如下：

（1）场地回填平整

三轴搅拌机施工前，必须先进行场地平整，清除施工场地内地上及地下障碍物，以及凿除搅拌区域内的路面层硬物，施工场地路基应满足三轴搅拌机械、大吨位起重机等行驶的需要，必要时进行地基处理。

（2）测量放线

根据提供的坐标基准点，按照设计图进行放样定位及高程引测工作，并做好永久及临时标志。放样定位后做好测量技术复核单，提请监理方进行复核验收签证。确认无误后进行搅拌施工。

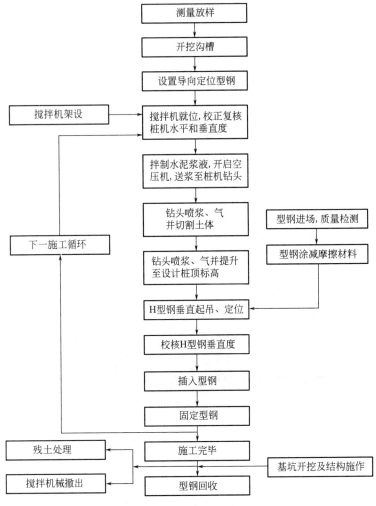

图 2.2.5-1 施工工艺流程图

施 工 程 序 表   表 2. 2. 5

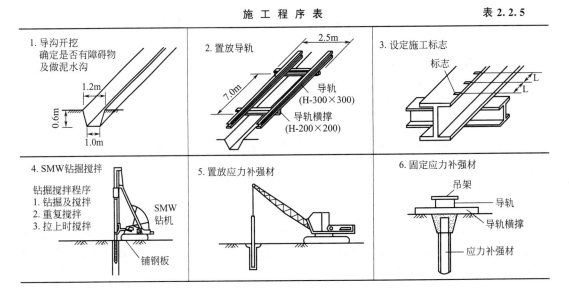

续表

7.施工完成SMW	8.废土运输	9.型钢顶端连结梁施工
	倾卸土 挖土机 废土	浇筑钢筋混凝土

（3）开挖沟槽

根据基坑围护内边控制线，采用挖土机开挖沟槽，并清除地下障碍物，开挖沟槽余土应及时处理，以保证正常施工，并达到文明工地要求。

（4）定位型钢放置

垂直沟槽方向放置两根定位型钢，规格为 200mm×200mm，长约 2.5m，再在平行沟槽方向放置两根定位型钢，规格为 300mm×300mm，长约 8～20m，定位型钢必须放置固定好，必要时用点焊进行相互连接固定；转角处 H 型钢采取与围护中心线成 45°角插入，H 型钢定位采用型钢定位卡。

（5）搅拌桩孔位定位

根据三轴桩机三轴中心距在平行 H 型钢表面用红漆划线定位。

（6）型钢水泥土搅拌墙施工

首先根据施工工艺的要求、工程的规模和工期的要求以及现场场地条件和临时用电等情况，确定三轴深搅设备及劳动力的数量。具体施工按下图顺序进行，其中阴影部分为重复套钻，保证墙体的连续性和接头的施工质量，水泥土搅拌桩的搭接效果正是依靠重复套打来保证，以达到截水作用。具体施工的流程及技术要点如下：

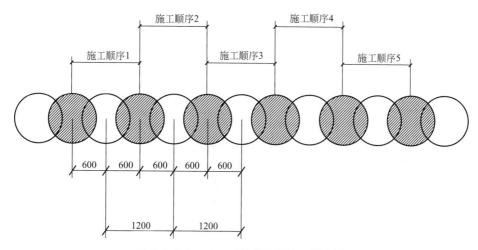

图 2.2.5-2 φ850 三轴搅拌桩施工顺序图

a. 桩机就位

由当班班长统一指挥桩机就位，移动前看清上、下、左、右各方面的情况，发现障碍物应及时清除，桩机移动结束后认真检查定位情况并及时纠正。桩机应平稳、平正，并用线锤对龙门立柱垂直定位观测以确保桩机的垂直度。桩机底盘的水平和立柱导向架应垂直，校验桩机立柱导向架垂直度偏差小于 1/250。

三轴水泥土搅拌桩桩位定位后再进行定位复核，偏差值应小于 3cm。

b. 搅拌速度及注浆控制

三轴水泥土搅拌桩在下沉和提升过程中均应注入水泥浆液，同时严格控制下沉和提升速度。下沉速度与搅拌提升速度应控制在 0.3～2m/min 范围内，并保持匀速下沉与提升。在提升中不应使孔内产生负压造成周边地基沉降。具体速度值应根据成桩工艺、水泥浆液配合比、注浆泵的工作流量计算确定，搅拌次数或搅拌时间应确保水泥土搅拌桩成桩质量。对一般软弱地层，下沉速度不宜大于 1m/min，提升速度不宜大于 1.5m/min，在强度较高的粉砂土地层，提升速度不宜大于 1m/min，浆液泵送流量应与三轴搅拌机的喷浆搅拌下沉速度或提升速度相匹配，确保搅拌桩中水泥掺量的均匀性。在桩底部分适当持续搅拌注浆，并至少复拌一次，做好每次成桩的原始记录。搅拌下沉和提升速度一定要均匀，遇到障碍物要减速慢行。施工时因故停浆，应在恢复压浆前将三轴搅拌机提升或下沉 0.5m 后再注浆搅拌施工，以保证搅拌桩的连续性。当下沉过程遇到碎石土或岩层时，普通钻杆无法下钻，应立即提升钻杆，更换特制钻杆钻头，继续施工，把碎石层中的较大石块打碎，由于该钻杆在下钻过程中并没有水泥浆提供，所以使用该钻杆将该处搅拌桩打至设计标高后，需要再换成普通钻杆进行重复搅拌，使该处搅拌桩成型，保证搅拌桩达到设计要求的桩底标高和强度，当型钢下插到碎石层部位，型钢应重复涂刷减摩剂。

施工现场应搭建自动拌浆系统，并制作施工水箱，开机前进行浆液的搅拌，并对拌浆工作人员做好交底工作。常用的水灰比为 1.2～1.8，在粉性土或地下水流较急处取低值，拌浆及注浆量以每钻的加固土体方量换算。注浆压力为 1.5～2.5MPa，以浆液输送能力控制。水泥经送样复试合格后方可使用，施工时应采取有效措施防止浆液离析。因故搁置超过 6 小时以上的拌制浆液，应作为废浆处理，严禁再用。

桩与桩的搭接时间不宜大于 24h，若因故超时，搭接施工中必须放慢搅拌速度保证搭接质量。若因时间过长无法搭接或搭接不良，应作为冷缝记录，经监理和设计单位认可后，采取在搭接处补做措施，以确保施工最终质量。搅拌桩施工中产生的涌土必须及时清理。每天完工后应向贮浆桶或贮浆池中放入清水，开启注浆泵，清洗全部管路中残存的水泥浆液。施工中万一遇到搅拌钻杆受阻被卡，务必采取应急措施以防止钻杆报废。

搅拌桩成桩应采用信息法施工，施工过程实行动态管理，后台和桩机要密切联系配合，保证工序的连续性和完整性。当基坑周边环境条件复杂时，搅拌桩的施工速度应根据周边建筑物或道路、管线等沉降的监测结果灵活调整，避免施工过快而影响周边环境的安全。当班质量员填写每组桩成桩记录，每台班应抽查 2 根桩，每根桩做三联标准模水泥土试块 3 组，桩号选定与取样应由监理共同参与。水泥土样不得取桩顶冒浆，宜提取桩长不同深度 3 个点处的水泥土样，最上点应在 3m 以下处。采用水中养护测定 28d 后无侧限抗压强度。

c. H 型钢加工及下插 H 型钢质量保证措施

三轴水泥搅拌桩施工完毕后，起重机应立即就位，准备吊放 H 型钢。

H 型钢使用前，在型钢顶端处开一个中心圆孔，孔径约 8cm，并在此处型钢两面加焊厚不小于 12mm 的加强板，加强板尺寸 400mm×300mm，中心开孔与型钢上孔对齐。若所需 H 型钢长度不够,须进行拼焊,焊缝应均为坡口熔透焊,焊好后用砂轮打磨焊缝至与型钢面一样平。

根据已有高程控制点,将水准仪引放到定位型钢上,根据定位型钢与 H 型钢顶标高的高度差确定吊筋长度,在型钢两腹板外侧焊好吊筋(≥Φ12 线材),误差控制在+5cm以内,型钢插入水泥土部分应均匀涂刷减摩剂。在沟槽定位型钢上设 H 型钢定位卡,型钢定位卡必须牢固、水平,必要时用点焊与定位型钢连接固定;型钢定位卡位置必须准确,要求 H 型钢平面度平行基坑方向 L+4cm(L 为型钢间距),垂直于基坑方向 S+4cm(S 为型钢朝基坑面保护层厚度)。定位工作完成后,装好吊具和固定钩,吊起 H 型钢,用线锤校核垂直度,必须确保垂直。将 H 型钢底部中心对正桩位中心并沿定位卡将型钢徐徐垂直插入水泥土搅拌桩内,垂直度用线锤控制。

整个施工过程中由专人负责记录,详细记录每根桩的下沉时间、提升时间和 H 型钢的下插情况。及时填写当天施工的报表记录,隔天送交监理。

一般情况下,支护结构的 H 型钢在结构强度达到设计要求后必须全部拔出回收,这样才能达到节约资源、重复利用、节省造价的目的。H 型钢在使用前必须涂刷减摩剂,以利拔出。涂刷减摩剂的流程及技术要点如下:

(1)涂刷前应清除 H 型钢表面的污垢及铁锈。

(2)减摩剂必须用电热棒加热至完全融化,搅拌时感觉厚薄均匀,才能涂敷于 H 型钢上,否则涂层不均匀,易剥落。

(3)如遇雨雪天,型钢表面潮湿,应先用抹布擦干表面才能涂刷减摩剂,不可以在潮湿表面上直接涂刷,否则将剥落。

(4)如 H 型钢在表面铁锈清除后未立即涂刷减摩剂,必须在涂刷施工前抹去表面灰尘。

(5)型钢表面涂上涂层后,一旦发现涂层开裂、剥落,必须将其铲除,重新涂刷减摩剂。

为回收 H 型钢,设在压顶圈梁中的 H 型钢应有保护隔离措施,具体措施如下:

施工压顶圈梁前,挖出 H 型钢并将露出部分的水泥土清理干净;在扎圈梁钢筋前,埋设在压顶梁中的 H 型钢部分必须先用油毛毡贴型钢包裹两层,用封箱胶带或钢丝绑扎固定好;油毛毡包裹高度高出圈梁顶 15cm。

H 型钢起拔应在基坑土方开挖结束,地下结构施工完成,SMW 挡墙与地下室外墙之间的空隙按规定填实,且让出拔除型钢的工作面后进行。正常情况下起拔 H 型钢采用 1 台 16t 汽车式起重机,配备 1 组千斤顶,每组 2 个千斤顶,千斤顶的吨位大小按型钢长度、水泥土强度等综合确定。

H 型钢拔除施工程序:

平整场地→安装千斤顶→起重机就位→型钢拔除→孔隙填充。

(1)平整场地

1)拔 H 型钢前,必须先进行顶圈梁上的清土工作,以保证千斤顶垂直平稳放置。

2)工作面上物件清理干净,以满足 16t 起重机起拔型钢为准(16t 汽车式起重机净重为 24.3t,后两轮轴间距为 1.8m);工作面大小以型钢内侧或外侧 6.5m 以上距离,并有拔出 H 型钢后的堆放场地和运输 H 型钢的通道为准。

3）根据工程的实际情况，留出足够的操作面和通道。

（2）安装千斤顶

将 2 个千斤顶平稳地放在顶圈梁上，要拔出的 H 型钢的两边用起重机将 H 型钢起拔架吊起，冲头部分"哈夫"圆孔对准插入 H 型钢上部的圆孔，并将销子插入，销子两边用开口销固定以防销子滑落，然后插入起拔架与 H 型钢翼之间的锤型钢板夹住 H 型钢。

（3）型钢拔除

开启高压油泵，2 个千斤顶同时向上顶住起拔架的横梁部分进行起拔，待千斤顶行程到位时，敲松锤型钢板，起拔架随千斤顶缓慢放下至原位。待第二次起拔时，起重机须用钢丝绳穿入 H 型钢上部的圆孔吊住 H 型钢。重复以上工序将 H 型钢拔出。

（4）拔除的型钢移至装车地待一定量时装运，应留出足够的通道和停车场地。

（5）孔隙填充

为避免拔出 H 型钢后空隙对周围民宅等建筑物的影响，拔出 H 型钢后须采用黄砂冲水倒流进行填充。

3. 质量保证措施

施工质量保证措施主要有以下几点：

（1）孔位放样误差小于 4cm，钻孔深度误差小于 +5cm，桩身垂直度按设计要求，误差不大于 0.5％桩长。施工前严格按照设计提出的搅拌桩两边尺寸外放 100mm 要求进行定位放样。

（2）严格控制浆液配比，做到挂牌施工，并配有专职人员负责管理浆液配置。严格控制钻机提升及下沉速度。

（3）施工前对搅拌桩机进行维护保养，尽量减少施工过程中由于设备故障而造成的质量问题。设备由专人负责操作，上岗前必须检查设备的性能，确保设备运转正常。

（4）看桩架垂直度指示针调整桩架垂直度，并用线锤进行校核。

（5）工程实施过程中，严禁发生定位型钢移位，一旦发现挖土机在清除沟槽土时碰撞定位型钢使其跑位，立即重新放线，严格按照设计图纸施工。

（6）场地布置综合考虑各方面因素，避免设备多次搬迁、移位，减少搅拌和型钢插入的间隔时间，尽量保证施工的连续性。

（7）对于施工工期较紧的施工部分，必要时掺入外加剂。

（8）严禁使用过期水泥、受潮水泥，对每批水泥进行复试，合格后方可使用。

施工及挖土过程的特殊问题处理：

（1）施工冷缝处理

施工过程中一旦出现冷缝，则采取在冷缝处围护桩外侧补搅素桩方案。在围护桩达到一定强度后进行补桩，以防偏钻，保证补桩效果，素桩与围护桩搭接厚度约 10cm，如图 2.2.5-3 所示。

（2）渗漏水处理

在整个基坑开挖阶段，应加强监测，一旦发现墙体有漏点，及时进行封堵。

保证桩身强度和均匀性的措施：

（1）水泥流量、注浆压力采用人工控制，严格控制每桶搅拌桶的水泥用量及液面高

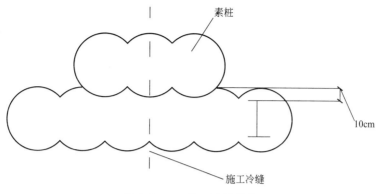

图 2.2.5-3　施工冷缝补桩

度，用水量采取总量控制，并用比重仪随时检查水泥浆的比重。

（2）土体应充分搅拌，严格控制钻孔下沉、提升速度，使原状土充分破碎，有利于水泥浆与土均匀拌合。

（3）浆液不能发生离析，水泥浆液应严格按预定配合比制作，以防止灰浆离析，有利于水泥浆与土均匀拌合。

（4）压浆阶段输浆管道不能堵塞，不允许发生断浆现象，桩身须注浆均匀，不得发生土浆夹心层。

（5）发生管道堵塞，应立即停泵处理。待处理结束后立即把搅拌钻具上提和下沉1.0m 后方能继续注浆，等 10～20s 恢复向上提升搅拌，以防断桩发生。

插入 H 型钢质量保证措施：

（1）型钢进场要逐根吊放，型钢底部垫枕木以减少型钢的变形，下插 H 型钢前要检查型钢的平整度，确保型钢顺利下插。

（2）型钢插入前必须将型钢的定位设备准确固定，并校核其水平。

（3）型钢吊起后用经纬仪调整型钢的垂直度，达到垂直度要求后下插，利用水准仪控制 H 型钢的顶标高，保证 H 型钢的插入深度。

（4）型钢吊起前必须重新检查表面的减摩剂涂层是否完整。

2.2.6　监测、检测及验收

1. 监测

型钢水泥土搅拌墙基坑工程的监测应考虑如下一些特殊情况：

（1）由于三轴搅拌桩有 3 根钻杆，一次施工同时形成 3 根桩，并且成桩过程有一定的土体被置换，因此，成桩过程可能对周边环境有一定影响。为确保周边建筑物及设施的安全，成桩施工过程应监测周边建筑物及道路、管线设施的沉降及倾斜情况，必要时提前埋设测斜管以反映深层土体的位移情况。根据监测结果，动态调整打桩速度和施工次序，确保安全。

（2）对一级基坑而言，宜对型钢和搅拌桩的内力进行测试，以掌握型钢水泥土墙的工作状态。

（3）土方开挖结束、地下室施工完成且 SMW 挡墙与地下室外墙之间的空隙填实后，拔除型钢，型钢拔除过程也有可能对周边环境产生一些影响，因此，应加强该过程的周边环境监测及深层土体的侧向位移监测。

2. 检测

（1）水泥土搅拌桩施工结束后，抽样检测水泥土的成型、桩间的搭接质量，取芯检测不同龄期的水泥土强度，必要时进行渗透性试验，以检验帷幕的截水效果。

（2）H型钢的质量检测。SMW挡墙施工前，采用的型钢几何尺寸、强度指标、焊缝质量、连接构造等应预先检测；拔除H型钢后，也应对回收的H型钢的各种质量指标进行检测和评估。

（3）开挖前，应对型钢与支撑系统的连接节点构造、焊缝质量、构件强度等进行检测。

3. 验收

型钢水泥土搅拌墙的质量检查与验收应分为成墙期监控、成墙验收和基坑开挖质量检查3个阶段。

（1）型钢水泥土搅拌墙成墙期监控内容包括：验证施工机械性能、材料质量、试成桩资料以及逐根检查搅拌桩和型钢的定位、长度、标高、垂直度等；应严格查验搅拌桩的水灰比、水泥掺量、下沉与提升速度、喷浆均匀度、水泥土试块的制作与测试、搅拌桩施工间歇时间以及型钢的规格、拼接焊缝质量是否满足设计和施工工艺的要求，保证搅拌墙的成墙质量。

（2）型钢水泥土搅拌墙的成墙验收宜按施工段划分若干检验批，除桩体强度检验项目外，每一检验批至少抽查桩数的20%。检验批的质量验收程序和组织应符合现行国家标准《建筑工程施工质量验收统一标准》GB 50300的有关规定，检验批的合格制定应符合现行国家标准《建筑地基基础工程施工质量验收规范》GB 50202的有关规定。

（3）基坑开挖期间应着重检查开挖面墙体的质量以及渗漏水情况，如不符合设计要求应立即采取补救措施。

型钢水泥土搅拌墙基坑工程中的支撑系统、土方开挖等分项工程的质量验收，应按现行国家标准《建筑地基基础工程施工质量验收规范》GB 50202等相关规定进行。

质量验收应重点关注如下内容：

（1）水泥浆搅拌时间不少于2～3min，滤浆后倒入集料池中并不断搅拌，防止水泥离析。压浆要求连续进行，不可中断。三轴搅拌机在下钻时注浆的水泥用量约占总数的70%～80%，在提升时注浆的水泥用量约占总数的20%～30%。

（2）严格控制注浆量和下沉钻进速度，防止出现夹心层和断浆情况。施工中出现意外中断注浆或提升过快现象时，应暂停施工，重新下钻至停浆面或少浆桩段以下1m的位置，重新注浆10～20s后恢复提升，确保桩身完整。

（3）搅拌桩施工时，对一般软弱地层，下沉速度不宜大于1m/min，提升速度不宜大于1.5m/min，在强度较高的粉砂土地层，提升速度不宜大于1m/min。

（4）当水泥土搅拌墙成墙须穿越或进入粉砂层、砾石层或强风化岩层时，应配备专用钻具，动力设备采用240（马力）以上型号，总功率不小于180kW，三轴钻杆必须由3个电机独立控制，保证土体切碎、搅拌均匀。当采用步履式JB160桩机时，须同时配备400kW以上发电机备用。成墙过程中宜将水灰比调至1.3左右，水泥用量比一般增加

$10\%\sim20\%$。

（5）当水泥土搅拌墙成墙须穿越或进入老黏土层时，宜将水灰比调至1.8左右，水泥用量不变。当进尺过慢时，可作短时逆向转动后，再恢复正常钻进。

（6）当水泥土搅拌墙成墙须穿越不良土层如淤泥质黏土、腐殖土时，应根据实际检测调整施工喷浆量，以保证水泥土强度。

（7）当水灰比确定后就可确定不同施工幅段中的用水量，定时测定水泥浆液的比重，确保成桩质量。

（8）型钢不应采用手工焊缝，当型钢长度超过20m时，对接焊缝不能为平接，须采用蝴蝶型接缝以增加焊缝长度。型钢尽可能在水泥搅拌土完成后30min内插入。若水灰比或水泥掺量较大时，型钢插入时间可相应增加。

具体的质量验收项目包括：

（1）浆液拌制选用的水泥、外加剂等原材料的技术指标和检验项目应符合设计要求和国家现行标准的规定。

（2）浆液水灰比、水泥掺量应符合设计和施工工艺要求，浆液不得离析。

（3）型钢规格、焊缝质量应符合设计要求。

（4）水泥土搅拌桩桩身强度应符合设计要求。

（5）水泥土搅拌桩成桩允许偏差符合如下规定，见表2.2.6-1：

水泥土搅拌桩成桩允许偏差　　　　表 2.2.6-1

序号	检查项目	允许偏差或允许值	检查频率		检查方法
			范围	点数	
1	桩顶标高(mm)	±100	每根	1	水准仪
2	桩底标高(mm)	+100 −50	每根	1	测钻杆长度
3	桩位偏差(mm)	30	每根	1	用钢尺测量
4	桩径(mm)	±10	每根	1	用钢尺测量
5	桩体垂直度(mm)	≤1/250	每根	全过程	经纬仪测量

（6）型钢插入允许偏差应符合如下规定，见表2.2.6-2：

型钢插入允许偏差　　　　表 2.2.6-2

序号	检查项目	允许偏差或允许值	检查频率		检查方法
			范围	点数	
1	型钢垂直度	≤1/200	每根	全过程	经纬仪测量
2	型钢长度(mm)	±10	每根	1	用钢尺测量
3	型钢标高(mm)	−30	每根	1	水准仪测量
4	型钢平面位置(mm)	50(平行于基坑方向)	每根	1	用钢尺测量
		10(垂直于基坑方向)	每根	1	用钢尺测量
5	形心转角(度)	3	每根		量角器测量

2.2.7　常见问题

型钢水泥土搅拌墙在实际工程中的应用日趋广泛，但同时也存在着一些问题，主要包括：

（1）黏性土地基上，开挖后发现三轴水泥土搅拌桩强度偏低，成桩质量不理想。

出现此类问题的主要原因是，搅拌施工过程中，黏土黏附在钻杆及搅拌叶片上，越积越大，形成较大的黏土球，施工过程不及时清理，致使水泥浆液溢出或不足，土体搅拌不充分、均匀，影响成桩质量。针对此类问题，可采取如下解决方法：

1）针对搅拌土体主要为黏性土的特点，适当掺加粉砂等粗颗粒粒组调整材料，避免黏土黏附在钻杆及叶片；

2）出现土黏附现象时，及时清理钻杆；

3）增加搅拌次数，保证搅拌效果。

（2）粉砂土地基上水泥土局部缺陷引起流砂、管涌现象的发生。

因帷幕缺陷产生渗漏的原因较多，主要包括如下方面：

1）在高水位强渗透地层，地下水流动速度较快时，水泥浆流失，导致水泥土未成型；

2）施工过程出现地下障碍物时，未清理干净，勉强施工导致搅拌不均匀、桩底标高或桩身搭接未达到设计要求、垂直度偏差过大；

3）施工过程出现的冷缝或分期施工时交接面等处理不当。

针对以上存在的问题，可采取的解决方法包括：

1）搅拌时，浆液中适当增加膨润土的掺量，以在孔壁形成泥皮，避免水泥浆流失；

2）施工前应进行有效、彻底的清障工作。当障碍物较深，清除有困难时，建议改用其他围护形式；

3）相邻桩的施工间隔时间尽量控制在 24h 之内，减少冷缝数量，出现冷缝应及时处理，冷缝处无法保证搭接时应在该部位采取有效的高压喷射注浆处理。

（3）基坑土方开挖过程中，型钢处顶圈梁产生裂缝甚至断裂，如图 2.2.7 所示。

(a)　　　　　　　　　　　　　　　　　(b)

图 2.2.7　顶圈梁开裂

顶圈梁开裂的主要原因是：

1）型钢处压顶梁未设置箍筋，或箍筋数量不足，设置不规范。

2）型钢施工偏差过大，顶圈梁没有采取针对性的加强措施。

设计和施工时，采取下列措施可以避免此类问题的发生：

1) 在型钢部位，应设置局部封闭的箍筋，型钢两侧整体封闭箍筋适当加强。

2) 型钢偏差较大时，应加大顶圈梁的尺寸，加大配筋。

（4）基坑土方开挖时，型钢接缝突然断裂。

对开挖深度较深或土质条件较差的基坑，为满足基坑稳定要求，型钢的长度较长，整根型钢的运输困难，因此，型钢往往由多根焊接而成，接缝出现下列问题时，型钢易出现断裂现象：

1) 型钢分段连接时，焊接质量不满足要求。

2) 型钢接头位于坑底等受力较大部位，且相邻型钢的接头未错开。

设计与施工中可采取下列措施防止型钢断裂：

1) 型钢宜选用无接头的整桩。若 H 型钢需要焊接，须避开支护桩最大受力处，同一截面有焊接接头的桩数不超过总桩数的 50%，相邻桩接头在垂直方向宜错开 1m 以上。

2) 型钢接头应设置在受力较小的部位。

（5）上软下硬地层，土方开挖过程中，型钢水泥土搅拌墙底端位移过大，产生"踢脚"破坏。

在软土地区的山前地带，岩层上部往往分布着厚度不等的淤泥质土，呈现出典型的上软下硬的特点。此类地基中，围护墙的插入比不大时，型钢如没有有效进入硬土层，围护墙的底端嵌固不满足要求，易产生"踢脚"破坏。由于在硬土中搅拌施工困难，特别是碎石土层，一些施工单位常常因施工难度大，人为减少搅拌深度，或没有在搅拌结束后及时插入型钢，型钢插入困难时，也不重视底标高的控制，形成安全隐患。

可采取的解决方法是：

1) 硬土中搅拌困难时，可采用辅助引孔措施，松动硬土后再行搅拌。

2) 注意控制型钢的插入时间。钻杆达到设计深度时要及时插入型钢，以免因水泥土的凝固影响插入或强制插入后影响水泥土的完整性，导致不能很好地协同作用。应尽量靠型钢自重插入，加压时要垂直用力，不允许倾斜插放或侧向撞击型钢。

（6）地下结构施工完成，周边回填土施工结束后，起拔型钢时，地下室内保留深井涌水、涌砂。

杭州钱塘江边某二层地下室基坑，地下结构完成、土方回填后进行型钢拔除施工时，地下室保留的深井出现涌水、涌砂现象。经分析，型钢起拔后，水泥土受损严重，孔隙贯通，基本失去截水帷幕的功能，当坑内外存在水头差时，渗流作用将导致流砂、管涌现象的发生。

根据以上分析的原因，为避免出现此类问题，可采取下列措施：

1) 充分考虑到型钢起拔后帷幕失效的特点，掌握好型钢回收的时机，在地下结构施工完成、降水井封闭以及坑内外水位平衡后，再进行型钢的起拔施工；

2) 当地下室面积较大，采用上述措施导致型钢租赁费用较高时，也可在坑外环境保护要求较高处，另设置独立的截水帷幕，保证在肥槽回填结束后起拔型钢。

（7）型钢起拔困难，甚至拔断。

在开挖深度较深、土质较好的地基上采用型钢水泥土搅拌墙时，常常出现工程完成后型钢起拔困难的情况，其主要原因是：

1) 墙体过深，起拔力超过型钢强度要求；

2) 型钢接头焊接质量不满足要求，接头断裂；

3) 基坑开挖时，墙体变形过大，型钢挠曲严重。

为顺利回收型钢，设计施工可采取下列措施：

1) 控制墙体和型钢深度，满足起拔装置及型钢的性能要求；

2) 保证型钢接头的焊接质量，起吊前在距型钢顶端 0.2m 处的翼缘两侧各开 1 个中心孔，作为型钢插入和起拔的吊点，桩头两面应贴焊接板以增加强度；

3) 严格控制基坑变形，尽量减少型钢的挠曲变形，减少静摩擦阻力和变形阻力。型钢起拔要垂直用力并连续施工，出现停顿将增加拔出阻力。

2.2.8　工程实例分析

实例 1　杭州××大厦

1. 工程概况

该项目地下室平面形状大致为矩形，尺寸约为 84m×60m。主楼 25 层，裙房 4 层，框架剪力墙结构，桩基础，工程桩为钻孔灌注桩。建筑物下设两层半地下室，设计 ±0.000 相当于绝对标高 7.380m，自然地坪标高取周边道路标高 6.980m，即相对标高 −0.400m；基础底板垫层底的相对标高为 −11.700m，由于地下室周边地梁底与基础底板底齐平，且周边基本为较小的单桩承台，故基坑开挖深度算至基础底板垫层底，为 11.3m。中间电梯井局部深坑开挖深度 15.55m。工程总平面如图 2.2.8-1 所示。

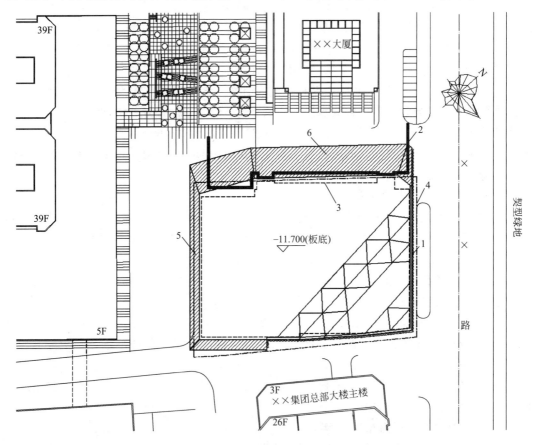

图 2.2.8-1　××大厦总平面图

1—850 宽 SMW 挡墙；2—相邻××大厦地下轮廓线；3—地下车库范围线；4—用地红线；5—土钉墙支护；6—放坡

2. 土质条件

根据岩土工程勘察报告，基坑开挖深度及影响范围的土层分布主要为：

①-1 层杂填土，松散，稍湿，由砖屑、碎石、建筑垃圾及少量黏性土组成，普遍分布。

①-2 层素塘土，松散，稍湿，由植物根系及少量砂性土组成，全场分布。

①-3 层有机质土，松散，由大量腐殖物及植物根系组成，主要分布在场地的北侧。

②-1 层黏质粉土夹砂质粉土，稍密，干强度、韧性低，场地普遍分布。

②-2 层黏质粉土夹粉砂，稍密，场地普遍分布。

②-3 层粉砂，稍密～中密，场地普遍分布。

③-1 层砂质粉土，稍密～中密，场地普遍分布。

③-2 层黏质粉土夹粉砂，稍密～中密，场地普遍分布。

⑤层淤泥质粉质黏土，流塑，含有机质，其中夹有黏质粉土薄层，场地普遍分布。

⑦层灰色黏土，软塑，无摇振反应，干强度、韧性中等，场地普遍分布。

⑦-2 层粉（细）砂，中密，厚层状构造。砂质较纯，分选性一般，顶部多含少量黏性土，局部含有少量砾石，性质不均一。中偏低压缩性，物理力学性质较好，场地大部分分布。

基坑围护设计参数详见表 2.2.8-1（抗剪强度指标采用直剪试验的固快峰值）。

基坑围护设计参数表　　　　表 2.2.8-1

土类	层号	含水量（%）	重度（kN/m³）	天然孔隙比	黏聚力 C（kN/m²）	内摩擦角 φ(°)	渗透系数(cm/s) 垂直 Kv
杂填土	①-1						
素填土	①-2						
有机质土	①-3						
黏质粉土夹砂质粉土	②-1	31.8	18.9	0.895	8.3	24.0	2.1E-4
黏质粉土夹粉砂	②-2	27.9	19.2	0.793	5.9	26.0	3.8E-4
粉砂	②-3	24.7	19.6	0.706	4.0	32.0	
砂质粉土	③-1	28.2	19.3	0.791	5.3	29.0	
黏质粉土夹粉砂	③-2	29.6	19.2	0.823	6.5	28.0	
淤泥质粉质黏土	5	41.1	17.8	1.163	11.1	14.8	
灰色黏土	7	39.6	17.7	1.169	15.5	14.5	

地下水为孔隙潜水，地下水位年变化幅度为 1.0～2.0m，稳定水位在地表下 1.6～2.4m。承压水主要赋存于圆砾层内，根据地质报告，承压水头对桩基及地下室施工基本无影响。

3. 周围环境条件分析

根据周边环境条件图以及现场目测结果，场地现为空地，其东侧围护体 2m 之外即为用地红线，红线外道路下埋有大量管线，包括电力、污水、雨水等，其中最近的为电力管线，距离坑边约 3.9m；基坑南侧为正在施工的××集团总部大楼基坑，采用土钉墙与桩墙式支护结构相结合的围护形式，地下二层，基坑开挖深度 9～11m；北侧为××大厦地下室，与本工程通过 2 个地下通道连通，××大厦开挖深度约 10m，预计与本工程同步施工；基坑西侧目前为空地。

4. 基坑围护方案

（1）工程特点

综合分析场地地理位置、土质条件、基坑开挖深度及周围环境等因素，该基坑具有如下特点：

1）基坑深度范围内的土体均以粉性土为主，土质较均匀，强度高，渗透性也较好，围护应处理好地下水的问题，降应解决深层降水带来的周边设施沉降问题。

2）基坑南侧及北侧分别与两大厦地下室相邻，围护设计应考虑邻近基坑施工的相互影响。

3）基坑东侧为城市道路，场地条件非常紧张，环境条件差，该侧的基坑变形应合理控制，确保道路及地下管线的安全。

（2）基坑围护方案

1）降水措施

本工程地表以下 20m 深度范围以透水性较强的砂质粉土为主，由于距离钱塘江较近，水源补给丰富。结合钱江新城一带的设计和施工经验，对地下水的处理方法采用如下措施：

a. 在东侧及南侧部分范围，为确保道路及其地下管线安全，采用截水帷幕和坑外降水相结合的技术措施，坑外最低水位控制在 -8.000m，以避免过度降水对道路、管线产生明显的不利影响。

b. 其余范围，由于环境条件较好，采用坑外完全降水方案。

所有部位（包括坑内、坑外）的降水均采用自流深井，并根据不同的降水要求采用不同的井深，具体详见设计图纸。

2）截水帷幕

对常用的各种截水帷幕进行分析比较后，确定采用 φ850mm 三轴水泥土搅拌桩。从高压旋喷桩在附近工程的应用效果来看，渗漏现象比较普遍，特别是对超深基坑而言，深层的缺陷更容易引发灾难性的后果。咬合桩的截水效果要优于高压旋喷桩，但造价高。φ850 三轴水泥土搅拌桩在透水性较强的地基中有着很多成功的应用，由于其采用套打工艺，前后施工的两组桩保证交接处有一根完全重合，故桩间搭接有保证，且造价较旋喷桩及咬合桩低，故比较适合本工程。

3）围护结构

本工程由于各侧的场地及环境条件差别大，设计提出了 3 种支护形式：

（1）北侧，由于本地下室与××大厦通过地下通道相连，为避免围护体形成地下障碍物，故采用大放坡的围护措施；

（2）西侧及西南侧，周边环境条件较好，采用土钉墙支护，如采用放坡开挖，则占用场地过多；由于荣安基坑在相应范围也为土钉支护，故 2 个基坑的平衡问题比较容易解决。

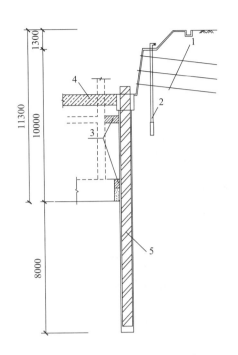
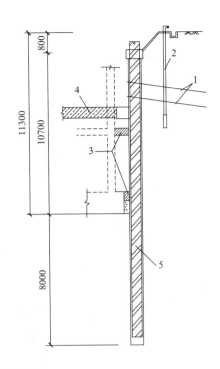

图 2.2.8-2 围护典型剖面

1—锚管 48×3.0@1200，长度 8m；2—轻型井点；3—传力带；4—混凝土支撑；5—三轴
水泥土搅拌桩 3φ850@600，水泥掺量 20%，内插 H700×300×13×24 型钢

(3) 紧临城市道路一侧，针对选用的三轴水泥土搅拌桩截水帷幕，采用搅拌桩内插 H 型钢工艺，形成 SMW 挡墙；为有效控制基坑变形，设置一道钢筋混凝土内支撑，内支撑标高设置在地下一层楼板之上，地下一层楼板施工结束后拆除支撑。

(4) 电梯井局部深坑采用土钉墙支护措施。

(5) 因本工程支撑系统不是封闭型系统，只有一角采用支撑。此时若采用钢支撑，因压顶梁不能封闭，而无法施加预应力，其优势将大大降低。另外单纯钢角撑的受力状况不理想。相比较而言，混凝土支撑可根据基坑的形状灵活布置，最终选择采用混凝土支撑。

该方案具有支护体系受力性能好，针对性强，能确保周边环境的安全；施工速度快，工期短；对环境条件的适应性强等特点。

5. 监测内容

本工程进行了周围环境、墙后土体沉降、地下水位、立柱位移、围护体沿深度的侧向位移以及支撑轴向力等的监测。其中支撑轴向力和围护体的侧向位移为主要的监测项目，其控制值分别为：支撑 4000kN；围护体最大侧向位移控制值东侧为 3.5cm、其余各侧为 5cm，位移变化速率控制值为 3mm/d。其中测斜管 5 根，水位管 11 根，支撑轴力 2 点。

6. 基坑施工

工程于 2007 年 1 月进行围护桩施工，整个施工过程顺利，各项监测指标均在设计控制值范围（图 2.2.8-3）。地下室施工完成后，初始阶段的型钢起拔较为困难，曾出现型钢顶部撕裂的情况，经改进回收装置，增加与型钢的接触面后，第一根型钢终于回收成功，此后的型钢起拔较为顺利，最终所有的型钢得到回收。

图 2.2.8-3　大厦局部基坑照片

实例 2　湖州爱山广场

1. 工程概况

项目总用地面积 160487m²，总建筑面积 126007m²，包括 A1、A2、A3 和 A4 地块组团建筑组成，单体建筑高 1～9 层，是集餐饮、休闲、购物、娱乐于一体的现代商业区。

各单体基坑信息表　　　　　　　　　　　　　　　　　　　　　表 2.2.8-2

地块名称	地下室层数	开挖深度（m）	围护桩	支撑道数	安全等级
A1-ABC	1	3.4～6.75	650 直径 SMW 工法桩	1	二
A1-EFG	1	4.6～7.3	650 直径 SMW 工法桩	1	二
A2	1	8.35～9.7	850 直径 SMW 工法桩	2	一
A3	1	4.9～7.3	650 直径 SMW 工法桩	1	二
A4-D	2	11.4～12.1	850 直径 SMW 工法桩	2	一

2. 周边环境情况

本工程距离古建筑、市政道路、保留建筑、待建建筑均较近。

A1-ABC 地块周边环境如下：

基坑东侧距离用地红线最近约 20.4m（从围护体内边线算起，以下未特别注明皆同），红线外道路下市政管线众多，最近的管线（雨水管）距离基坑约 27.7m，东北侧拟用作材料堆场，东面还有待建的 A1-D 建筑，无地下室，东南角尚有一段 10 多米长的古城墙，宽约 1.5m，高约 2m，在基坑施工期间需严加保护（根据建筑方案，拟采用钢板进行保护）。

基坑北侧距离用地红线最近约 7.6m，与施工围墙最近距离约 1.7m。围墙外侧为道路 D，如图 2.2.8-4 所示，该道路下布有电信、给水、雨水、电力等多种管线，部分管线紧贴围墙。D 路北侧为商务楼，混凝土 4 层，桩基础，距离基坑超过 22m。

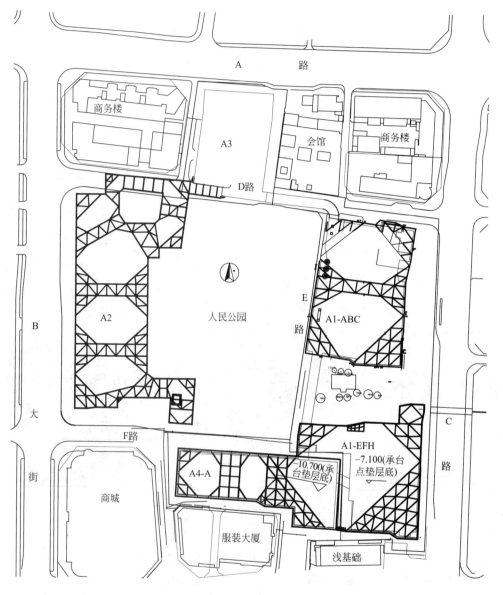

图 2.2.8-4 总平面图

基坑西侧为道路 E 及人民公园，该侧距离用地红线最近为 2.0m，由于该侧道路 E 下亦为地下室，在基坑施工期间前，道路管线需进行拆移工作。西北侧为本区域待建的 A2 地块的建筑（无地下室），最近的距离基坑约 12m。

基坑南侧有 1 幢保留建筑，如图 2.2.8-5 所示，2 层砖房，浅基础，距离基坑约 8.6m。该侧亦有多株需保护的树木，南侧通过地下通道与待建的 A1-E 地块的地下室（地下一层）相通。该侧距离施工围墙最近约 2.7m。

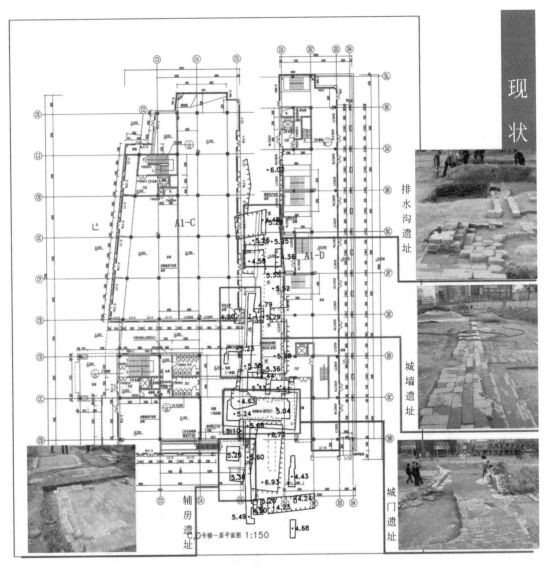

图 2.2.8-5　古城墙遗址

3. 水文地质条件

根据地质报告，在勘察深度范围内将地层分为 9 个工程地质层、12 个工程地质单元层（其中第④层分 3 个亚层、第⑦层分为 2 个亚层）。各土层特征分别叙述如下：

第①层杂填土：黄褐色，灰褐色，堆填而成，以砖瓦块、碎石等建筑垃圾为主，局部含少量生活垃圾，结构松散，层厚 1.70～6.60cm，全场分布，土的工程性质差。

第②层粉质黏土：灰褐色、灰夹黄色，饱和，软至可塑状，局部地段为黏土，黏性一般至稍好，切面砂眼状，干强度、韧性中等，内含云母屑和铁锰质锈斑，静探曲线呈极不规则状，场地大部分缺失，层厚 0～3.10m，土的工程性质一般。

第③层淤泥质粉质黏土：灰褐色、灰色，饱和，流塑状，含有机质和腐殖质，干强度、韧性低，切面有砂眼状，黏性一般至稍好，具高压缩性，高含水量，较低的抗剪强度，静探曲线呈极不规则状，局部地段为淤泥、淤泥质黏土，分布较普遍，A4 块层厚较大，层厚 3.6～9.6m，土的工程性质差。

第④层按土的性质分为 3 个亚层：

第④-1 层粉土：灰褐色，饱和，松散状，黏性较差，砂感较强，内含云母屑，摇震反应较迅速，场地的南侧和中东部缺失，层厚为 3.20～8.30m，土的工程性质稍好。

第④-2 层粉土：灰褐色，饱和，中密状，砂感较强，内含云母屑，摇震反应较迅速，夹有粉砂，分布普遍，层厚为 2.90～14.20m，土的工程性质较好。

第④-3 层粉土：灰褐色，饱和，稍密状，黏性较差，砂感较强，内含云母屑，摇震反应较迅速，微层理较发育，局部底部夹有少量砾砂，分布普遍，层厚为 6.90～13.0m，土的工程性质较好。

第⑤层淤泥质粉质黏土：灰褐色、灰色，饱和，流塑状，含有机质和腐殖质，干强度、韧性低，切面有砂眼状，黏性一般至稍好，具高压缩性，搞含水量，较低的抗剪强度，静探曲线呈极不规则状，局部地段为粉质黏土，分布普遍，场地由北往南黏性成分逐渐增加，层厚大为 7.80～15.10m，土的工程性质较差。

第⑥层中细砂夹粉质黏土：灰褐色、浅灰黄色，很湿，中密状，摇震反应迅速，夹粉质黏土，局部夹少量砾，砾石含量在 5%～10% 左右，砾径约 0.1～2cm 大小不等，静探曲线呈中高尖锯齿状，拟建场地北侧会馆以西地块夹粉质黏土较多，层厚 1.90～9.80m，土的工程性质好。

第⑦层按土的性质分为 2 个亚层：

第⑦-1 层粉质黏土：灰夹黄、灰褐色，饱和，软～可塑状，黏性一般至较好，切面较粗糙，干强度一般，韧性中等，层厚 2.00～10.00m，土的工程性质较好。

第⑦-2 层黏土：灰黄、黄绿色，很湿，硬塑状，黏性好，滑腻感强，含铁锰质锈斑和结核，切面光滑，干强度、韧性高，分布于场地的东侧和南侧，层厚 1.30～6.10m，土的工程性质好。

第⑧层粉砂：灰褐、浅灰黄色，中密～密实状，饱和，砂感强，摇震反应迅速，局部夹有粉土、粉质黏土，层厚 3.10～10.50m，土的工程性质好。

第⑨层粉质黏土夹砂：灰褐、灰黄、灰绿色，饱和，硬塑状，黏性一般至较好，局部位置底部夹粉砂，最大控制层厚 7.70m，土的工程性质好。

根据基坑的实际开挖深度以及土质分布状况，基坑开挖面位于③层淤泥质粉质黏土或④-1 层中。各土层物理力学指标详见表 2.2.8-3。

各土层物理力学指标　　　　　　　　　　表 2.2.8-3

土类	层号	厚度(m)	含水量(%)	重度(kN/m³)	天然孔隙比	黏聚力(kN/m²)	内摩擦角(°)	液性指数(I_L)	渗透系数(cm/s)	
									垂直	水平
杂填土层	①	1.70～6.60	—	(19.0)	—	(10)	(10)	—	—	—
粉质黏土	②	0～3.10	42.8	16.3	1.288	19.4	12.3	0.647	6.27×10^{-7}	1.43×10^{-6}
淤泥质粉质黏土	③	0～13.50	41.5	17.0	1.272	7.5	12.6	1.255	1.24×10^{-6}	5.92×10^{-7}
粉土	④-1	3.20～8.30	29.8	18.8	0.863	13.7	23.2	0.945	2.20×10^{-5}	5.78×10^{-5}
粉土	④-2	2.90～14.20	28.0	19.0	0.824	15.8	27.8	0.885	—	—

注：括号内数值为经验值。

场地地下水水位埋藏较浅，勘探期间测得的地下水位埋深为 0.40～1.50m，地下水浅部属孔隙潜水，其变化受大气降水等影响。根据水样的水质分析，判定浅部地下水和土对混凝土无腐蚀性，对钢结构有弱腐蚀性。

4. 基坑特点或关键技术问题

综合分析本工程的基坑形状、面积、开挖深度、地质条件及周围环境，基坑围护设计应充分考虑以下几个因素：

（1）基坑影响深度范围内的地基土主要为填土、黏质粉土、淤泥质粉质黏土、粉土等，淤泥质粉质黏土性质差，厚度大，围护设计应对基坑的防渗截水、浅层障碍物及不良地质等对围护体施工的影响等予以充分考虑。

（2）基坑周围环境复杂，市政管线众多，局部紧临基坑，东南侧为电信局程控机房，设计应合理控制围护体的变形，确保基坑邻近设施的安全和正常使用。

5. 主要设计措施

本工程场地条件有限，开挖深度大，完全大放坡没有实施的可能。重力式挡墙支护结构则难以控制基坑的变形和满足基坑稳定要求。

带撑桩墙式支护结构在实际工程中应用广泛，施工质量较易保证，是较传统的围护结构形式。采用钻孔灌注桩作为挡土结构，在成桩时不存在挤土问题，材料运输及排污也比较方便，同时需采用搅拌桩或旋喷桩做截水帷幕。

SMW 工法水泥搅拌桩内插 H 型钢结合支撑围护体系，因 SMW 工法水泥土搅拌桩连续施工，套打的水泥搅拌桩可兼作截止水帷幕，无需另外设置截水帷幕，节省工程造价，且围护体占地少。同时，H 型钢在地下室工程施工结束后可拔出再利用，循环使用，材料损耗小，既节约造价、缩短工期，又环保节能，符合可持续发展的要求。

综合分析场地地理位置、土质条件、基坑开挖深度及周围环境等多种因素，在确保周围建筑物安全和正常使用、确保基础和地下室施工安全的前提下，在"安全可靠、技术先进、经济合理、方便施工"的原则下，经多方案分析比较，最后确定基坑采用 SMW 工法水泥土搅拌桩内插 H 型钢作为围护桩，结合混凝土内支撑的围护体系。

本支护形式结合基坑的平面布置特点和周边环境，具体问题具体分析，因地制宜，这种围护形式无论是在技术上还是经济上，均比较适合于本工程。本方案的特点主要如下：

1）本工程采用 SMW 工法水泥搅拌桩加一道或两道混凝土支撑的围护形式，集围护桩和截水帷幕于一身，可最大程度利用场地空间；H 型钢可回收利用，从而节省造价，缩短了工期。

2）本工程周边环境复杂，采用 SMW 工法水泥搅拌桩加混凝土内支撑的围护形式，可有效控制围护桩的侧向变形。

A4-D 基坑东侧与 A1-EFH 地下室距离较近，中间的土方在施工期间较难保留，故该侧围护桩桩顶标高适当降低，同时合理布置基坑的第一道支撑（布置第一道支撑时将 A1-EFH 和 A4-A 当做一个大基坑来考虑，受力明确，造价较省），根据围护整体受力平衡，建议交接处 A1-EFH 地下室先行挖土，相邻处可根据相应剖面进行放坡，挖土时要求 A4-A 地块该范围的围护桩（工程桩）施工完成（合理安排施工，保证 2 个基坑交接处三轴搅拌桩的搭接）。

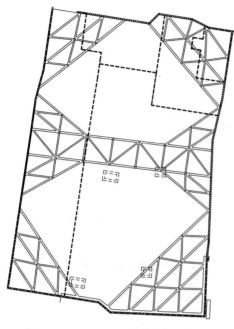

图 2.2.8-6　A1-ABC围护平面布置图

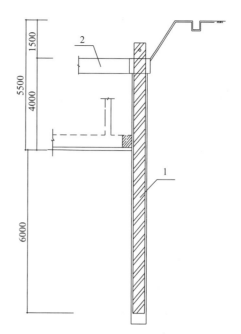

图 2.2.8-7　A1-ABC典型剖面

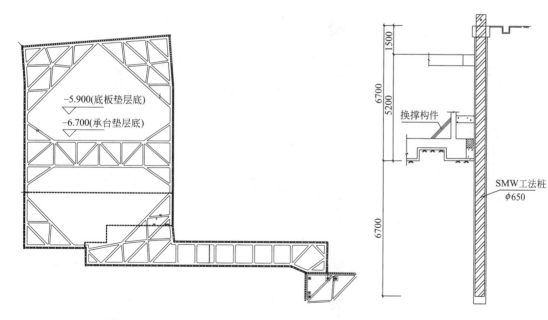

图 2.2.8-8　A3围护平面布置图

图 2.2.8-9　A3地块典型剖面

6. 监测情况

基坑监测各项数据正常，深层水平位移最大值基本在警戒值内，支撑体系表观正常，轴力数据符合设计及规范安全要求，周边道路管线等构筑物均正常使用，达到了安全支护的目的。

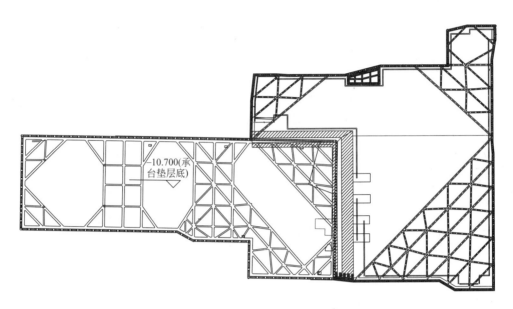

图 2.2.8-10 A1-EFH 支撑系统与 A4-D 基坑第二道支撑平面布置图

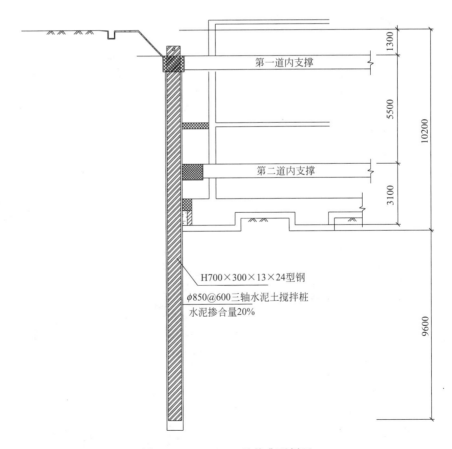

图 2.2.8-11 A4-D 地块典型剖面

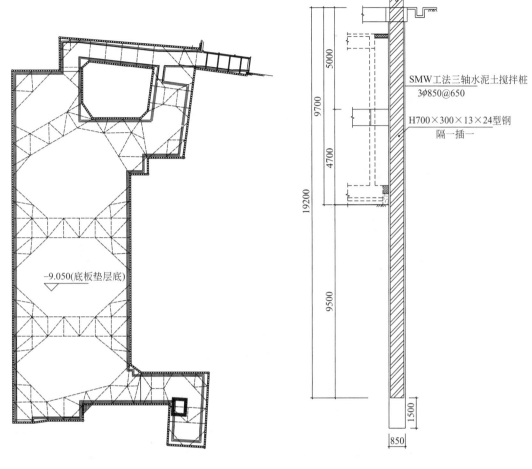

图 2.2.8-12 A2 基坑支撑平面布置   图 2.2.8-13 A2 基坑典型剖面图

7. 施工情况

作为湖州地区较早大规模应用 SMW 工法桩的基坑群，取得了成功。

图 2.2.8-14 A4-D 地块基坑照片

图 2.2.8-15 A4-D 地块与 A1-EFH 地块交接范围

图 2.2.8-16　通道围护

2.3　渠式切割水泥土连续墙

　　传统的深层搅拌技术存在适用深度有限、施工机具较大等缺陷，对较深的防渗墙，桩间搭接是渗漏的隐患。渠式切割水泥土连续墙（简称 TRD 工法）技术应运而生，该技术普遍应用于建筑或市政基坑工程中的挡土结构和截水帷幕，用于挡土结构时，需要在成墙施工过程同时插入芯材，以保证墙体抗弯、抗剪性能满足要求；在国外，根据钢制地下连续墙协会《钢制地下连续墙工法-I（混凝土等填充钢制地下连续墙工法）设计施工指南（案）》（2005 年 6 月）等介绍，该技术还用于防止地基液化、地基加固处理、防止地基中的污染物扩散以及水库护岸等。

　　渠式切割水泥土连续墙较早应用于日本，2009 年引入中国，经消化、改进后发展起来。该技术通过链状刀具的横向移动、刀具链条上刀头对地基土的切割开挖，同时，垂直方向上进行固化液与切割地基土的混合与搅拌，形成墙壁状的固化体地下连续墙[5]（图 2.3-1）。

图 2.3-1　渠式切割水泥土连续墙成墙施工

渠式切割机械由主机和刀具系统组成（图 2.3-2），主机包括底盘系统、动力系统、操作系统、机架系统，主机底盘下设履带，用 2 条履带板行走；底盘上承载主机设备。动力系统包括液压和电力驱动系统。操作系统包括计算机操作系统、操作传动杆以及各类仪器仪表。机架系统在履带底盘上设置有竖向导向架和横向门型框架。横向门型框架上下设有 2 条滑轨，下滑轨铰接于主机底盘上，上滑轨由背部的液压装置支撑锁定于垂直位置上。根据待建设墙体的需要，门型框架通过液压杆可在 $90°\sim30°$ 范围内旋转，从而进行与水平面最小成 $30°$ 的斜墙施工。

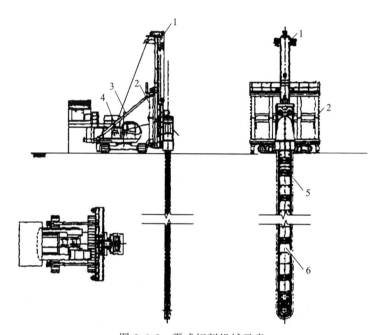

图 2.3-2 渠式切割机械示意

1—竖向导向架；2—横向门型框架；3—背部斜撑；4—操纵室；5—链状刀具；6—刀具立柱

渠式切割机的操纵室应设置机械的监控装置，操作人员可以在操纵室内观察机具各部位的工作状态。为防止操纵人员疲劳工作，渠式切割机还装有自动切削控制系统的附属设备。此外，切削、搅拌较硬土层时，一旦刀具系统产生较大变形，操作人员强行操作出现水平推力超出限值时，渠式切割机械具有自动停机功能，防止设备损坏。

由刀具立柱、刀具链条、刀头底板和刀头组成的刀具系统统称为链状刀具。刀具立柱设置于渠式切割机机架内，其上安装刀具链条。

刀头底板位于刀具链条上，具有不同的规格，宽度为 $325\sim875$mm。渠式切割机通过改变刀头宽度，形成以 50mm 为一级，宽度变化范围为 $450\sim850$mm 的水泥土连续墙。刀头底板上安装有数个可拆卸刀头，具体刀头数量由刀头底板的排列方式确定，以保证墙体宽度方向能全断面覆盖有刀头。可拆卸刀头在切削施工中磨损后，可方便地拆卸、更换，有效地降低了维护成本和维护人员的劳动强度，提高了设备的工作效率。

与三轴水泥土搅拌桩和混凝土地下连续墙技术相比，渠式切割水泥土连续墙主要具有如下的优点：

（1）施工设备稳定性好

通过低重心设计，机械设备高度控制在10m左右，施工安全性高。

（2）高精度施工

自身携带多段式测斜系统，可以在水平方向和垂直方向进行高精度的施工。

（3）突出的开挖能力和经济性

对于坚硬地基（砂砾、泥岩、软岩等）具有较高的切割能力，可以大大缩短工期、减少工程造价。

（4）垂直方向均匀的质量

在垂直方向进行整体的混合与搅拌，即使对于性质存在差异的成层地基也能够在深度方向形成强度较高的均质墙体。

（5）墙体的连续性

墙体整体性好，连续性强，施工缝少，截水性能优异。

（6）墙体芯材间距可任意设定

由于墙体等厚，芯材可以以任意间距插入。

（7）施工过程的噪声、振动小，环境影响小

由于成墙深度大、地层适应性强、连续性及均匀性好等特点，渠式切割水泥土连续墙具有优异的防渗截水性能，在国内外的实践中，常用来作为基坑的截水帷幕和水利大坝的防渗墙，部分工程利用渠式切割水泥土连续墙阻隔深层承压水，取得较好的效果。该技术自2009年首次在杭州下沙某基坑工程中成功应用后，到目前为止，已成功应用于浙江、上海、天津、江西、江苏等地数十项工程，其中部分项目采用了渠式切割型钢水泥土连续墙结合内支撑支护技术，部分项目将渠式切割水泥土连续墙应用于超深的截水帷幕，最大应用深度已达58m，取得了明显成效。目前，该技术已形成国家行业标准《渠式切割水泥土连续墙技术规程》JGJ/T 303-2013，并于2014年2月1日正式实施。

2.3.1 设计

1. 适用范围

在国内应用渠式切割水泥土连续墙的项目中，涉及的土层包括杂填土、流塑的淤泥质黏土、粉质黏土、粉土、N值平均72击的粉细砂层、单轴抗压强度标准值为8.8MPa的中风化砂砾岩等。对下列复杂地基，应通过试验确定其适应性：

（1）圆锥动力触探试验的锤击数实测平均数 $N_{63.5}$ 大于20或无侧限抗压强度大于5MPa；

（2）粒径大于100mm的颗粒含量超过全重30%；

（3）土的有机质含量大于5%；

（4）受承压水影响或地下水渗流速度较快的土层；

（5）进入岩层深度大、岩石强度高；

（6）冻土、湿陷性黄土。

该技术曾成功应用于切割混有 ϕ800mm砾石的卵石层，以及单轴抗压强度约5MPa左右的基岩，但是在这些情况下，施工速度变得极其缓慢，并且刀头磨损严重。因此，在实施前应进行试验施工，以便对施工速度和刀头磨损进行确认。

对于在冰点下寒冷地区施工的情况，当水泥土暴露在外界时，冻融会导致水泥土表面崩解。该现象在白天温度上升、夜间降温到冰点以下的部位易产生，因此需要在水泥土表面覆盖养护。

当遇到地下障碍物较多时，应充分了解障碍物的分布、特性以及对施工的影响，区分对待。

由于地基土层及地下水存在的较大的不确定性，切割液、固化液的配合比及应用效果应经试成墙验证并改进。对环境复杂、场地紧张、地面荷载大的工程，开放长度的确定也应通过试成墙，以确保施工过程槽壁的稳定和周边环境的安全。

试成墙的主要目的包括以下 3 个方面：

（1）确定施工机械。在一些特殊地层，如深厚卵石层、风化岩层等，水泥土连续墙的质量控制在很大程度上取决于渠式切割机性能能否满足要求。

（2）确定施工工艺。施工工艺应根据地层条件合理采用，如在黏性土地层，刀具链条旋转、刀头切割搅拌土体过程中，黏土容易依附刀头表面，影响土体的切割和搅拌效果，影响施工速度。因此，应采取措施减少或避免黏土依附。在较硬地层，切割搅拌过程中链式刀具较易产生偏位，可通过试成墙，确定切割的方式和步进速度。

（3）确定施工参数。根据土层情况，通过试成墙确定水泥土的配合比、水泥用量。如在地下水位高、渗透性能强且地下水流急的地层中，合理确定膨润土的用量等。

目前渠式切割机械主要有 3 种类型：Ⅰ型、Ⅱ型和Ⅲ型。Ⅰ型的最大成墙深度为 20m，墙体厚度 450～550mm；Ⅱ型的最大成墙深度为 35m，墙体厚度 550～700mm；Ⅲ型的最大成墙深度理论上为 60m，墙体厚度 550～850mm。目前工程中Ⅲ型机械最为普遍，Ⅰ型基本不用，但实际工程中施工 50m 深度以上的墙体时，难度大、质量控制难、机械损耗严重，因此一般的成墙深度不超过 50m，当超过 50m 时，应采用性能优异的机械和由经验丰富的施工班组施工，且通过试验确定施工工艺、施工参数。

用于支护结构时，由于墙厚及水泥土强度限制，渠式切割水泥土连续墙内插型钢后形成的围护体刚度主要取决于内插型钢，渠式切割型钢水泥土连续墙适用的基坑开挖深度在很大程度上取决于型钢刚度。为增加渠式切割型钢水泥土连续墙的应用范围，可对现有的 H 型钢进行改进，使 H 型钢能连续紧密的排列，相邻桩之间以特定的企口相连，形成连续的箱形结构，在增大结构刚度的同时，进一步改善了墙体截水性能。国外已有类似的实践，并在部分工程实施了"二墙合一"，即利用改进后的渠式切割型钢水泥土连续墙直接作为永久结构的地下室外墙。

当渠式切割水泥土连续墙仅用于截水帷幕时，适用的开挖深度往往取决于选用的支护结构刚度。

表 2.3.1 给出了国内渠式切割水泥土连续墙应用的案例统计结果。

渠式切割水泥土连续墙应用典型工程案例 表 2.3.1

地点	基坑深度（m）	墙体厚度（mm）	墙体深度（m）	应用形式
杭州	7.1～8.7	850	20	内插型钢，支护结构
杭州	12～14	700	22.5	复合土钉
杭州	10～14	850	24	内插型钢，支护结构
天津	19.2～24.1	700	45	截水帷幕

续表

地点	基坑深度(m)	墙体厚度(mm)	墙体深度(m)	应用形式
南昌	15.5～17.1	850	22.3～23.3	内插型钢,支护结构
杭州	10～12	850	30	内插型钢,支护结构
杭州	18～24	850	23	截水帷幕
淮安	22.1～27.4	850	34.2～45.2	截水帷幕
上海奉贤	10.2～17.1	850	25.4	内插型钢,支护结构
天津	21	700	36	截水帷幕
苏州	15.7～17.9	700	43～46	截水帷幕

渠式切割水泥土连续墙有在紧邻既有浅基础建筑物施工成功的案例，由于周边建筑物保护要求高，施工全过程进行了监测，并根据监测结果动态施工，及时调整施工部署和施工参数，最终达到了有效控制周边建筑物的沉降，确保其安全的目的。

2. 设计计算方法

渠式切割水泥土连续墙的平面布置宜简单规则，渠式切割机就位后，在直线段连续施工的效率较高，质量也容易控制；在转角位置，一般需要拔起并拆除刀具，转向后重新就位，费时费力；当转角很多，或圆弧段的曲率半径小于60m时，建议采用其他工法。

工程中常用的墙体宽度为550、700和850mm，当工程中需要采用其他规格的墙体厚度时，应在550～850mm之间按50mm的模数选取。

水泥土的技术要求主要包括如下几个方面：

(1) 合理确定水泥浆水灰比，水灰比可根据土层条件取1.0～2.0，对含水量较高的淤泥和淤泥质土，水灰比宜取较低值；当渠式切割水泥土连续墙仅用作截水帷幕时，水灰比取值宜适当降低。

(2) 水泥土28d的无侧限抗压强度需满足设计要求。

(3) 当需要插入型钢时，在确保水泥土强度的同时，尽量使型钢靠自重插入，或略微借助外力，就能使型钢顺利插入到位，水灰比可根据土层条件取1.5～2.0，常取1.5；型钢需要回收时，水泥土与涂有减摩剂的型钢之间应具有良好的握裹力，确保整体受力性能满足要求，并创造良好的型钢回收条件，使型钢拔除时，水泥土能够自立不坍塌，便于充填空隙。

我国的应用实践表明，软土地基上的水泥掺量可适当加大；土体的有机质含量较高时，可掺加针对有机质的外加剂，以保证水泥土的强度满足要求；对黏性土地基，可适量掺加促进流动性、缓和胶状化的外加剂（流动化剂）；当需要延迟固化液混合泥浆的凝集与凝结、减少废泥土的产生时，可适量掺加延迟硬化、降低胶状体强度的外加剂（缓凝剂）。

渠式切割水泥土连续墙的重要功能之一是截水帷幕，因此抗渗性能是检验的重要指标。实际工程中影响水泥土渗透性能的因素主要包括：

(1) 切割液及固化液的合理配比；

(2) 切割及搅拌的充分性和均匀性；

(3) 基坑开挖过程中，合理控制基坑变形，保证水泥土在工作状态下的截水效果。

用于支护结构时，渠式切割型钢水泥土连续墙的设计计算方法及安全度要求与其他类似形式的支护结构相同，应满足现行行业标准《建筑基坑支护技术规程》JGJ 120的相关规定。当结合内支撑或预应力锚索（锚杆）支护时，设计计算内容与一般桩墙式支护结构的内容基本一致，需要增加型钢之间的水泥土应力分析和型钢起拔计算等内容。型钢的插入深度应满足基坑的稳定及变形要求，并应分析型钢回收的施工可行性；抗管涌稳定性分析应按水泥土连续墙的深度进行。计算型钢的插入深度时不应计入型钢端部以下水泥土连续墙的作用。因为型钢端部的水泥土强度低，不能起嵌固作用，插入深度应按型钢的实际插入深度计算；型钢的长度确定时也要综合考虑现有的施工水平，包括渠式切割水泥土连续墙的施工能力及回收装置的起拔能力等。

内插型钢宜采用 Q235B 和 Q345B 级钢，其规格、型号及有关要求宜按现行国家标准《热轧 H 型钢和部分 T 型钢》GB/T 11263 和《焊接 H 型钢》YB3301 选用，并满足下列要求：

（1）当墙体厚度为 550mm 时，内插 H 型钢截面宜采用 H400×300、H400×200；

（2）当墙体厚度为 700mm 时，内插 H 型钢截面宜采用 H500×300、H500×200；

（3）当墙体厚度为 850mm 时，内插 H 型钢截面宜采用 H700×300。

为保证型钢之间水泥土的拱效应成立，避免水泥土出现拉应力，渠式切割型钢水泥土连续墙中相邻型钢的净距不宜小于 200mm，中心距应符合式 2.3.1-1 规定：

$$L \leqslant 2(t+h) + B - 200 \quad (\text{式 } 2.3.1\text{-}1)$$

式中 L——相邻型钢之间的中心距（mm）；

t——渠式切割水泥土连续墙厚度（mm）；

h——型钢高度（mm）；

B——型钢的翼缘宽度（mm）。

满足上述型钢净距要求后，型钢中间水泥土应力分析只需考虑中间土的抗压和抗剪性能。

内插型钢的截面承载力验算（抗弯、抗剪）同 SMW 工法，可参考 2.2 节的相关内容。设计时应控制型钢水泥土连续墙中内插型钢的应力水平及变形，避免型钢翼缘及腹板产生局部屈曲，影响整体承载性能，使墙体在工作状态下的有效截面能满足基坑防渗截水要求，并有利于型钢的回收和重复利用。根据已有的工程经验，型钢应力不宜超过其强度设计值的 70%。

渠式切割水泥土连续墙的厚度应符合下列要求：

（1）型钢无拼接时，应取下列二式结果之大值：

$$t \geqslant h + 100 \quad (\text{式 } 2.3.1\text{-}2)$$
$$t \geqslant h + L_h/250 \quad (\text{式 } 2.3.1\text{-}3)$$

（2）型钢有拼接时，除满足第 1 款要求外，尚应满足下列二式要求：

$$t \geqslant h_1 + 50 \quad (\text{式 } 2.3.1\text{-}4)$$
$$t \geqslant h_1 + L_{h1}/400 \quad (\text{式 } 2.3.1\text{-}5)$$

式中 t——型钢水泥土连续墙厚度（mm）；

h——型钢高度（mm）；

h_1——型钢拼接处的最大高度（mm）；

L_h——型钢长度（mm）；

L_{h1}——型钢顶部至最下一个拼接点的长度（mm）。

型钢水泥土连续墙中水泥土局部抗剪承载力可按下列公式进行验算（图 2.3.1）：

$$\tau_1 \leqslant \tau \quad (\text{式 } 2.3.1\text{-}6)$$

$$\tau_1 = \frac{1.25\gamma_{\circ}V_{1k}}{d_{el}} \qquad \text{(式 2.3.1-7)}$$

$$V_{1k} = \frac{q_k L_1}{2} \qquad \text{(式 2.3.1-8)}$$

$$\tau = \frac{\tau_{ck}}{1.6} \qquad \text{(式 2.3.1-9)}$$

式中　τ_1——型钢与水泥土之间的错动剪应力设计值（N/mm²）；

V_{1k}——型钢与水泥土之间单位深度范围内的错动剪力标准值（N/mm）；

q_k——型钢水泥土连续墙计算截面处的侧压力强度标准值（N/mm²）；

L_1——相邻型钢翼缘之间的净距（mm）；

d_{el}——型钢翼缘处水泥土墙体的有效厚度（mm）；

τ——水泥土抗剪强度设计值（N/mm²）；

τ_{ck}——水泥土抗剪强度标准值（N/mm²），可取水泥土 28d 龄期无侧限抗压强度标准值的 1/3。

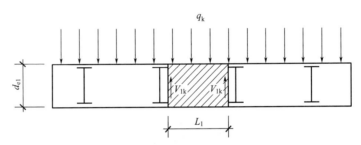

图 2.3.1　连续墙局部水泥土抗剪计算示意

型钢回收起拔的相关计算内容及方法可参考 SMW 工法。

当采用钻孔灌注桩等其他桩型作为围护桩，渠式切割水泥土连续墙作为截水帷幕时，应采取措施保证二者的协同作用。以围护桩采用钻孔灌注桩为例，宜首先施工渠式切割水泥土连续墙，然后跟进施工钻孔灌注桩，使渠式切割水泥土连续墙紧贴围护桩。此时，应合理控制 2 种桩型施工之间的时间差，避免因水泥土强度过高而导致钻孔桩施工时桩周介质强度严重不均匀，进而影响钻孔桩的正常施工及施工质量。如果首先施工钻孔灌注桩，由于钻孔灌注桩常存在扩颈、垂直度偏差等现象，渠式切割水泥土连续墙一般需与灌注桩保留 100～200mm 的净距方可施工，此时，应采取高压旋喷或注浆等手段加固水泥土连续墙与钻孔桩之间的土体。

渠式切割水泥土连续墙作为截水帷幕在工程应用中存在如下几种情况：

（1）仅用于截断浅层潜水，帷幕底部进入相对不透水层。此时，坑内降水基本不影响坑外水位。

（2）潜水深度大，帷幕没有完全将之截断。此时，帷幕首先需要满足坑底土体的抗管涌要求，同时，应考虑坑内降水引起的坑外水位下降，通过渗流分析及坑外水位控制要求确定帷幕深度。

（3）用于截断深层承压水，帷幕底部进入承压水层以下的相对不透水层，解决了深层承压水可能引起的坑底土体突涌问题。

（4）帷幕进入承压水层一定深度，但没有截断承压水层。此时应结合坑内减压井的设置和帷幕的实际深度，进行降水分析，完善承压水处理方案，保证坑底土体的抗突涌稳定满足要求。

渠式切割型钢水泥土连续墙和渠式切割水泥土连续墙用于复合土钉墙时，应符合现行国家标准《复合土钉墙基坑支护技术规范》GB 50739 的相关规定。当型钢插入密度较大，渠式切割型钢水泥土连续墙的刚度有保证时，也可将土钉视为地基加固措施，按提高后的土性指标按悬臂支护结构分析型钢水泥土连续墙的内力及变形。

渠式切割水泥土连续墙用于重力式支护结构时，应符合现行行业标准《建筑基坑支护技术规程》JGJ 120 中关于重力式水泥土墙的有关规定。

渠式切割型钢水泥土连续墙的墙体及型钢垂直度允许偏差均为 1/250，其构造要求可参照 SMW 工法。

2.3.2　施工

1. 施工准备

施工前应收集如下资料：

（1）施工区域的地形、地质、气象和水文资料；

（2）邻近建筑物、地下管线、轨道交通设施和地下障碍物等相关资料；

（3）测量基线和水准点资料；

（4）环境保护的有关规定。

以此为基础查明障碍物的种类、分布范围及深度，必要时用小螺钻、原位测试和物探手段查明。对于重要工程，也可针对围护结构的施工范围进行施工勘察。对于浅层障碍物，宜全部清除后回填素土，然后进行渠式切割水泥土连续墙的施工；对于较深障碍物，尽量清障，图 2.3.2-1 为某项目在施工过程采用旋挖钻机清障的场景。当场地紧张，周边

图 2.3.2-1　施工过程清障

环境恶劣，障碍物较深、较多不具备清障条件时，强行施工将造成刀具卡链、刀具系统损坏以及埋入，刀具立柱无法上提等现象，严重损伤机械设备并造成经济损失。因此，该种情况下不宜采用渠式切割水泥土连续墙。

进行现场勘查时需整理、核对勘查内容，表 2.3.2-1 为现场勘查项目的实例。

现场勘查项目实例　　　　　　　　　　　　　　　表 2.3.2-1

项目	子项	勘查内容
工程内容	工程概况	工程名称、地点,业主、设计单位、监理单位、施工单位,工程规模、建筑形式、结构体系等;
	地下工程	基础形式、地下室深度、基坑围护形式
周边状况	通行路线	道路宽度,高度限制;交通限制;
	出入口	宽度、高度、坡度、可否转弯等;
	邻近地块	场地界限、用地红线边界;
	与邻近地块的协议	协议内容(开工日、作业时间等);
	居民用井	水位、水质和利用状况
场地状况	场地	施工范围、机械拆装场地、配套设备场地、材料场地、材料运输道路、泥浆池;
	地基	场地表层土的承载力(是否需加固)、场地平整度、排水设施;
	导沟	可否开挖导沟,周边地基是否需要加固;
	地下障碍物及埋设物	地下管线及避让措施、暗井、防空洞、残留构筑物;
	地上障碍物	有无架空线;
	其他	侧向伸出的树木等突出物、型钢拔出的场地条件
地基	土质	颗粒级配、含水量、渗透系数、标准贯入试验结果、无侧限强度,有无有机质土等特殊土类;
	地下水	地下水位、地下水与周边水系的水力联系,有无承压水等
邻近建(构)筑物	地上建(构)筑物	与施工位置最近点的距离;
	地下建(构)筑物	与施工位置最近点的距离、埋藏深度、基础形式;
		有无对振动敏感的精密仪器或设备
水电设施	工程用水	供给能力(出水口径、水压);
	工程用电	有无动力用电源及其功率

施工前应编制施工组织方案，方案中除了包括工期、施工设备的配置、主要材料与数量、施工顺序、人员组织、场地布置、质量控制及安全、环保措施外，还应包括下列内容：

（1）渠式切割机的施工操作规定。该规定应根据设备性能、地质条件和施工要求制定，包括：设备操作步骤和要点、主要施工参数的控制方法、步进距离、刀具链条的旋转速度以及应急预案等。

（2）根据基坑的平面形状，确定施工段和施工顺序，明确每一个施工段的起始位置、链式刀具拔出位置以及全部施工完成后刀具的拔出位置。

（3）根据环境保护要求，明确环境保护措施，通过施工方法、切割液、固化液、开放长度和施工速度的合理控制，在确保环境安全基础上，提高施工工效。

（4）信息化施工及应急预案。

施工机械进场前应进行场地平整，提供符合要求的渠式切割机施工便道。施工便道的设置应考虑下述情况：

(1) 渠式切割机重量重且机架系统单边悬挂于主机上，距离开挖沟槽越近，沟槽侧壁的负荷越大；同时，渠式切割机为连续切割、搅拌作业，成墙长度及时间长，对周边土体将产生扰动。因此，渠式切割机施工作业时，应复核地基表层的承载力是否满足使用要求，防止产生因地基稳定性不足而造成上部沟槽坍塌，对周边环境产生不利影响。

(2) 当施工位置地基软弱，产生沉陷和地基失稳问题时，渠式切割机主机下沉，导致施工中的链状刀具发生异常变形、产生异常应力，使得施工精度与生产效率显著下降，严重时导致设备损坏。

(3) 起重机起吊和拔出刀具立柱时，表层地基的压应力最大，尤其是近沟槽部位，因此通常需要对起重机履带正下方的地基承载力进行复核和处理。

沟槽边放置定位钢板对其上荷载产生压应力分散作用，一定程度上可提高表层地基的承载力。

2. 施工设备

施工设备的选用应综合考虑地质条件、周边环境、成墙深度及建设工期等因素，与其配套的机具性能参数应与成墙深度、成墙宽度相匹配。以某一特定工程为例，渠式切割水泥土连续墙施工的主要施工机械及设备见表2.3.2-2。

施工机械及设备构成　　　　　　表 2.3.2-2

编号	名称	规格	数量	摘要
1	主机		1台	
2	履带式起重机	油压驱动	1台	墙体深度35m以下采用60t,35m以上采用80t以上
3	空气压缩机		1台	
4	钢垫板		按需要	用于主机、全自动注入液制备设施、水泥筒仓
5	反铲		1台	导沟开挖、泥土堆放、固化处理等
6	芯材	H型钢等	按需要	放在堆场
7	高压清洗机		1~2台	
8	发动发电机		1台	全自动注入液制备设施、水泥筒仓以及其他动力使用
9	全自动注入液制备设施		1~2台	根据1工作日墙体施工工程量选择
10	水泥筒仓		1~2台	根据1工作日施工工程量选择
11	水槽		1~2台	根据1工作日施工工程量选择
12	翻斗车		按需求	根据1工作日施工工程量选择
13	泥土坑		1~2个	根据1工作日施工工程量选择

渠式切割水泥土连续墙浆液包括切割液和固化液。浆液制备装置包括水泥筒仓、钢制水槽、计量器具、搅拌机以及泵机等，以上设备型号选择时应保证具有充足的容量与浆液制备能力，满足每日浆液最大需求量。为了保证浆液的质量，浆液制备和注入的各个环节

宜采用全自动化设备，不宜采用手工操作。全自动浆液制备装置不仅能够进行原材料、浆液注入量的全自动量测，并且可根据实际施工墙体的体积调整注入量。

3. 材料

切割液是指为了使被切割土体流动化，在切割时注入的水、膨润土和其他混合剂等构成的液体。切割液的配合比应结合土质条件和机械性能指标通过室内试验和试成墙确定。切割液与切割土体形成的混合泥浆应满足下列性能要求：

（1）具有适度的流动性；

（2）泌水较小；

（3）砂砾成分的沉降较小。

由于在切割土体和切割液混合构成的泥浆中刀具链条需要转动或者长时间停止，因此必须减小混合泥浆对刀具链条的抵抗作用。表 2.3.2-3 给出了一般情况下切割液的配合比，遇到含盐类土或土中溶解金属阳离子较多时，膨润土的保水性能将受到影响，故应通过试验配制切割液。添加膨润土后，泥浆中的钙离子会促进固化液产生早期凝结（胶状化），在水泥土墙施工中应予以注意。

切割液的配合比及流动性要求（每 1m³ 土体）　　　　表 2.3.2-3

岩土条件	膨润土(kg)	增黏剂(kg)	粒组调整材料(kg)	TF 值(mm)
黏性土	0～5	/	/	190～240
粉细砂、粉土	5～15	/	/	170～220
中砂、粗砂	15～25(20)	0～1.0	0～100	160～200
砾砂、砾石	25～50(30)	0～2.5	0～250	135～170
卵石、碎石	50～75(40)	0～5.0	0～300	135～170

注：1. 括号中的数值是指掺加了增黏剂时的用量；
　　2. 切割液的配合比应通过试验确定，本表仅供参考；
　　3. 对于可溶的金属阳离子较多、黏土成分较少的砂砾地基，有时用粒组调整材料来代替膨润土；
　　4. 当掺加粒组调整材料时，应添加增黏剂，防止固液分离；
　　5. TF 值是按跳桌试验得到的反映混合泥浆流动性的指标。

表 2.3.2-4 给出了切削液的配合原则。为了保证泥浆具有一定的流动性和浮力，混合泥浆中的细颗粒需具有一定的浓度。因此，需要在切削液中加入一定的粒组调整材料，同时添加防止脱水与胶状化的各种添加剂。对于黏土成分较少的碎石土，应保证一定的细颗粒浓度，需要添加粒组调整材料；砂性土地基中大深度施工时，应掺入减少脱水的添加剂。

各类土的泥浆调整原则　　　　表 2.3.2-4

土类	粒组特性	混合泥浆的性质和调整原则
黏性土	黏土＋粉土 40％以上	将含水量提高到液限以上即具有流动性。为了缓和由黏土中可溶阳离子产生的胶状化，需添加必要的添加剂
一般土（黏性土）	黏土＋粉土 30％～40％	加水即具有流动性。当黏土成分较少时，泥浆静置时会产生固液分离现象，丧失流动性。此时需添加固液分离抑制剂以及缓和胶状化的添加剂
一般土（砂质土）	黏土＋粉土 20％～30％	加水和搅拌即具有流动性。泥浆静置时会产生固液分离现象，丧失流动性。需要添加减少脱水添加剂、粒组调整材料以及缓和胶状化的添加剂

土类	粒组特性	混合泥浆的性质和调整原则
砂	黏土＋粉土 20%以下，D50≤2.0	加水和搅拌后会流动，静置会立即固液分离，砂粒下沉，丧失流动性。需要添加粒组调整材料保证砂粒的悬浮，以及其他减少脱水添加剂
砾质土	黏土＋粉土 20%以下，2.0≤D50<50	仅仅加水和搅拌很难流动。为了防止粒径较大砾石下沉应含有20%以上的黏土成分。需要添加粒组调整材料、增黏以及减少脱水添加剂
	黏土＋粉土 20%以下，D50≥50	即使加水和搅拌也不会流动。为粉碎较大砾石，需要增加细粒成分。有必要添加适当的粒组调整材料以及减少脱水添加剂，有时还需要添加流动化剂

注：当没有粒组级配数据时，可参考勘察柱状图。特别是当溶解阳离子影响较大时，关于黏土层的成因要特别注意。

固化液的主要材料为普通硅酸盐水泥，水泥用量宜通过室内试验和试成墙确定，淤泥和淤泥质土中应提高水泥掺量、掺加外加剂。固化液与切割液、切割土体形成的混合泥浆应满足如下性能要求：

（1）具有要求的强度；

（2）具有适度的流动性；

（3）具有要求的渗透系数；

（4）泌水较少。

在黏粒含量较高时，可掺加提高固化液混合泥浆流动性的外加剂（流动化剂）。施工中需要延长固化液混合泥浆的凝固时间时，应添加缓凝剂，以防链状刀具在泥浆中抱死，无法启动或损坏设备。

常用的固化液配比见表 2.3.2-5。

渠式切割水泥土连续墙固化液配比表（q_u＝800kPa 时）　　　表 2.3.2-5

土层	水泥（kg/m³）	水灰比	流动化剂（kg/m³）	缓凝剂（kg/m³）
黏性土	400～450	1.0～2.0	0～10	0～4.4
粉细砂、粉土	380～440	1.0～2.0	0～2.5	0～2.7
中砂、粗砂	380～430	1.0～2.0		0～2.0
砾砂、砾石	370～420	1.0～2.0		0～1.5
卵石、碎石	360～400	1.0～2.0		0～1.5

4. 施工工艺

渠式切割水泥土墙的整个施工过程如图 2.3.2-2 所示，施工顺序如下：

（1）主机施工装置连接，直至带有随动轮的链状刀具节抵达待建设墙体的底部；

（2）主机沿沟槽方向作横向移动，根据土层性质和刀具各部位的工作状态，选择向上或向下的切割方式；切割过程中由链状刀具底部喷出切割液和固化液；在链状刀具旋转作用下切割土与固化液混合搅拌；

（3）主机再次向前移动，在移动的过程中，将型钢按设计要求插入已施工完成的墙体中，插入深度用直尺测量；

（4）施工间断而链状刀具不拔出时，须进行刀具养护段的施工；

（5）再次启动后，回行切割和先前的水泥土连续墙进行搭接切割。

51

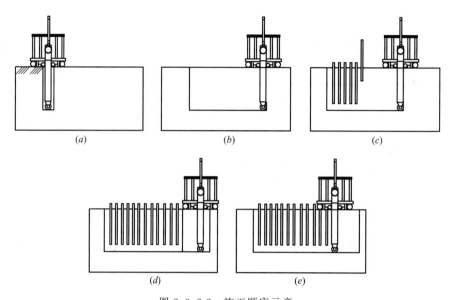

图 2.3.2-2 施工顺序示意
(*a*) 主机连接；(*b*) 切削、搅拌；(*c*) 插入芯材，重复 *b*、*c* 工序；
(*d*) 推出切削（当施工结束时）；(*e*) 搭接施工

刀具立柱由刀具立柱节组装而成。刀具立柱节、刀具链条、刀头底板和刀头组成链状刀具节。链状刀具安装前，场地的平整度、地基的承载力需满足机架平稳、平正的施工要求。

链状刀具组装的顺序如下：

（1）首先将带有随动轮的链状刀具节与主机连接，切割出可以容纳 1 节链状刀具的预制沟槽（图 2.3.2-3*a*）；

（2）切割结束后，主机将带有随动轮的链状刀具节提升出沟槽，往与施工方向相反的方向移动；移动至一定距离后主机停止，再切割 1 个沟槽，切割完毕后，将带有随动轮的链状刀具节与主机分解，放入沟槽内，同时用起重机将另一节链状刀具放入预制沟槽内，并加以固定（图 2.3.2-3*b*）；

（3）主机向放入预制沟槽内的链状刀具节移动（图 2.3.2-3*c*）；

（4）主机与预置沟槽内的链状刀具节相连接，然后将其提升出沟槽（图 2.3.2-3*d*）；

（5）主机带着这一节链状刀具向放在沟槽内带有随动轮的链状刀具节移动（图 2.3.2-3*e*）；

（6）主机移动到位后停止，与带有随动轮的链状刀具节连接，同时在原位进行更深的切割（图 2.3.2-3*f*）；

（7）根据设计施工深度的要求，重复图中 *b*～*f* 的顺序，直至完成施工装置的架设。

链状刀具设置于主机的机架系统内，驱动轮可沿竖向导杆上下移动，用以提升和下放链状刀具。驱动轮的旋转带动刀具链条运动，从而切割、搅拌和混合原状土体。同时，竖向导杆和驱动轮也可沿横向架滑轨横向移动，带动链状刀具作水平运动。当驱动轮水平走完一个行程后，解除压力成自由状态。主机向前开动，相应的驱动轮回到横向架的起始位置，开始下一个行程，如此反复直至完成墙体施工。

根据施工机械是否反向施工以及何时喷浆的不同，渠式切割水泥土连续墙施工工法共有一步施工法、两步施工法、三步施工法 3 种。3 种施工方法的特征见表 2.3.2-6。

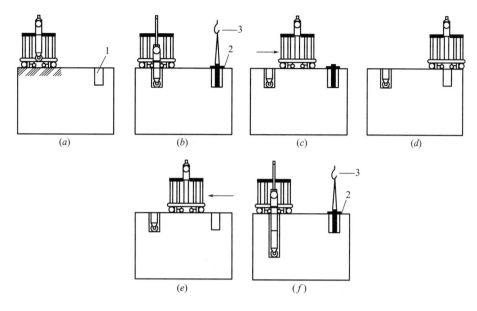

图 2.3.2-3 链状刀具组装示意

（a）完成架设准备；（b）架设开始，并将切削刀具放置到预先开挖地孔内；（c）主机；

（d）连接后提升；（e）移动；（f）连接后自立架设开始，并设置下一个切削刀具

1—预留孔；2—承台；3—起重机

三种施工方法的特征 表 2.3.2-6

	一步施工法	二步施工法	三步施工法
施工概要	切削、固化液注入、芯材插入是一次同时完成，以直接固化液进行切削，进行固化	单向进行切削，全部切削结束后返程，在返程过程中进行固化液的注入和芯材的插入	将整个施工长度划分为若干施工段，在每一个施工段，先进行切削，切削到头后返回到施工段起点，再进行固化液注入与芯材插入
说明图	切削、建造　避让 - - - - - - → ———→ 芯材插入	切削 - - - - - - → ———→ 固化液注入 芯材插入	切削 - - - - - - → ←- - - - - - 返回 切削 ———→ 固化液注入 芯材插入
开放长度	短	长	短
注入液	固化液	切削液→固化液	切削液→固化液
适用深度	比较浅	可以大深度施工	可以大深度施工
地基软硬	比较软的地基	软到硬的地基	软到硬的地基
对周边的影响	小	需要分析	小
对障碍物的适应性	不好	较好	较好
综合评价	由于直接注入固化液，当出现问题时，链状刀具周边发生固化，有可能发生无法切削的问题。常用于墙体较浅情况	由于开放长度较长，长时间会对周边的环境产生影响。在施工长度不长的场合使用	对于障碍物的探知、芯材的插入等可以保证充足的施工时间，对链状刀具以及周边影响较小，通常采用该施工方法

一步施工法在切割、搅拌土体的过程中同时注入切割液和固化液。三步施工法中第一步横向前行时注入切割液切割，一定距离后切割终止；主机反向回行（第二步），即向相反方向移动；移动过程中链状刀具旋转，使切割土进一步混合搅拌，此工况可根据土层性质选择是否再次注入切割液；主机正向回位（第三步），链状刀具底端注入固化液，使切割土与固化液混合搅拌。两步施工法即第一步横向前行注入切割液切割，然后反向回行并注入固化液。

两步施工法施工的起点和终点一致，一般仅在起始墙幅、终点墙幅或短施工段采用，实际施工中应用较少。一般多采用一步和三步施工法。三步施工法搅拌时间长，搅拌均匀，可用于深度较深的水泥土墙施工；一步施工法直接注入固化液，易出现链状刀具周边水泥土固化的问题，一般可用于深度较浅的水泥土墙的施工。

渠式切割水泥土连续墙施工过程中，为满足槽壁稳定和周边环境安全，对地基土体进行了切割而未进行固化的最大成槽长度为开放长度。开放长度越长，当施工的墙体长度一定时，机械回行搭接切割的次数就越少，效率也越高；但其越长对环境的影响越大。邻近场地有待保护的建（构）筑物或其他荷载时，需要对开放长度进行现场试验，必要时进行槽壁稳定分析，分析方法与钢筋混凝土地下连续墙槽壁稳定分析方法相同。

施工时，应控制成墙速度和每次切割的前进距离。前进距离不宜大于 50mm，前进距离过大，容易造成墙体偏位、卡链等现象，不仅影响成墙质量，而且对设备损伤大。

采用一步施工法、三步施工法时，型钢插入过程沟槽应预留链状刀具养护的空间，养护段不得注入固化液，长度不宜小于 3m，链状刀具端部和原状土体边缘的距离不应小于 500mm。施工过程中应检查链状刀具的工作状态以及刀头的磨损度，及时维修、更换和调整施工工艺。鉴于链状刀具拔出和组装复杂，操作时间长，当无法 24h 连续施工作业或者夜间施工须停止时，链状刀具可直接停留在专门的养护段中。待第二天施工时再重新启动，继续施工。为此，当天施工完成后，还需再进行链状刀具养护段的施工。此时，养护段注入切割液时可根据养护时间的长短，确定是否掺加适量的外加剂，以防第二天施工时链状刀具抱死，无法正常启动。

停机后再次启动链状刀具时，应同时满足如下要求：

（1）在原位切割刀具边缘的土体；

（2）回行切割已施工的墙体长度不宜小于 500mm。

机械须反向行走的工况，除停机后再次启动外，还包括三步施工法中的第二步等。上述情况下，后幅墙体与前幅墙体均应进行搭接切割施工，以防出现冷缝，确保渠式切割水泥土连续墙的均匀性、连续性和防渗截水效果。

切割较硬土层时，水平推进力大，刀具系统较易产生变形，此时可采取刀头底板排列加密、刀头加长等措施，以增强每次步进的切割能力。例如，原刀头底板间距为 1200mm，可加密到 600mm。

当墙体深度深且土质较硬时，墙体底端阻力大，链状刀具运行过程中产生较大偏位和变形，墙体底部存在三角土体，强行运动将造成水平推力过大现象，操作不当甚至损害设备。此时，应根据渠式切割机的实时监控和显示系统，机械回行一小段距离，沿导向架上提链状刀具至顶点，驱动轮反转切割搅拌土体并同时向下运动，如此反复，切除底部的三角土体。

一个直线边施工完成或者施工段发生变化时,应将链状刀具拔出。拔出位置的确定应满足下列要求:

(1) 当需要插入型钢时,为了不影响转角型钢的插入,在场地条件允许的前提下,宜在已施工完成墙体 3m 长度范围外进行避让切割,如图 2.3.2-4（a）所示;

(2) 当不需要插入型钢时,拔出位置可设在最后施工完成的墙体内,如图 2.3.2-4（b）所示。

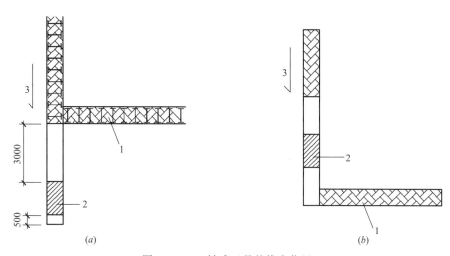

图 2.3.2-4　链式刀具的拔出位置
1—已完成墙体；2—链状刀具拔出的位置；3—施工方向

链状刀具拔出前,应评估链状刀具拔出过程渠式切割机履带荷载对槽壁稳定的不利影响,必要时对履带下方的土体采取改良处理措施。链状刀具拔出作业时,应在墙体施工完成后立即与主机分离。根据链状刀具的长度、起重机的起吊能力以及作业半径,确定链状刀具的分段数量。

链状刀具拔出过程中应防止混合泥浆液面下降,为此,应注入一定量的固化液,固化液填充速度应与链状刀具拔出速度相匹配。拔出速度过快时,固化液填充未及时跟进,混合泥浆液面将大幅下降,导致沟壁上部崩塌,机械下沉无法作业;同时,链状刀具底端处形成真空,影响墙体质量。反之,固化液填充速度过快,注入量过多会造成固化液的满溢,产生不必要的浪费。

一般,链状刀具拔出时的固化液注入量为:

$$V \approx A_P L_S \qquad (\text{式 } 2.3.2)$$

其中　V——固化液注入量;

　　　A_P——链状刀具的横截面积;

　　　L_S——刀具切割深度。

考虑链状刀具的刚度以及再次施工时组装的需要,拔出后的链状刀具应进一步拆分成各个刀具节。操作人员应仔细检查链状刀具节的每个组件,包括刀具链条、刀具底板、刀头的磨损和损耗,对受损刀具进行保养和维修,损伤部件及时更换。

5. 型钢的加工、插入与回收

其技术要求可参考 SMW 工法。一般情况下,固化液配合比适当、型钢插入时间合适时，型钢依靠自重能在已施工完成的墙体中顺利插入。但在黏性成分少的砂性土中，墙体底部会产生土颗粒沉积，此时，宜在导向架协助下用静力方式将型钢插入到位。应避免采用自由落体方式下插型钢，该种方式型钢容易发生偏转，垂直度控制差，难以保证型钢插入位置的准确性。采用振动方式下插型钢时，对周边环境的影响大，墙体位置附近有待保护的建筑物和管线时，应慎用。

6. 环境保护

施工时必须注意噪声、振动、泥土的飞散和流失、地基沉降等对周边环境的不良影响。大量现场施工过程的测试表明，正常施工时，渠式切割水泥土连续墙施工全过程的噪声一般在 85dB 以下，对周边的振动影响不明显。施工过程，链式刀具内部的多段式侧斜仪能监控墙体的垂直状态，根据监控情况，合理操作，使墙体的垂直度满足要求，同时结合成墙速度和开放长度控制，尽量减少对周边环境的影响，确保周边建筑物及设施的安全和正常使用。

采用三步施工法时，各个施工循环中，均需注入切割液与固化液。对于黏土地基，排出的泥土量与注入液的体积基本相当；对于砂、砾地基，切割地基土时排出的泥土量较少，在回行、搭接切割和墙体建造过程中排出的泥土量增多。

泥土产生率与以下因素有关：

（1）土质条件；

（2）注入液注入量；

（3）链状刀具的清洗水；

（4）场地内泥土中离析出的水。

现场产生的泥土应及时清理，保持现场的整洁。

2.3.3 质量检验

渠式切割水泥土连续墙的质量检验应分为成墙期监控、成墙检验和基坑开挖期检查 3 个阶段。

成墙期监控包括下列内容：

（1）检验施工机械性能、材料质量；

（2）检查渠式切割水泥土连续墙和型钢的定位、长度、标高、垂直度；

（3）切割液的配合比；

（4）固化液的水灰比、水泥掺量、外加剂掺量；

（5）混合泥浆的流动性和泌水率。切割液与切割土体形成的混合泥浆流动性按 $135mm \leqslant TF \leqslant 240mm$ 标准控制，泌水率应小于 3%；固化液混合泥浆流动性按 $150mm \leqslant TF \leqslant 280mm$ 标准控制，泌水率应小于 3%，TF 值 150mm 是芯材插入时的最小要求。TF（Table Flow）为跳桌法得到的反映泥浆流动性的参数，在进行芯材插入时的跳桌试验时，应充分考虑从墙体施工完成到芯材插入为止的时间差；

（6）开放长度、浆液的泵压、泵送量与喷浆均匀度；

（7）水泥土试块的制作与测试；

（8）施工间歇时间及型钢的规格、拼接焊缝质量等。

成墙检验内容应为：水泥土的强度与连续性、型钢的位置偏差等。对于重要工程，建议采取试块试验和钻芯取样方法综合确定；一般可优先考虑试块试验和根据 28d 定期强度综合判定；有条件时，还可在成墙 7d 内进行原位试验等作为辅助测试手段。目前，在水泥土强度试验中，几种方法都存在不同程度的缺陷，试块试验不能真实地反映墙身全断面在土中（水下）的强度值，钻孔取芯对芯样有一定破坏，无侧限抗压强度偏低；而原位测试的方法目前还缺乏大量的对比数据建立强度与试验值之间的关系。因此，重要工程建议采用多种方法检定水泥土强度。由于渠式切割水泥土连续墙墙体渗透系数较小，因此一般常水头渗透试验和变水头渗透试验确定渗透系数比较困难，建议利用三轴试验进行渗透试验。

利用三轴试验进行渗透试验具有以下 3 个特征，是能够确定较小的渗透系数的可靠试验：

（1）可以进行任意应力状态的试验；

（2）包裹橡皮膜施加侧压后，试样周边的漏水现象减少；

（3）提高试样的饱和度。

成墙质量应符合表 2.3.3-1 的要求，型钢的允许偏差应符合表 2.3.3-2 的要求，型钢的插入偏差应符合表 2.3.3-3 的要求。

渠式切割水泥土连续墙成墙质量标准 表 2.3.3-1

序号	检查项目	允许偏差或允许值	检查数量	检查方法
1	墙底标高	+30mm	每切割幅	切割链长度
2	墙中心线位置	±25mm	每切割幅	用钢尺量
3	墙宽	±30mm	每切割幅	用钢尺量
4	墙垂直度	1/250	每切割幅	多段式倾斜仪测量

H 型钢允许偏差 表 2.3.3-2

序号	检查项目	允许偏差（mm）	检查方法
1	截面高度	±5.0	用钢尺量
2	截面宽度	±3.0	用钢尺量
3	腹板厚度	−1.0	用游标卡尺量
4	翼缘板厚度	−1.0	用游标卡尺量
5	型钢长度	±50	用钢尺量
6	型钢挠度	$L/500$	用钢尺量

注：表中 L 为型钢长度。

型钢插入允许偏差 表 2.3.3-3

序号	检查项目	允许偏差或允许值	检查数量	检查方法
1	型钢顶标高	±50mm	每根	水准仪测量
2	型钢平面位置	50mm（平行于基坑边线）	每根	用钢尺量
		10mm（垂直于基坑边线）	每根	用钢尺量
3	型钢垂直度	1/250	每根	经纬仪测量
4	形心转角	3°	每根	量角器测量

基坑开挖期检查内容应为：检查开挖墙体的质量与渗漏水情况，腰梁和型钢的贴紧状况等。

2.3.4　常见问题

大量大型工程的实践表明，渠式切割水泥土连续墙的截水性能出色，甚至优于钢筋混凝土，但在应用过程中，也发现了一些问题，主要包括：

（1）一些项目在基坑转角处有渗漏水现象。

最先发现此类问题的项目是杭州某地下车库工程，基坑开挖至7m后发现围护转角处有潮湿的痕迹，再往下开挖，出现渗水现象。经分析，转角处两条边成墙施工时，实际切割成墙长度未考虑定位偏差、垂直度偏差等因素，搭接不够；另外，一条边最后成型的墙体端部，由于处于收头部位，切割、搅拌没有标准段充分、均匀。

针对上述问题，施工可采取的技术措施包括：

1）先行施工的一条边，在转角处应延伸施工一段，保证考虑垂直度偏差等因素后，全深度有效墙体边缘在设计边线范围外；

2）后施工的墙体在转角处应重复切割已施工的墙体，同样保证考虑垂直度偏差等因素后，全深度有效墙体边缘在设计边线范围外。

（2）墙体垂直度偏差过大。

曾有项目在渠式切割水泥土连续墙施工的初始阶段，渠式切割机的链状刀具下放到设计深度的1/2左右时，进尺困难，无法继续施工。经现场检查，原因主要在于地面填土松散，施工前未进行有效处理，致使渠式切割机的底座不能保证水平；施工人员未能正确启动设备的测斜装置，无法在过程中及时控制垂直度也是产生问题的重要原因。

根据存在的问题，采取下列措施后，施工得以正常进行：

1）对场地浅层填土进行处理，作业区域铺设路基箱，以扩散施工设备自重及施工荷载产生的应力；

2）利用设备自身的份额测斜装置，及时分析成墙的垂直状态，动态调整，保证垂直度。

（3）进入黏粒含量较少的密实碎石土层时，施工进尺慢，刀具磨损严重。

由于施工过程中，未针对碎石土的颗粒级配，掺加粒组调整材料，致使刀具磨损严重。经适当掺加细颗粒粒组调整材料后，切割效果明显，施工效率得到提高。

（4）进入遇有较深地下障碍物或硬夹层时，施工困难。

由于地下障碍物或硬夹层具有不均匀性，使链式刀具在施工过程的受力不均，易产生偏差，增加阻力，从而施工困难。建议采用三步施工法，并辅以旋挖钻机等技术措施，预先松动地下障碍物或硬夹层。关键技术详见实例3。

2.3.5　工程实例

实例1　杭州××社区经济联合社商业综合用房地下室

1. 工程概况

该项目位于杭州××村，地下室距离用地红线近，南侧及东侧为4层浅基础住宅，基坑与周边关系如图2.3.5-1、图2.3.5-2所示。

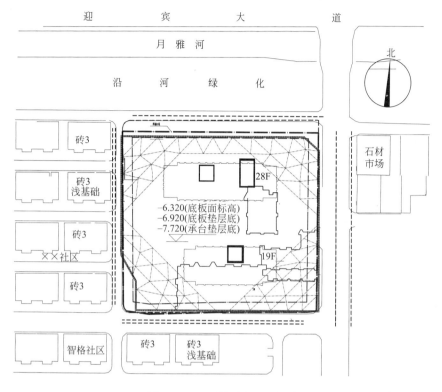

图 2.3.5-1 基坑周边环境图

(a)   (b)

图 2.3.5-2 基坑周边环境图

（a）南侧；（b）西侧

一层地下室，局部设地下夹层，底板面标高为－6.320（－7.100、－7.850）m，基坑开挖深度约 7.12m（7.90、8.65m）。

2. 地质条件

自上而下的土层分别为 1 层杂填土，2-1 层黏质粉土，4-2 层砂质粉土，4-3 层砂质粉土，4-4 层砂质粉土，5-1 层淤泥质粉质黏土，5-2 层粉质黏土。典型地质剖面如图 2.3.5-3 所示。

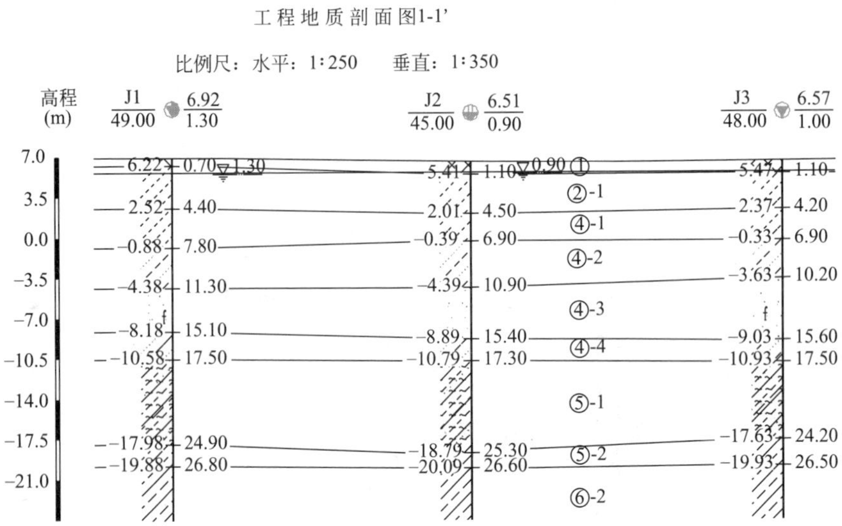

工程地质剖面图1-1'

比例尺：水平 1:250　垂直 1:350

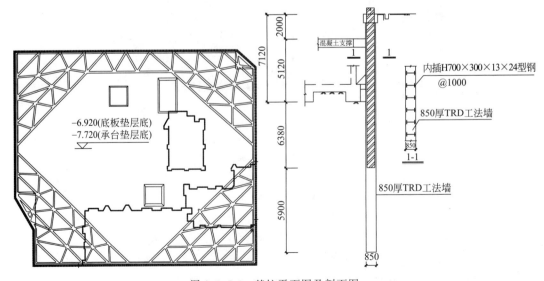

图 2.3.5-3　典型地质剖面

3. 基坑围护方案

该项目基坑具有下列几个特点：

（1）距离周边浅基础建筑近，变形要求高；

（2）坑外不能降水；

（3）用地紧张，地下室紧贴用地红线，围护体超红线。

为确保基坑及周边环境的安全，同时避免围护体成为红线外的永久地下障碍物，原设计采用一排 ϕ850mm 三轴水泥土搅拌桩内插型钢作为围护墙，结合一道钢筋混凝土内支撑挡土。2010 年杭州引入了 TRD 工法，经多次专家论证，该项目作为首先应用的试点工程，采用 850mm 厚渠式切割型钢水泥土连续墙结合一道钢筋混凝土支撑支护，水泥土墙的水泥掺量 20%，设计要求 28d 强度不小于 1.2MPa。图 2.3.5-4 为基坑支护结构平面及剖面图。

图 2.3.5-4　基坑平面图及剖面图

4. 施工及监测

整个工程施工过程严格按照工法技术要求控制，没有出现异常，由于建设单位工期紧，在局部范围同时采用了 SMW 工法。基坑监测结果满足设计要求，最大深层土体位移控制在 30mm 之内，整个施工过程，周边建筑物、道路、管线安然无恙，TRD 工法在国内的首次应用取得成功。

TRD 墙体施工结束后，对水泥土质量进行了钻孔取芯检测。对 11 个试桩，132 个样本的抗压强度试验表明，14d 的强度在 1.09～2.14MPa，28d 的强度在 1.49～2.26MPa，满足设计要求，与 SMW 工法水泥土相比，自上而下成桩更为均匀，强度离散性小。图 2.3.5-5 为开挖后的基坑现场照片，图 2.3.5-6 为现场 SMW 工法墙与 TRD 工法墙的比较，无论水泥土强度还是平整度，TRD 工法优势明显。

图 2.3.5-5 开挖后基坑现场照片

图 2.3.5-6 SMW 工法与 TRD 工法水泥土墙的质量比较（右侧为 TRD 工法墙）

实例 2　杭州××路商业街

杭州市××路商业步行街基坑尺寸约 350m×53m，基坑开挖深度为 9.85、10.45m。土质条件以深厚淤泥质粉质黏土为主，距用地红线近，南北两侧均有浅基础的砖混建筑物，对变形控制要求严格。地下室周边采用 800mm 厚渠式切割水泥土连续墙内插 H 型钢作围护结构，设置两道钢筋混凝土支撑。基坑现场如图 2.3.5-7 所示。

图 2.3.5-7　现场施工照片

实例 3　杭州××商务大厦

该项目下设两层地下室，临近 1 号线和 4 号线换乘站，该站已施工但还未运营。基坑平面成 L 形，尺寸约 145m×122m，基坑开挖深度为 9.35、10.20、11.00、13.60m。土质条件以深厚砂质粉土为主。临近盾构线一侧及南侧采用 TRD 工法水泥土地下连续墙，其余侧采用 SMW 三轴水泥土搅拌桩内插 H 型钢作为围护桩，结合一道钢筋混凝土支撑的围护体系。

图 2.3.5-8　TRD 工法水泥土地下连续墙剖面

2.4　钢结构支撑

目前，国内外常用的支撑材料主要是钢筋混凝土及型钢。型钢支撑具有如下一些优点：

（1）钢支撑安装、拆除方便，施工速度快，且无需养护，缩短了整个基坑的施工工期；

（2）可回收再次利用，节约了资源；

（3）可通过施加预应力措施，控制围护结构的侧向变位，保护环境；

（4）施工现场整洁，施工过程噪声小，环保效果好。

因为上述优点，在日本、欧美等发达国家，钢支撑的应用非常广泛。

目前，我国的钢结构支撑尚未在工程中大量推广应用，主要局限应用于市政项目，如管道沟槽的开挖、地铁车站的建设等。在民用建筑基坑中，钢筋混凝土内支撑的应用最为广泛，钢支撑只在平面尺寸小、开挖深度浅的简单基坑工程中偶尔得到一些应用，其主要原因如下：

（1）混凝土支撑施工技术成熟，质量可靠；

（2）混凝土可根据基坑的形状灵活布置，在满足支撑功能的基础上，可以留设较大的挖土空间；

（3）钢支撑的施工经验缺乏、现场焊接的节点质量难以保证；

（4）为满足有效的支撑要求，钢支撑的布置一般较为密集，土方开挖的难度很大，现有的挖土机械及挖土工艺严重滞后，致使超挖、支撑不及时现象经常发生，形成安全隐患。部分工程因此出事后，影响了钢支撑的推广应用；

（5）型钢租赁单位相对较少，采用钢支撑的直接经济优势不大。

从节约资源、提高功效的角度出发，钢支撑的应用是未来的趋势。特别是采用 SMW 工法和渠式切割型钢水泥土连续墙技术后，配套采用钢支撑更加能体现其技术和经济优势。为此，近几年国内开展了各类钢支撑的技术开发工作，并在实际工程中积极推广钢支撑，迄今为止，比较成熟的钢支撑主要包括（图 2.4）：

（1）预应力装配式钢管支撑；

（2）预应力装配式 H 型钢组合支撑；

（3）预应力装配式鱼腹梁内支撑；

（4）预应力装配式拱形型钢支撑。

与传统的简易钢支撑相比，较为先进的各类钢支撑技术具有如下的共同特点：

（1）支撑主要构件规格标准化。如钢管普遍采用 $\phi 609$，H 型钢普遍采用 H700×300、H500×300、H400×400、H350×350、H300×300 等，尽量统一规格，方便设计和租赁。

（2）支撑杆件的连接节点标准化。支撑系统由支撑杆件、标准节点在现场拼装而成，设计时尽量避免非标节点，减少现场焊接量。

（3）支撑与围檩、围檩与围护体的连接节点标准化。

（4）支撑平面布置时，预先考虑土方的开挖方式，通过留设必要的操作空间、设置施工栈桥或加强局部支撑，满足土方开挖的要求。

（5）注意各施工工况中支撑系统的整体受力性能评估，根据评估结果对关键部位重点加强或采取临时加固措施。

（6）根据实际支撑的平面和竖向布置，分析土方超挖的施工可能性，预先调整设计或加强对施工的管理要求。

（7）结合监控要求，提出完整可行的应急预案。

图 2.4　钢结构支撑
（a）钢管支撑；（b）H 型钢支撑；（c）鱼腹梁内支撑；（d）拱形钢结构内支撑

2.4.1　预应力装配式 H 型钢组合支撑

预应力装配式 H 型钢组合支撑系统由对撑、角撑、围檩和竖向立柱组成（图 2.4.1-1），具有构件重量轻、安装方便、节点可靠、受力明确等特点，可用于平面尺寸较大的基坑。

对撑主要由对撑杆件、八字撑杆件和预应力装置构成（图 2.4.1-2a）；角撑主要由角撑杆件和预应力装置构成。对撑、角撑的上翼缘和下翼缘设置盖板或系杆（图 2.4.1-2b），以将各个 H 型钢构件连为整体，保证整体刚度。预应力装置通过加载横梁，采用千斤顶施加预应力，预应力施加后，可以采用千斤顶保压，也可在设置保力盒和垫板后将千斤顶移除，其构造如图 2.4.1-3 所示。

围檩由单根 H 型钢或多根 H 型钢拼接构成，并设置一定间距的加劲板（图 2.4.1-4a），钢围檩底部支承于托架上，对撑或角撑一般通过传力件与围檩相连，当支撑设置双层时，需设置相对应的围檩（图 2.4.1-4b），钢围檩与钢筋混凝土顶圈梁和围护体的连接构造如图 2.4.1-5 所示；基坑平面形状不规则时，也常用钢筋混凝土围檩。

竖向立柱主要由立柱、托架、托梁和托座等构成（图 2.4.1-6），主要用于控制水平支撑体系的稳定和变形；立柱可采用 H 型钢立柱，根据需要可在其底端设置支撑桩，如预制桩、高压旋喷桩、水泥土搅拌桩或混凝土灌注桩等；也可采用矩形钢管混凝土立柱。立柱之间根据需要可设拉杆以增加稳定性（图 2.4.1-7）。预应力装配式 H 型钢组合支撑的竖向承载性能差，一般情况下不作为施工栈桥，实际施工中需设置栈桥，可在出土口和基坑中间运土道路部位如图 2.4.1-8 所示设置与支撑体系完全脱开的施工栈桥。

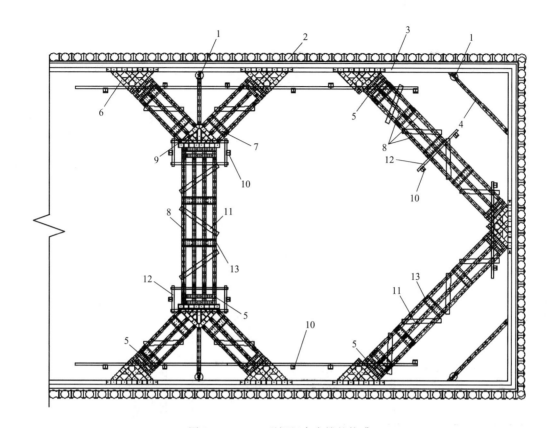

图 2.4.1-1　H 型钢组合支撑的构成

1—预应力千斤顶；2—SMW 工法桩；3—型钢围檩；4—单肢支撑直杆；5—预应力构件；

6—角撑三角件；7—支撑盖板；8—支撑直杆；9—八字撑三角件；10—型钢立柱；

11—工字钢 32b；12—支撑托杆；13—支撑盖板

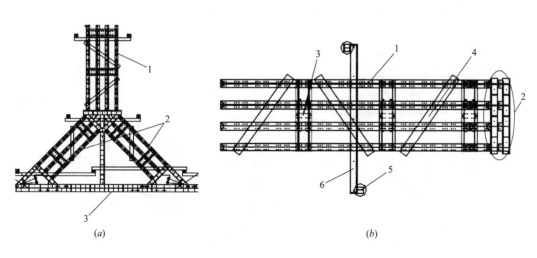

(a)　　　　　　　　　　　　　　　　　　(b)

图 2.4.1-2　对撑

(a)　　　　　　　　　　　　　　(b)

1—对撑杆件；2—八字撑杆件；3—围檩；　　1—H 型构件；2—预应力装置；

3—盖板；4—联系杆；5—立柱；6—托梁

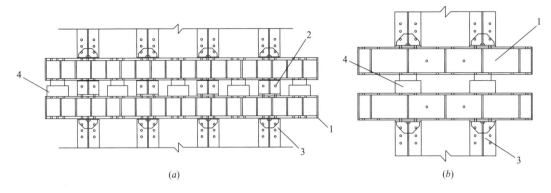

(a)

(b)

图 2.4.1-3 预应力装置
（a）千斤顶加载后移除；（b）千斤顶加载后保压
1—加载横梁；2—保力盒；3—H型构件；4—自锁式千斤顶

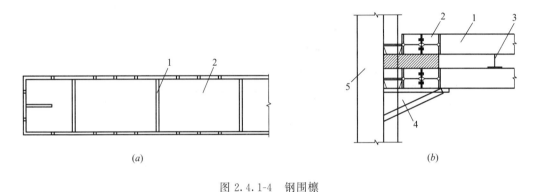

(a)

(b)

图 2.4.1-4 钢围檩

（a） （b）
1—加劲板；2—H型构件 1—H型构件；2—围檩；3—垫梁；4—托架；5—竖向支护

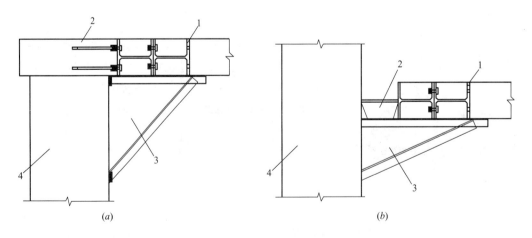

(a)

(b)

图 2.4.1-5 钢围檩与顶圈梁、围护体的连接构造
（a）型钢-混凝土组合的围檩 （b）型钢组合的围檩
1—H型构件；2—混凝土梁；3—托架；4—围护体 1—H型构件；2—传力件；3—托架；4—围护体

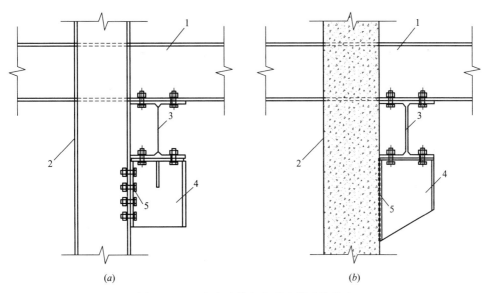

图 2.4.1-6 竖向立柱与水平支撑连接构造

（*a*）H 型钢立柱；（*b*）矩形钢管混凝土立柱

1—支撑；2—立柱；3—托梁；4—托座；5—螺栓

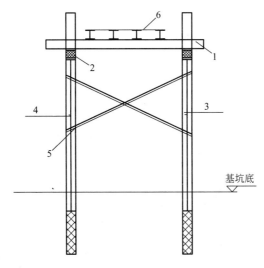

图 2.4.1-7 立柱体系横剖面图

1—托梁；2—托座；3—立柱；4—立柱；5—拉杆；6—支撑

1. 设计

预应力装配式 H 型钢组合支撑的设计主要包含下列内容：

（1）选型

材料一般选用强度等级不宜低于 Q345B 的型钢和 Q235 的钢板，常用的型钢规格为 H300×300、H350×350、H400×400，尽量采用标准件，当地下室形状不规则时，尽量通过优化设计使基坑形状简单、规则，也可通过优化顶圈梁的平面和截面设计，形成相对规则的型钢支撑系统。

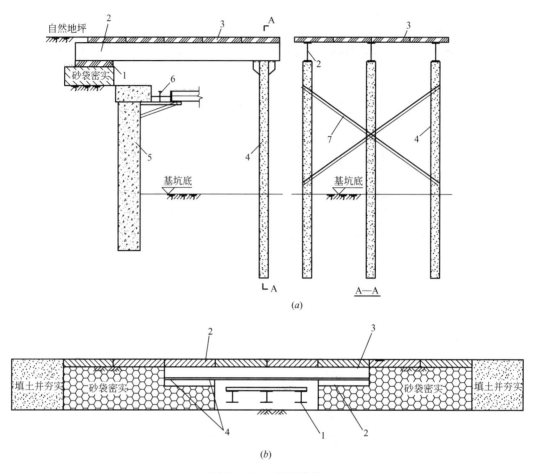

图 2.4.1-8　施工栈桥

（a）出土口施工栈桥　　　　　　（b）基坑中间跨支撑施工栈桥

1—路基箱；2—平台主梁；3—连杆；4—立柱；　　1—对撑、角撑；2—栈桥路基箱；3—栈桥梁；

5—围护结构；6—钢支撑；7—角钢剪力撑　　　　　4—焊缝（栈桥梁与路基箱之间焊缝）

（2）竖向及平面布置

支撑布置除满足结构受力要求外，尚应符合下列规定：

1）支撑布置宜避开地下主体结构的墙、柱等竖向构件，不应影响主体结构施工；

2）支撑布置宜考虑基坑挖土的施工空间，支撑至基底的净高不宜小于 3m；

3）围檩或压顶梁上相邻支撑点的水平净距，对型钢围檩不宜大于 5m，对混凝土围檩不宜大于 8m；

4）对撑端部可设置八字撑，八字撑宜对称布置，长度不宜大于 9m，与压顶梁、围檩之间的夹角不宜小于 45°；

5）支撑立柱宜避开主体结构的梁、柱及承重墙，同一组支撑下立柱与围檩、相邻立柱之间间距不宜大于 10m，不同方向支撑交汇处应设置立柱；

6）采用多层水平支撑时，上下支撑平面布置宜对齐。

（3）支撑内力、变形及稳定分析

分析时应考虑预加轴力和竖向支承构件之间差异沉降产生的作用，型钢支撑预加轴力值一般取支撑轴向压力标准值的 30%～80%。支撑长度超过 40m 时，应考虑温度应力影响。结构分析应符合下列原则：

1）支撑系统应按杆系结构采用有限元法进行整体计算，有限元模型应符合实际的结构布置和节点构造；

2）支撑构件应按偏心受压构件进行计算；支撑、围檩或顶圈梁、围护桩的连接应进行抗剪验算；

3）型钢支撑应进行竖向荷载作用下的结构分析；

4）围檩设计、计算时应考虑其可能承受的较大轴力。

支撑构件及节点的受压、受弯、受剪承载力及各类稳定性计算应符合现行国家标准《钢结构设计规范》GB 50017 的规定。型钢支撑构件的受压计算长度应按下列规定确定：

1）水平支撑在水平面内的整体稳定计算，取支撑的实际长度，不考虑托梁影响；

2）水平支撑在竖向平面的稳定计算，取相邻托梁的间距；

3）水平支撑单肢在水平面内的稳定计算，取相邻盖板的间距。

立柱应按偏心受压构件计算，立柱的受压计算长度按下列原则确定：

1）当立柱下端设置立柱桩时，单层支撑的立柱、多层支撑底层立柱的受压计算长度应取底层支撑至基坑底面的净高度与立柱直径或边长的 5 倍之和；

2）当立柱兼做立柱桩时，底层立柱计算长度尚应根据立柱插入深度范围土层情况适当加大；

3）相邻两层水平支撑间的立柱受压计算长度取水平支撑的中心间距。

（4）构件设计

对撑及角撑一般采用 H 型钢组合构件，支撑长度方向的拼接采用高强螺栓，拼接点的强度不应低于构件的截面强度。对撑、角撑的上翼缘和下翼缘均应设置盖板或系杆，其位置上下对应。

围檩应尽量减少拼接节点，拼接节点宜避开受力较大处，多拼型钢拼接节点应相互错开 1m 以上；拼接节点端板处应采用高强螺栓连接，翼缘处应增加连接板并采用高强螺栓连接。

立柱一般设置于对撑或角撑的侧面，通过托梁与支撑构件形成整体；宜对称布置，之间宜设置 X 形拉杆。

（5）节点设计

围檩与围护体之间的 T 形传力件、支撑与围檩之间的三角传力件、立柱与支撑之间的托梁和托座等，均应进行可靠的节点设计，特别应重视节点的抗剪性能。

（6）钢支撑预压力

一般为设计轴力的 50%～80%，设计应明确支撑各部位预应力大小，施工过程严格按设计要求施加并保持预应力。

（7）构造

支撑受压杆件的长细比不应大于 120，受拉杆件长细比不应大于 250；土方开挖前，顶圈梁或围檩宜封闭，当不封闭时应在断开处采取加强措施，确保支撑系统整体性；当采用灌注桩作为型钢立柱的支承桩时，型钢立柱锚入桩内的长度不宜小于立柱长边或直径的 4 倍且不小于 2m，立柱穿过主体结构底板的部位，应有有效的截水措施。

2. 施工

施工前应根据设计图纸确定支撑系统的标准件和非标准件的规格和数量，经验收符合要求后，配送现场。支撑构件的现场堆放应遵循就近堆放、便于安装、保证安全的原则，符合施工场地总平面布置的总体要求。构件在坑边的堆放应满足设计超载的要求。吊装设备的安全性应符合相关规定。

总体施工流程：

测量定位→立柱施工→确定安装标高→安装牛腿→围檩安装、固定→托座、托梁安装→对撑、角撑安装→传力件安装→预应力循环施加→基坑开挖、支撑内力变形监测调节→换撑→拆撑。

（1）安装

支撑安装应遵循先主要构件、后次要构件的原则，尽快形成封闭受力体系，受力体系形成后，方可施加预应力。每个工况的挖土深度应符合设计要求。支撑构件安装完成、施加预应力后，须通过验收方可进行下层土方开挖。

高强螺栓的使用应符合下列规定：

1）使用前应 100％目测检查，并组成高强螺栓连接副；

2）高强螺栓紧固宜分 2 次进行。第一次初拧，初拧扭矩值为终拧的 50％～70％，第二次终拧达到产品规格要求。

构件焊接前应对焊接构件表面的铁锈、油污、混凝土残留物等杂物进行清理。焊接应牢固可靠，不得出现歪扭、虚焊等现象。

立柱与托座连接螺栓的安装方向应保持一致，安装后的托座应与型钢立柱紧固牢靠；支撑构件间应紧密连接，缝隙处应使用钢板垫紧贴密，支撑构件的拼接位置应设置上下盖板，盖板上设置椭圆槽孔，便于灵活调整高强螺栓位置。施加预应力前，托梁与支撑构件之间采用抱箍连接。当设置上下双拼支撑时，双拼支撑之间应设置垫梁并采用螺栓连接，每个连接点的螺栓不宜少于 2 个。

支撑体系的施工允许偏差可参考表 2.4.1-1～表 2.4.1-5：

立柱施工允许偏差 表 2.4.1-1

序号	项目	允许偏差
1	定位	50mm
2	垂直度	桩长的 0.5％
3	柱顶标高	30mm

牛腿安装允许偏差 表 2.4.1-2

序号	项目	允许偏差值
1	板面标高	±30mm
2	水平度	1/1000

型钢围檩安装允许偏差 表 2.4.1-3

序号	项目	允许偏差值
1	板面标高	±30mm
2	水平度	1/1000

三角传力件安装允许偏差 表 2.4.1-4

序号	项目	允许偏差值
1	轴线偏差	±10mm
2	顶面标高	±5mm

支撑安装允许偏差 表 2.4.1-5

序号	项目	允许偏差值
1	支撑两端中心线的偏心误差	20mm
2	支撑两端安装就位后的标高差	20mm 及整个对撑长度的 1/600,取较小者
3	支撑整体挠曲度	跨度的 1/1000
4	轴线偏差	30mm

支撑系统的现场安装尚应符合现行国家标准《钢结构工程施工质量验收规范》GB 50205、《建筑地基基础工程施工质量验收规范》GB 50202、现行行业标准《建筑桩基技术规范》JGJ 94 等相关规定。

（2）土方开挖

土方开挖应遵循"先撑后挖"的原则。在支撑系统形成相对封闭体系后，进行相应范围的土方开挖。

基坑取土方式一般有下列 3 种形式：

1）在无支撑空间设置坡道，土方通过坑内坡道外运；由于支撑上不允许挖掘机操作，因此需要在支撑下方掏挖、运输土方。

2）在坑边出土口设置出土钢平台，平台设置于支撑标高以上（图 2.4.1-9a），与支撑系统完全脱开，坑内土方通过平台上的取土设备，如普通挖掘机、长臂挖掘机、抓斗等，取出外运。

3）坑内设置运土道路，遇到支撑时，设置高于支撑的栈桥，如图 2.4.1-9（b）所示，施工栈桥与支撑系统脱开。

(a)　　　　　　　　(b)

图 2.4.1-9　土坡及施工栈桥

立柱周边的土方开挖应均衡对称进行，避免挖土过程中的侧向土压力对立柱产生不利影响，严禁挖掘机等施工机械碰撞钢支撑及立柱。开挖至坑底后24h内应完成垫层浇筑。

（3）支撑拆除

支撑拆除应满足下列要求：

1）按设计要求的换撑措施已经完成，如基础底板（或楼板）及该层传力带混凝土强度达到设计要求；

2）拆除回收设备已就位，具备停放位置和行驶路线，且满足相关要求。

支撑拆除前应先分级解除支撑的预应力，每一级释放后观察30min，并检查支撑的工作状态、节点变化及周边环境情况，如有异常，立即整改。预应力完全释放后，按下列顺序拆除支撑系统：

盖板→系杆→支撑杆件→连接件→围檩→托架→托梁→立柱。

螺栓宜采用气动扳手先行松开，再人工拆除；高强螺栓应间隔拆除；牛腿宜采用气割拆除。人工拆除作业时，作业人员应站在稳定的结构或脚手架上操作，支撑构件应采取有效的防下坠措施。

拆撑过程应加强监测。

（4）应急预案

基坑施工过程中，出现下列险情时，应及时采取相应的措施：

1）出现基坑变形过大时，可通过预应力补偿、增设支撑等措施控制基坑变形；

2）支撑轴力过大时，可采取增设支撑、坑外卸载等措施控制支撑轴力；

3）当局部螺栓出现崩裂、剪断等情况时，应立即采取加强措施；

4）当支撑构件发生挠曲或节点出现异常时，可采取增设支撑、节点补强等措施；

5）当险情发展较快，基坑可能失稳时，应立即采取坑外卸载、坑内回填等措施。

施工前应编制抢险预案，现场应具备必要的抢险物资、人员。主要抢险物资包括型钢、高强螺栓、砂包、抢险机械等。

3. 检验与监测

支撑构件应提供产品合格证明及加工制作图，施工前应现场检验几何尺寸以及外观，经监理单位验收合格后方可使用。施工前应制定详细的施工监测方案，监测工作应贯穿于支撑系统的安装、使用、拆除全过程，并应加强巡查。支撑系统监测项目可参照表2.4.1-6。

支撑系统监测项目 表 2.4.1-6

监测项目	基坑安全等级		
	一级	二级	三级
轴力	应测	应测	应测
立柱位移	应测	宜测	可测

注：基坑安全等级的划分按现行国家行业标准《建筑基坑支护技术规程》JGJ 120执行。

（1）检验

1）型钢构件进场检验的主要内容及要求包括：

① 型钢高度、翼板宽度和厚度、腹板厚度等；

② 型钢应平整、顺直、无油污、无锈蚀和损伤；

③ 型钢初始弯曲不应超过 1/1000。

2）螺栓进场检验应符合下列规定：

① 具有产品质量合格等证明文件；

② 型号、规格与设计一致。

（2）监测

1）型钢支撑轴力监测宜采用无线监测设备，自动采集数据，并及时分析处理。支撑轴力监测点的布置应符合下列要求：

① 监测点宜布置在支撑及围檩轴力较大或在整个支撑系统中起控制作用的构件上。受力较大的角撑或围檩处宜增设监测点；

② 每层支撑的轴力监测点不应少于 3 个，各层支撑监测点的平面位置宜保持一致；

③ 型钢支撑的监测点宜选择在 2 支点间 1/3 部位或支撑的端头。各种传感器均应在型钢支撑受力之前安装就位。

立柱位移监测点不应少于立柱总根数的 5%，且不应少于 3 根。监测点宜布置在基坑中部、地质条件复杂处的立柱上。

2）型钢支撑安装过程中的预应力损失监测应按下列步骤进行：

① 型钢支撑加载受力之前读取基准值，并不少于 3 次；

② 型钢支撑加载过程中与千斤顶同步监测各阶段的预加压力，并将监测预加压力与千斤顶加载油表读数相互校核；

③ 千斤顶加载锁定后，测读相应状态的预加压力，并确定预加压力损失值。

3）施工过程出现下列情况之一时，应加强监测，提高监测频率，并及时报告监测结果：

① 监测数据达到报警值；

② 监测数据变化量较大或者速率加快；

③ 支撑系统的荷载条件出现变化；

④ 周边地面出现较大沉降或严重开裂；

⑤ 轴力变化较大或者围护结构变形较大；

⑥ 出现其他影响支撑结构及周边环境安全的异常情况。

4）施工过程应加强对支撑系统的巡查，对巡查发现的问题应及时整改，巡查主要包括下列内容：

① 型钢支撑、立柱及围檩的工作状态；

② 高强螺栓是否松动、开裂；

③ 型钢支撑上是否有违规堆载；

④ 型钢支撑上是否有积水；

⑤ 支撑系统的受力工况是否与设计要求一致。

5）工程因故停工时，不应间断对支撑系统的维护，复工前应对支撑系统进行全面检查。

2.4.2 预应力装配式鱼腹梁内支撑

与传统的混凝土支撑相比，钢支撑具有施工方便、速度快、可施加预应力、可回收重复利用等优点，符合国家节能环保的发展理念；但现有的钢管支撑技术，平面布置密集，节点性能差；型钢组合支撑的节点性能有所改善，但平面布置密集的问题没有解决。因此，迫切需要新型的钢结构技术，在保证支撑体系受力性能的同时，创造较大的施工空间，预应力装配式鱼腹梁内支撑技术的研发正是基于此目的。预应力装配式鱼腹梁内支撑系统通过对鱼腹梁下弦的钢绞线对撑和角撑构件施加预应力，实现对围护墙的变形控制，主要由对撑、角撑、鱼腹梁、围檩和竖向立柱组成，如图 2.4.2-1 所示。对撑、角撑、围檩及竖向立柱与前述预应力装配式 H 型钢支撑系统相同，通过与鱼腹梁技术相结合，可在保证支撑刚度的同时，在基坑内形成较大的无支撑空间，方便挖土施工，提高施工效率。

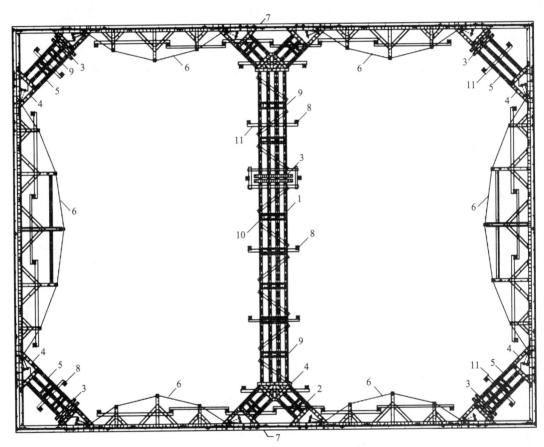

图 2.4.2-1　预应力装配式鱼腹梁内支撑体系的组成

1—对撑杆件；2—八字撑杆件；3—预应力装置；4—连接件；5—角撑杆件；6—鱼腹梁；

7—腰梁；8—立柱；9—盖板；10—系杆；11—托梁

　　鱼腹梁有平直的上弦杆、直腹杆、斜腹杆、桥架和由钢绞线制成的下弦等组合而成，通过张拉下弦钢绞线施加预应力，提高其抗弯刚度。主要有图 2.4.2-2 所示 2 种常用形式：

　　图 2.4.2-2（a）的形式为 FS 型，适用跨度不宜超过 18m；图 2.4.2-2（b）的形式为 SS 型，适用跨度 20m 以上的情况。表 2.4.2 为鱼腹梁的标准尺寸表。

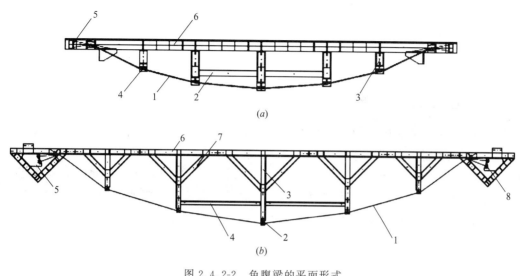

图 2.4.2-2　鱼腹梁的平面形式

（a）　　　　　　　　　　　　　　　　　　　（b）

1—下弦钢绞线；2—连杆；3—直腹杆；　　　1—下弦钢绞线；2—桥架；3—直腹杆；4—连杆；

4—桥架；5—锚固端；6—上弦梁　　　　　5—连接件；6—上弦梁；7—斜腹杆；8—锚具

鱼腹梁的标准尺寸表　　　　　　　　　　　　　表 2.4.2

代号	标准尺寸	安装钢绞线的最大数量（根）	型钢型号
FS-350	跨度 8~18m，模数 1m	30	H350
FS-350	跨度 8~18m，模数 1m	32	H400
SS-350	跨度 20~64m，模数 1m、2m	60/72	H350
SS-400	跨度 20~64m，模数 1m、2m	72	H400

预应力装配式鱼腹梁内支撑体系的设计内容，在预应力装配式 H 型钢支撑体系的基础上增加了鱼腹梁的内容。鱼腹梁采用的型钢型号一般为 H350×350、H400×400，强度不低于 Q345；一般采用 1860 级及以上规格的高强度低松弛无粘结钢绞线，常用的跨度 8~64m。根据需承载的水平荷载、结构平面布置以及基坑变形控制要求，从供应商提供的产品性能表格，选择鱼腹梁的规格、确定钢绞线的数量，也可根据预应力的结构原理自行计算。

预应力装配式鱼腹梁内支撑体系的施工工序与预应力装配式 H 型钢支撑体系基本一致，在立柱的托座及托梁施工后即可进行鱼腹梁施工，对撑、角撑及传力件施工结束，支撑体系封闭后施加预应力。预应力施加按下列步骤：

对撑、角撑首先加压至设计预应力的 30%→鱼腹梁钢绞线张拉至设计预应力的 50%→对撑、角撑加压至设计预应力的 50%→鱼腹梁钢绞线张拉至设计预应力的 70%→对撑、角撑加压至设计预应力的 80%→鱼腹梁钢绞线张拉至设计预应力的 100%→对撑、角撑加压至设计预应力的 100%→锁定鱼腹梁与外侧围檩间的螺栓，同时锁紧托梁与支撑间螺栓。

鱼腹梁钢绞线张拉应进行"双控"，即张拉器的液压值控制和钢绞线伸长量控制。

拆除时，预应力释放按下列步骤：

鱼腹梁钢绞线卸载至轴力的 70%→对撑、角撑卸载至轴力的 70%→鱼腹梁钢绞线卸载至轴力的 30%→对撑、角撑卸载至轴力的 30%→鱼腹梁钢绞线完全卸载→对撑、角撑完全卸载。

2.4.3 预应力装配式拱形钢结构支撑

与预应力装配式鱼腹梁内支撑技术类似，预应力装配式拱形钢结构支撑技术借鉴大跨度钢结构拱形桥梁的思路，在具备足够的支撑刚度的同时，提供了较大的无支撑空间，方便了基坑施工。与对撑或角撑等主要受力构件相结合，预压力拱通过施加预压力，使得钢桁架拱产生朝向基坑侧壁方向的变形，预压力在钢桁架拱的各个构件内产生的拉压力，与基坑壁施加在钢桁架拱上的土压力产生的内力，相互抵消，这样减小了特殊钢桁架的各个杆件的内力，使得钢桁架拱适用的跨度增大，增加了基坑内无障碍区域的面积。

图 2.4.3 为典型的预应力装配式拱形钢结构支撑的示意，其技术特点：

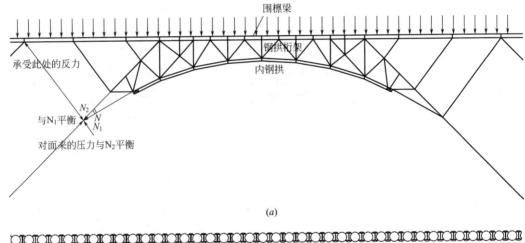

(a)

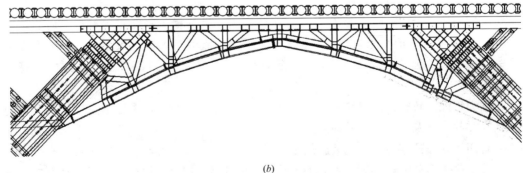

(b)

图 2.4.3 预应力装配式拱形钢结构支撑平面及受力分析图

(a) 平面图；*(b)* 受力分析图

（1）钢桁架拱：本身能够承受一定的侧压力；

（2）内附的钢拱：用于施加预压力，产生反变形，抵消或部分抵消基坑壁的向内位移；

(3) 内附的钢拱还构成钢桁架拱的第二道拱形内弦杆。

2.4.4 预应力装配式钢管支撑

钢管支撑指设置在基坑内，以钢管为主组成的，用以支撑围护墙的结构构件，一般由一个固定端、一个活动端和中间多节不同长度的钢管通过法兰盘拼接而成。活动端设置活络端头，通过调节长度、千斤顶施加预应力。预应力装配式钢管支撑具有主要连接件标准化，可以伸缩调节，适用性强，利用率高，安装和拆除简单、方便，施工速度快的优点。

1. 设计

钢管一般采用卷制焊接钢管，直径为 609mm，壁厚 16mm；需要时也可采用直径 800mm 和其他厚度的钢管。钢管间的拼接采用高强螺栓，应保证拼接点的强度不小于构件自身的强度。

对市政项目，基坑形状一般为狭长型，因此钢管支撑一般单向密排布置，如图 2.4.4-1 所示；当跨度超过 18m 时，一般需设置中间立柱。如采用地下连续墙作为围护墙，每幅墙上一般设置 2 根钢管支撑，图 2.4.4-2 为常用的钢支撑端部与地下连续墙的连接节点，需要时也可采用刚性连接节点，如图 2.4.4-3 所示：

(a)　　　　　　　　　　　　　　　　　　　(b)

图 2.4.4-1　单向布置钢管支撑

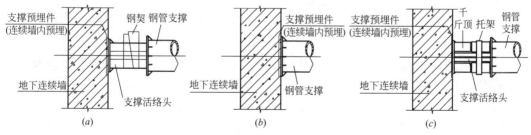

(a)　　　　　　　　　　(b)　　　　　　　　　　(c)

图 2.4.4-2　钢管支撑与地下连续墙连接节点

对 2 个方向平面尺寸均较大的基坑，钢支撑往往双向布置（图 2.4.4-4），2 个方向钢管交接处需设置标准的十字四通接头。

当采用钻孔灌注桩或型钢水泥土连续墙作为围护墙时，钢管的端部应设置围檩，围檩一般采用双拼 H 型钢（图 2.4.4-5），并通过钢托架与围护墙连接、固定。

钢管支撑的设计计算可参考上述装配式预应力 H 型钢支撑系统。

图 2.4.4-3 钢管端部刚性节点

图 2.4.4-4 双向布置钢管支撑

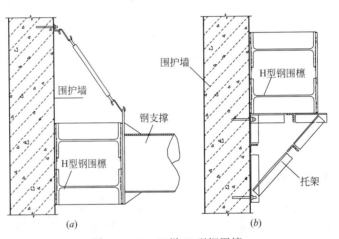

图 2.4.4-5 双拼 H 型钢围檩

2. 施工

（1）钢管加工

支撑钢管、钢围檩和立柱等构件宜工厂化制作，按下列要求加工制作：

1）采用卷制焊接钢管，钢板要平直，不得有翘曲，表面不得有锈蚀或冲击痕迹，卷管方向与钢管压延方向一致，并采用坡口焊；

2）管内纵、环缝采用手工焊，外部纵、环缝采用埋弧自动焊，可采用分段反向焊接顺序；管体纵缝相互错开。应符合二级焊缝标准；

3）抗剪钢套箍应密贴于钢管，钢管与钢箍连接面要作喷砂处理，抗拉钢套箍密贴于钢管，点焊固定于钢管上；

4）钢管及焊接应 100% 进行超声波无损探伤。

钢管支撑外观检查标准应符合表 2.4.4 的规定。

钢管支撑外观检查标准 表 2.4.4

序号	项目	允许偏差（mm）
1	侧弯矢高	15
2	扭曲	h/250 且<10.0
3	翼板对腹板的垂直度	h/100 且<3.0
4	端部连接板对腹板的垂直度	3

（2）钢支撑架设工艺流程

钢支撑架设与基坑土方开挖是深基坑施工密不可分的2道关键工序，支撑架设的时间、位置及预加力的大小直接关系到深基坑稳定，必须严格满足设计工况的要求。

钢支撑安装一般采取下列2种方式：

1）能满足整根钢支撑直接吊装就位时，采用基坑外拼装，履带式起重机进行一次吊装就位安装，必要时采用履带式起重机或汽车式起重机2台起重机同时起吊安装，如图2.4.4-6所示。

2）不能直接吊装就位的，如基坑顶部设置盖板区域，根据敞口部分、立柱间联系梁、钢支撑间距

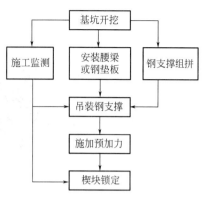

图2.4.4-6　钢支撑施工工艺流程图1

等实际空间尺寸，采取分2～3节逐节吊入基坑，在基坑内进行拼装和安装就位，具体如图2.4.4-7所示，并采取如下措施：

① 盖板施工时，根据钢支撑的设计位置，在盖板上相应钢支撑位置预留φ150的孔洞。

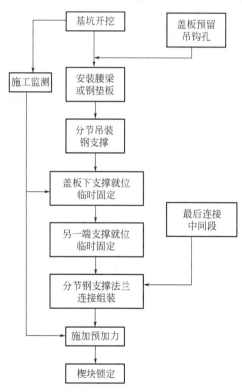

图2.4.4-7　钢支撑施工工艺流程图2

② 根据待安装钢支撑实际吊装空间确定单次吊装钢支撑的长度，并先将盖板下方部分吊装至基坑开挖面，如分3节及以上吊装，应最后吊装中间段部分钢支撑。

③ 盖板下方钢支撑段吊放至敞口区域开挖面后，采用从相应盖板上预留孔洞吊下的提升葫芦和基坑内的小挖机配合人工平移至相应安装位置的盖板下方，并通过提升葫芦将钢支撑吊装至相应的支持托架和立柱钢系梁上。之后吊装另一端钢支撑，并将其就位，支撑连接端采用临时托架使其水平，且满足各节钢支撑高度一致，连接顺利。待整个支撑就位拼装完成后及时施加预应力。

④ 如钢支撑分3节及以上吊装时，应从围护墙向中间逐节架设就位，并采用托架进行临时固定，最后安装中间段分节支撑。

采用装配式斜撑支座，可大大缩短斜撑安装时间，斜撑支座形式如图2.4.4-8所示。钢管安装就位后，采用液压千斤顶在活络端部施加预应力，预应力施加应符合下列规定：

1）预应力施加系统应完好；

2）预应力施加至设计值10%时，应在再次检查确认钢管支撑和钢围檩无异常后，方可逐级施加；

3）预应力施加期间应检查各连接部位的稳定性、牢固性，遇到异常情况，应立即停止，排除隐患后，方可继续作业；

图 2.4.4-8　装配式斜撑支座

4）预应力施加至设计要求后，应顶紧并固定钢楔；

5）施加预应力过程中，应做好记录，预应力允许偏差应为±50kN。

钢管支撑拼装后两端支点中心线偏心应不大于 20mm，安装后总偏心量应不大于 50mm；钢管支撑标高允许偏差为 30mm，平面位置允许偏差为 100mm。

基坑土方开挖过程中，应密切检查钢支撑的工作状况和预应力大小，及时复加预应力，调整立柱桩与支撑的抱箍、楔子。为方便复加预应力施工，尽量采用体积小重量轻的超高压千斤顶（工作压力 63MPa），工人单手即可搬运，方便支撑预应力的复加。

（3）支撑拆除

地下结构施工完成后，拆除钢支撑，钢支撑拆除前应检查设计规定的换撑措施是否落实，确保拆撑工况符合设计要求。支撑拆除前应设置临时支架，托住钢支撑，然后千斤顶卸力，抽出钢锲，拆除高强螺旋，解开法兰盘，分节起吊钢管。拆撑过程应加强监测。

2.4.5　常见问题

尽管钢支撑具有绿色环保、施工速度快、效率高等优点，但实际工程中，设计或施工不当，仍易产生严重的工程事故。2008 年，杭州地铁湘湖站基坑坍塌事故从钢管支撑失稳破坏开始，短时间内钢管连续破坏，最后导致围护体系整体坍塌。

工程中常见的主要问题包括：

（1）顶圈梁制作。顶圈梁是第一道支撑的受力点，承受第一道支撑的预应力，设计通过在压顶梁中设置预埋件来解决钢管支撑的局部压应力。现场工程实际施工中，出现压顶梁断面尺寸偏小、压顶梁平整度不够的问题，有些工程安装钢支撑一侧的压顶梁侧面有波浪线存在，影响支撑预应力施加的效果。

（2）钢支撑安装。典型问题是钢支撑和压顶梁预埋件未完全连接，部分构件的端头表面和压顶梁之间存在缝隙。施加预应力后，很大一部分应力被接头处的变形消耗，没有真正发挥预应力的作用。同时，由于钢管端部节点未完全与压顶梁紧密相接，使得压顶梁的局部受力面积大大减小，局部压应力增大，甚至出现压顶梁牛腿压坏现象，影响工程的安全。

钢围檩一般采用双拼 H 型钢，预制成型，相对较为平整。但是工程中常常发现如下问题：

1）钢支撑的受力点以及围檩跨中位置，出现不焊接围檩加劲肋的现象。

2）钢管支撑间的连接型钢以及八角撑等的焊缝长度和宽度不满足要求，受力杆件和钢管支撑间未加设钢垫板，八角撑压顶梁的连接不到位等。

3）围檩内侧的 H 型钢没有设置连接缀板，型钢拼接处没有焊接或通过缀板相接，造成围檩整体性较差。

4）对设有立柱的钢支撑，立柱与支撑节点未设置抱箍，水平面内易失稳（图 2.4.5a）。

5）围檩分段拼接时，拼接点未形成整体，影响整体受力性能（图 2.4.5b）。

6）采用 H 型钢支撑时，部分高强螺栓未紧固，造成受力不均。

(a)   (b)

图 2.4.5 现场施工钢支撑的常见问题

(a) 支撑于立柱处未设抱箍；(b) 围檩未形成整体

这些缺陷均给工程安全带来了较大隐患。

（3）钢结构构件的循环使用质量。个别工程在使用旧钢管前，未对钢管进行校正工作，钢管端面不平整，有较大程度的翘曲，影响了支撑系统的整体受力性能。

（4）土方超挖，支撑设置滞后，施工工况不符合设计工况。

以上问题需要在以后的工作中进一步解决。综合考虑国内外钢支撑应用的特点以及我国目前在钢支撑应用中存在的主要问题，土方开挖技术的提高是钢支撑能否大量推广应用的关键。土方开发技术的提高包括如下几个方面：

1）土方开挖的整体理念。传统的挖土方法是挖掘机及运土车下坑后通过坡道运输，但钢支撑往往布置密集，对一道支撑的基坑可以考虑，但对两道以上内支撑的基坑，这种挖土方法的安全隐患很大，此时通过栈桥结合垂直运输土方的开挖方式较为合适。

2）施工机具的改进。通过大型起重机、长臂挖掘机、土方垂直运输的相关设备等提高土方开挖的效率，使栈桥结合垂直运输土方的开挖方式成为可能。

3）施工工况应严格与设计要求一致。在地下二层或更深的深基坑工程中，常常设置多道钢支撑；在出土口运土坡道处，为支撑和围檩封闭，往往需要先挖除通道处的土方，留出围檩和支撑的施工作业面。待围檩及支撑施工完成后，再回填土方二次形成挖土通道。有的工程，施工单位为图方便，不挖除坡道，导致该处围檩及支撑未能形成，在围檩没有完全封闭的状况下，安装其余支撑并施加预应力，甚至进行该道支撑以下的土方开挖，由于支撑体系不完整，导致基坑变形过大，甚至造成整体失稳的险情。另外，每一施工工况的土方超挖给工程带来很大隐患。由于支撑设置后土方开挖难度大，为减少挖土难度，不少挖土单位企图在未设置支撑的情况下尽量多挖一些土方，某工程甚至出现支撑尚未设置，土方已经开挖到底，致使围护墙倒塌的事故。

在淤泥质土层中进行土方开挖，如挖掘机直接在淤泥质土上操作，容易导致坑底的土体破坏，一方面挖掘机会陷入土中而操作困难，另一方面由于坑内被动区土体失去强度，间接加深了开挖深度，给基坑安全带来了隐患。因此，软土中挖机行驶、停靠区域，应首先铺设一定厚度的塘渣或建筑垃圾，然后铺设路基箱，这些措施具备且保证地基不致破坏后，挖掘机才能上去作业。坑底以上 300mm 及地梁、承台等局部深处宜人工修土，防止超挖及对坑底土产生较大扰动。坑底垫层应及时施工，尽快封底以加强整体安全度，同时也方便此后的基础施工。

4）土方开挖应注意对支撑及立柱的保护。不少项目在挖土时，由于立柱两侧的土坡高差过大、坡度偏陡或机械撞击，立柱产生严重偏位或倾斜，影响竖向支承性能和支撑系统的稳定。

2.4.6 工程实例

余杭余政储出××号地块项目

1. 工程概况

该项目西侧为未通水的已建河道，北侧为规划道路，南侧为已建未通行道路，东侧地下室外墙与城市干道的距离约为 11～15m，总体而言周边环境相对较好。设两层地下室，工程桩为钻孔灌注桩，基坑开挖深度为 9.0～9.4m。基坑平面为标准长方形，长边约 149m，短边约 85m，周长约 412m，平面面积约 8532m²。

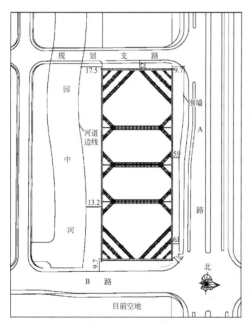

图 2.4.6-1 项目总图

图 2.4.6-2 现场照片

2. 水文地质条件

基坑开挖影响范围内主要土层为淤泥质黏土层，灰色、灰褐色，流塑，含少量腐殖质，局部夹粉土，含水量约 47%，层厚 4.4～9.7m，固结快剪指标为 $c = 12.9\text{kPa}$，$\varphi =$

12.4°。淤泥质黏土层下伏粉质黏土层，可塑、局部软塑，力学性质较好。对基坑工程有影响的地下水为埋藏较浅的潜水，勘察期间在钻孔内测得其埋深在地表下 0.20～3.70m，主要受大气降水的影响。

3. 基坑支护方案

支护结构为 SMW 工法桩结合两道预应力型钢组合支撑。SMW 工法桩是在 $\phi850$ 三轴水泥土搅拌桩内以 1200mm 间距插入 H700×300×13×24 型钢，淤泥质黏土层较薄范围采用 H500×300×11×18 型钢，间距 900mm。两道预应力型钢组合支撑的截面高度均为400mm，局部范围安装月牙梁。型钢兼作支撑立柱和立柱桩。

4. 基坑施工与监测

2015 年 3 月开始挖土，2015 年 9 月底土方开挖完毕，南侧底板已养护好并拆除第二道支撑。坑周土体深层位移最大值约 3.5cm，项目周边道路和管线最大沉降量小于20mm。

2.5 综 合 实 例

2.5.1 杭州××宾馆（SMW 工法结合钢管支撑）

1. 工程概况

该项目总用地面积 10446m²，总建筑面积 47310m²，其中地上面积 35330m²，地下面积 11980m²。总平面如图 2.5.1-1 所示。工程采用钢筋混凝土框架-剪力墙结构，大直径钻

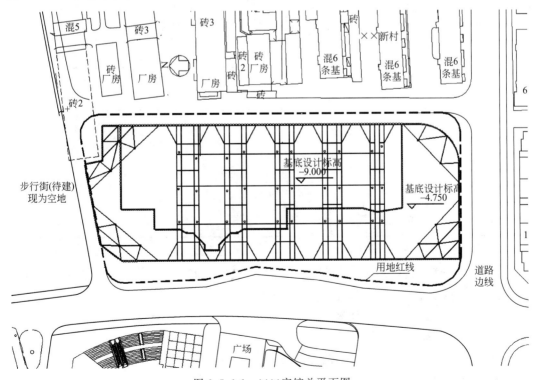

图 2.5.1-1 ××宾馆总平面图

孔灌注桩基础。

±0.000 标高相当于黄海高程 4.500m，基坑平面呈长方形，平面尺寸约 150m×56m，占地面积约 8350m²。根据岩土勘察报告，其自然地坪绝对标高约在 4.000m 左右，即相对标高 −0.500m。项目设两层地下室，局部一层地下室。地下一层楼面标高为 −3.95m。地下二层底板厚度为 600mm，地下一层底板厚度为 500mm（地下室四周外墙下均无地梁），垫层厚度为 300mm，不同区域的垫层底标高分别为 −4.75、−9.00、−9.90、−11.400m，因此本工程不同区域相应的开挖深度分别为 4.25、8.5、9.4、10.9m。基坑底落在 3-1 号淤泥质粉质黏性土上。

本基坑工程属一级基坑工程，相应基坑工程安全等级的重要性系数为 1.1。

2. 工程地质条件

根据岩土工程勘察报告。勘探深度范围内地层可分为 7 工程地质层，细分为 17 地质亚层，现将与基坑支护设计有关的地基土层的分布摘录如下：

第 1 层填土层包括 2 个亚层。1-1 层填土：以砖瓦、碎石夹粉性土组成，含建筑垃圾，表层大都分布薄层混凝土基础和砖基础，全场分布，层厚 0.7～2.90m；1-2 层素填土：层分以砂质粉土为主，含少量碎石、碎砖、局部缺失，厚度一般为 0.40～1.90m。

2 层砂质粉土夹黏质粉土，中等压缩性土，层厚 0.4～2.0m；3-1 层淤泥质粉质黏土，流塑，属高压缩性土，全场分布，层厚 5.50～7.80m；3-2 层淤泥质粉质黏土，流塑，属高压缩性土，全场分布，层厚 4.70～6.10m；5-1 层淤泥质粉质黏土，流塑，局部夹薄层粉土，属高压缩性土，全场分布，层厚 9.80～16.20m；5-2 层粉质黏土，软塑，属中等偏高压缩性土层，全场分布，厚度 0.70～3.40m。

基坑开挖面大部分位于 3 层淤泥，该土层厚度大，为高压缩性、高含水量的土体，强度低。基坑支护设计所涉及主要土层的物理力学性质指标详见表 2.5.1。

场区各土层物理力学性质指标表　　　　　　表 2.5.1

土类	层号	含水量（%）	重度(kN/m³)	天然孔隙比	渗透系数 KH(10⁻⁷cm/s)	固结快剪（峰值）	
						C(kPa)	φ（度）
素填土	1-2	30.5	18.7	0.892		(5)	(10)
砂质粉土夹粉质黏土	2	30.9	18.4	0.888	5000.0	5	20
淤泥质粉质黏土	3-1	40.6	17.9	1.132	6.0	15	10
淤泥质粉质黏土	3-2	44.7	17.5	1.252	8.5	14	9
淤泥质粉质黏土	5-1	41.4	17.7	1.180	4.0	16	11
粉质黏土	5-2	28.1	18.5	0.895	20.0	19	17

注：括号内参数为经验值。

场地浅部地下水为孔隙潜水，含水介质主要为第 1-2 层素填土和第 2 层砂质粉土夹粉质黏土，含水量较小，地层透水性差，主要受大气降水补给，水位随季节及气候变化，勘察期间在钻孔内测得其埋深在地表下 0.950～1.70m。基护设计建议水位埋深 0.50m。

3. 周围环境分析

场地平整、狭窄，其西、南两侧为道路，东侧有楼房等建筑物，北侧为空地。南侧和西北侧与用地红线的距离均不到 1m，西侧与用地红线的最小距离为 3.00m，东侧离红线的距离约在 4.8m 左右。基坑的南面、西面、埋有煤气干线（埋深 1.2m）和雨水管（埋深 1.5m），离基坑的最小距离为 6.2m 左右。基坑的东南侧为××新村的 3 幢 6 层砖混住宅，墙下条形基础，离基坑最近的距离为 14.5m；基坑东北侧 10m 开外为 2～3 层砖混建筑，浅基础；基坑东北角有 1、2 层建筑，浅基础，离基坑最近距离为 1.9m，该建筑要求在基坑施工前予以拆除；北侧为规划中步行街及过街地道，待建，现为空地；西侧为广场，离基坑均在 23m 以外；基坑南面 23m 远的地方有 1 幢 11 层的住宅，桩基础。

4. 基坑围护方案

（1）特点分析

综合分析场地地理位置、土质条件、基坑开挖深度及周围环境等多种因素，该基坑具有如下几个特点：

1）场地土质差。基坑开挖深度及其影响范围内主要为填土和淤泥质粉质黏土，基坑开挖面位于 3-1 层淤泥质粉质黏土，该层厚约 25m，含水量大，压缩性高，透水性差，物理力学指标低，对基坑的稳定、变形控制和挖土施工均有较大影响。

2）基坑平面尺寸大，相应基坑的空间效应比较小，围护体的最大变形更加接近平面问题的计算结果，相应的对围护结构的变形控制要求比较严格。

3）基坑的开挖深度复杂，东面为地下二层，西面为地下一层，使得基坑土压力东西不对称。

4）基坑周边环境复杂，场地紧张。除北面外，周围有大量的浅基础老建筑物和道路、市政管线等设施。

以上的工程特点对基坑的稳定和变形控制提出了较高要求，要求围护体不能占用太多场地。

（2）围护方案确定

在确保基础和地下室施工安全的前提下，为方便施工，加快工程进度，降低工程造价，对各种围护措施进行了比较，最终确定采用 SMW 工法加钢支撑方案，具体如下：

1）东侧地下二层较深处采用 SMW 工法三轴水泥土搅拌桩 $3\phi850@600$，内插 H700×300×13×24 型钢作为围护结构，根据基坑开挖深度的不同以及周边环境条件，型钢采用不同的插入深度，和隔一插一（@1200）和隔一插二（@750）2 种平面布置形式。

2）其余地下一层部分以及坑内地下一层与地下二层高差处采用 SMW 工法三轴水泥土搅拌桩 $3\phi650@450$，内插 H500×300×13×18 型钢作为围护结构，型钢采用隔一插一（@900）形式，并根据基坑开挖深度的不同以及周边环境条件，采用不同的插入深度。

3）为进一步增强基坑稳定性，控制变形，地下二层较深部分以及基坑内"阳角"处采用了水泥土搅拌桩进行被动区加固。坑内电梯井局部深坑采用水泥土搅拌桩重力式挡墙进行支护。

4）采用钢结构支撑系统。结合基坑的平面形状，设计采用了对撑结合角撑的支撑平面形式。对撑以 4 根 $\phi609×16$ 钢管作为一组，每组间距 12m 左右；角撑根据跨度采用双拼或单根 $\phi609×16$ 钢管。为挖土方便，第一道局部角撑采用了混凝土支撑。这样支撑系统的受力明确、合理，又可留出一定的挖土空间，并且节省了围护施工工期。第一道支撑顶标高定在 −1.50m，并利用压顶梁作为支撑围檩，压顶梁采用混凝土梁。第二道支撑围檩采用双拼 H 型钢，支撑顶标高定在 −6.00m。支撑平面布置和标高的确定主要考虑控制

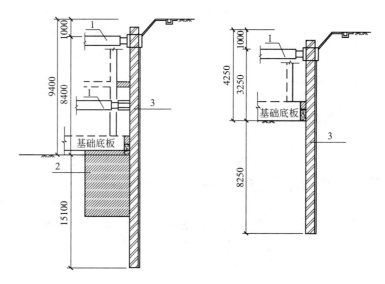

图 2.5.1-2　围护典型剖面
1—内支撑；2—坑内被动区加固；3—SMW 工法

围护体的变形，减少围护体内力，并考虑挖土施工的方便及不影响地下室主体结构施工。

（3）监测内容

工程进行了围护体沿深度的侧向位移、支撑轴力、竖向立柱、地下水位以及周围环境的监测，后者包括周围建筑物、道路的路面沉降、裂缝的产生与发展，地下管线设施的沉降等。其中东、西两侧分别布置了 4 个测点，以对浅基础房子侧和道路侧的基坑施工进行实时监控，另两侧各自布置了 2 个测点。

围护体最大侧向位移控制值为 3.0cm 和 4.0cm。支撑轴力控制值：第一道支撑钢管支撑 3000kN，混凝土支撑 3500kN；第二道支撑 4000kN。竖向立柱的垂直位移和侧移，竖向立柱的垂直位移控制值为 5mm，侧移控制值为 5mm。

5. 基坑施工

工程于 2006 年 4 月进行围护桩施工，2006 年 10 月初进行土方开挖，于 2007 年 1 月挖至坑底，2007 年 4 月施工至±0.000。

在基坑的整个施工过程中，地下一层部分的监测点变位均较小，如 CX1、CX2、CX6、CX7、CX8，其最大水平变位的最大值 20mm；地下二层部分的监测点变位较大，如 CX9、CX10、CX11、CX12，最大水平变位值分别为 30.4、30.9、62.5 和 91.6mm；地下一层部分临深坑位置较近处的监测点，如 CX4、CX5、CX6，变位值不仅小，甚至还出现负值，最大水平变位值在 9～—24mm。各个监测点的变位如图 2.5.1-3 所示。

究其原因，地下一层部位基坑开挖深度浅，累积变形小，相对而言，水平变位值小。地下二层开挖深度深，施工周期长，累积变形大，基坑暴露时间长，因而总的位移量均超出 30mm；但是地下二层部位的所有变位当中，CX11 和 CX12 点的变位突出，分别是 CX9 和 CX10 的 2 倍甚至 3 倍。根据总平面图，CX11 点恰好位于局部深坑附近，局部深坑的开挖深度比地下二层深度深 2m，且局部深坑距离围护结构边仅约 12m，而 CX9 和 CX10 距离局部深坑远，因此 CX11 点的变位比 CX9、CX10 大。CX12 点距离局部深坑比

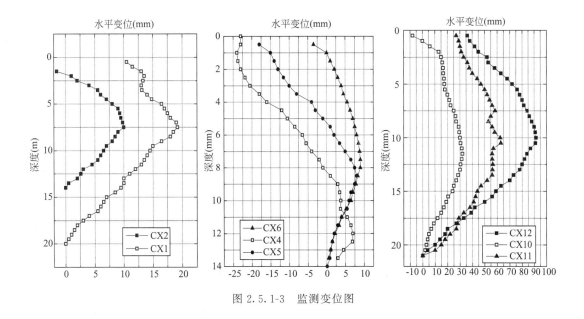

图 2.5.1-3 监测变位图

(a) (b)

图 2.5.1-4 杭州××宾馆工程
(a) 挖土至基坑底部；(b) 基础施工完成后拆除第二道支撑

CX11 点远，距离地下一层基坑近，开挖深度相对浅，但变位值却比 CX11 增加了 50%。这主要是该处施工违反常规操作所致。因现场北侧为空地，其余 3 侧均没有出土空间，故基坑出土口设于基坑北侧。

CX12 即位于基坑东北角的深坑处，当基坑挖至第二道支撑底标高，施工 CX12 点附近的钢管角撑时，该范围部分超挖。并且施工单位为施工方便，省去二次修筑出土坡道的工序，即没有挖除当时的出土坡道，该范围的围檩无法施工，使得角撑部位的型钢围檩没有完全贯通，在没有任何加强措施的情况下进行角部范围支撑以下的土方开挖，导致该号点变位急剧增加，尽管以后采取了回填土方等措施，CX12 点仍持续增加，最大值超过 90mm。

另外，CX4、CX5、CX6 点位于 CX10、CX11、CX12 点的对侧，虽邻近地下一层，但距深坑的距离也比较近，可变位值却比 CX10、CX11、CX12 点小得多，甚至出现负值。

经分析,该处设置了两道钢管对撑,东侧(即 CX10、CX11、CX12 处)开挖深度深,设置了两道支撑,其中第二道支撑的一端顶在基坑内部地下二层的压顶梁上;西侧(即 CX4、CX5、CX6 处)只有一道钢管撑,该道钢管撑即是东侧的第一道支撑。对撑形式传力直接,当开挖至地下一层深度时,东西两侧开挖深度相当,受力均匀,因此两侧的变位相近;当开挖至地下二层深度时,东侧虽有两道支撑,但因开挖深度深,第一道支撑所受土压力逐渐加大,西侧因只有地下一层的开挖深度,相对而言,支撑所受土压力不变,使得东西两侧土压力不均衡,导致基坑产生漂移,整体向受力较小的一方移动。当西侧土压力由主动土压力向被动土压力转变,位移由正值转为负值,土压力不断增大,直至和东侧的主动土压力平衡。这是 CX4、CX5、CX6 点位移出现负值和相对较小的主要原因;同时,也和钢管对撑轴力传递路线明确、直接,能较清晰地反映东西两侧的变位和土压力状态有关。

6. H 型钢的起拔和回收

本工程型钢的起拔和回收分成 2 部分,即深坑和周边围护结构型钢的起拔和回收。深坑的型钢回收利用存在 2 个不利因素:

1)深坑底板浇筑完成,达到设计强度后,拆除第二道钢管支撑。此时底板面和深坑压顶梁的高差为 3.35m 和 4.25m。由于此时地下二层的墙板和地下一层的底板应同时浇筑,型钢必须此刻回收,否则将被埋在地下一层底板之下而无法回收利用,但是拔除型钢后深坑围护结构成为纯水泥土结构,相对而言,深坑围护结构的安全性降低。

2)由于上面还有第一道支撑存在,型钢的起拔量受到很大限制,型钢起拔过程中碰到上面的障碍物,如第一道支撑时,须人为切割,造成材料的浪费。同时,深坑距离周边地表远,场地狭小,给起重机的安置带来较大的难度。

设计时经反复推敲,设计采用被动区加固以及顶部设置传力带等措施,较好的考虑了型钢起拔时工况,实际起拔深坑围护结构的型钢时,除地下一层底板垫层出现少许裂缝,无其他异常情况出现,取得了成功。

型钢的起拔力为:500×300×13×18 型钢,用于深坑处的围护结构,型钢约 12m 长,起拔力在 1500~2000kN 范围内;700×300×13×24 型钢,用于周边围护结构,型钢约 24m 长,起拔力在 2500kN 范围内。

2.5.2 宁波××金融商贸中心(SMW 工法结合钢管及钢筋混凝土混合支撑)

1. 工程概况

本工程包括 1 幢 23 层的高层、1 幢 11 层的小高层、2 层裙房以及 2 层整体地下室组成,采用框架—剪力墙结构体系,基础为桩基础,工程桩为预应力管桩。

基坑呈 L 形,平面尺寸约 136m×93m,如图 2.5.2-1 所示。工程±0.000 标高为绝对标高 3.700m,北侧设计自然地坪标高取绝对标高 2.500m,其余侧取绝对标高 2.200m,综合考虑地下室底板、承台及垫层厚度后,基坑设计开挖深度约 8.15、8.45、8.55m,局部电梯井深坑的开挖深度为 10.25、10.85m。

本基坑工程安全等级为一级,对应于基坑工程安全等级的重要性系数为 1.1。

2. 土质条件

场地原为稻田菜地,施工时已回填了厚约 30~70cm 的塘渣,整个场地地势平坦。场

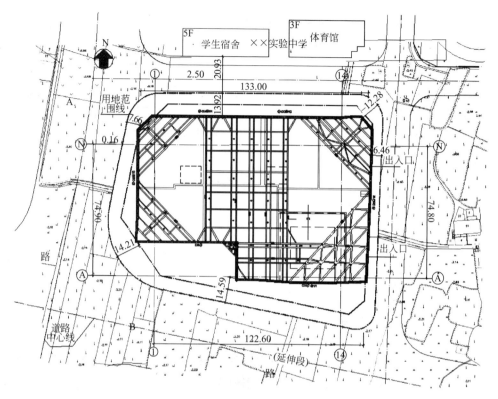

图 2.5.2-1　总平面图

地地貌属滨海淤积平原。根据钻探揭露资料分析，按地基土时代成因、物理力学性质特征差异，场地内的地基土分为 10 个工程地质层组。即 Z 层杂填土，层厚 0.30～0.70m；1 层黏土，可塑～软塑状态为主，层厚 0.30～0.70m。2a′层淤泥质黏土，流塑状态，层厚 0.90～1.70m；2a 层淤泥质黏土，流塑状态，层厚 1.00～2.40m；2b 层淤泥质黏土～淤泥，流塑状态，层厚 4.60～7.40m；3 层黏质粉土，稍密，厚层状，层厚 2.10～4.90m；4 层淤泥质黏土，流塑状态，全场大部分布，层厚 0.60～8.30m；5 层粉质黏土，硬可塑状态为主，全场分布，层厚 3.70～13.30m；6a 层黏土，软塑状态为主，层厚 1.80～6.30m；6b 层黏土，硬可塑状态，层厚 1.50～3.10m；6b′层黏土，稍密～中密状态，层厚 1.00～3.20m；6c 层粉质黏土，可塑状态为主，层厚 1.40～8.40m；7a 层粉砂，中密～密实状态，层厚 1.70～10.00m；以下为 7a′层含黏性土砾砂、7b 层黏土、8a′层粉质黏土、8a 层粉砂～细砂、8b′层粉质黏土、8b 层砾砂、8c 层细砂、9a 层粉质黏土及 9b 层粉砂。基坑开挖面位于 2b 层淤泥质黏土中。各土层物理力学指标详见表 2.5.2。

场地浅部属孔隙性潜水，含水层组由浅部海积淤泥质黏土、黏性土组成，含水性差，渗透性弱。潜水水位主要受季节和气候影响，年变化幅度在 1m 以上。由于勘探时间长，不同勘探时间测得的场区地下水位埋深为 0.50～1.30m，根据水文监测资料，场地 50 年一遇的最高洪水位为 7.96m（黄海高程）根据水质分析资料，地下水对混凝土和混凝土中钢筋无腐蚀性，对钢结构有弱侵蚀性。

各土层物理力学指标 表 2.5.2

土类	层号	含水量（%）	重度（kN/m³）	天然孔隙比	黏聚力（kN/m²）	内摩擦角（°）	压缩模量（MPa）	渗透系数（cm/s）	
								水平	垂直
杂填土层	Z	—	(18.5)	—	(5)	(10)	—	—	—
黏土层	1	39.8	18.1	1.101	(15)	(10)	3.26	7.60×10^{-8}	1.90×10^{-7}
淤泥质黏土	2A′	49.9	17.7	1.392	(8)	(6)	2.29	5.60×10^{-6}	7.00×10^{-6}
淤泥质黏土	2A	41.6	17.0	1.154	(11)	(8)	2.82	2.20×10^{-7}	3.20×10^{-7}
淤泥质黏土	2B	54	16.8	1.493	(8.5)	(6)	1.91	4.20×10^{-7}	5.70×10^{-7}
黏质粉土	3	28.4	18.9	0.791	(12)	(20)	6.40	1.40×10^{-3}	2.00×10^{-3}
淤泥质黏土	4	45.9	17.4	1.277	(14)	(8)	2.43	5.10×10^{-8}	2.20×10^{-7}
粉质黏土	5	29.5	19.2	0.823	28.0	19.1	7.22	4.00×10^{-7}	6.00×10^{-7}
黏土	6a	39.3	17.9	1.095	23.0	15.2	5.70	—	—

注：括号内数值为经验值。

3. 周围环境条件分析

工程北面与××实验中学相邻。该侧围护结构内边线距离××实验中学的学生宿舍和体育馆约 34m。西侧为 A 路，该路的人行道边线即为用地红线，该侧结构内边线距离用地红线最近处约 7.6m；南侧为 B 路延伸段，东面为村用水泥路。围护结构内边线距离用地红线的距离，除西侧局部和东侧分别为 7.7、6.5m 外，其余侧距离均约 14m。

工程周边环境，北侧虽有宿舍等多层建筑，但距离在 30m 以上；其余三侧均为道路，但道路边线距离基坑边有一定距离，且现均为空地，因此，基坑的周边环境相对较好，围护设计应重点考虑基坑开挖时支护体系的整体稳定和平衡，控制围护体的变位。

4. 基坑工程特点

综合分析基坑形状、面积、开挖深度、地质条件及周围环境，基坑工程特点如下：

（1）基坑影响深度范围内的地基土主要为填土、粉质黏土、淤泥质粉质黏土等，淤泥质粉质黏土强度低，压缩性高，在本工程场地的累积厚度超过 15m，围护设计应对基坑的防渗截水、浅层障碍物及不良地质等对围护体施工有影响的因素予以充分考虑。

（2）工程开挖深度分别为 8.150～8.550m，局部深坑开挖深度达到 10.850m，基坑开挖面刚好处于淤泥质粉质黏土层中，因此，围护设计应对支护体系的整体平衡、基坑开挖对周边环境的影响予以充分考虑。

（3）基坑东西两侧有道路，距离围护结构相对较近，设计应合理控制围护体的变形，确保基坑邻近设施的安全和正常使用。

（4）工程基底下约 3m 左右有一层性质相对较好的黏质粉土，对控制围护体的变形有利，设计可适当考虑这一层土对围护体变形控制的有利影响。

5. 围护方案比较与确定

（1）围护方案比较

土钉墙支护投资比较省，工期比较短，施工较为方便，但对于深基坑采取土钉墙支护较难控制基坑变形，难以保证基坑施工期间的安全。

带撑桩墙式支护结构在实际工程中应用广泛，施工质量较易保证，是较传统的围护结构形式。采用钻孔灌注桩作为挡土结构，在成桩时不存在挤土问题，材料运输及排污也比较方便。

SMW工法水泥搅拌桩内插H型钢结合钢管支撑围护体系，因SMW工法水泥搅拌桩连续施工，套打的水泥搅拌桩可兼作截水帷幕，无需另外设置截水帷幕，节省工程造价。同时，H型钢在地下室工程施工结束后可拔出再利用，钢管支撑安装拆卸方便，施工快，拆卸后可循环使用，材料损耗小，既节约造价、缩短工期，又环保节能，符合可持续发展的要求。

（2）围护方案确定

在"安全可靠、技术先进、经济合理、方便施工"的原则下，确定采用方案如下：

1）采用SMW工法 $\phi 850$ 水泥土搅拌桩内插H型钢作为围护桩；

2）基坑东南角局部采用两道钢筋混凝土支撑，其余部位采用二道钢管支撑；

3）坑内深浅坑交界处采用水泥土搅拌桩重力式挡墙的围护形式。

围护方案的特点主要如下：

1）采用SMW工法水泥土搅拌桩加两道支撑的围护形式，集围护桩和截水挡土帷幕于一身，可最大程度利用场地空间；支撑施工和拆除的工期短，H型钢以及钢支撑可回收利用，节省造价，缩短工期。

2）采用SMW工法水泥土搅拌桩加两道钢管支撑的围护形式，可通过对钢管支撑施加预应力有效控制围护桩的侧向变形。

3）针对本工程特殊的平面布置，对全钢支撑和部分采用钢支撑方案进行了对比分析，如图2.5.2-2所示。最终确定在基坑的东南角采用了钢筋混凝土支撑，钢管支撑和钢筋混凝土支撑连接，确保了支撑系统的可靠性。

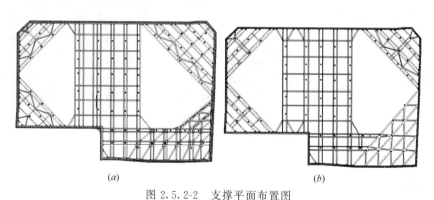

(a)   *(b)*

图 2.5.2-2 支撑平面布置图

（*a*）全钢支撑；（*b*）钢支撑和混凝土支撑结合

围护方案典型剖面如图2.5.2-3所示。

6. 监测和施工

为检验和考察SMW工法围护墙在宁波当地的适用性以及钢管支撑在施工中的应力状态，确保施工的安全和开挖的顺利进行，在整个施工过程中应进行全过程监测，实行动态管理和信息化施工。工程对以下内容进行监测：

1）周围环境监测：周围建筑物、道路的路面沉降、裂缝的产生与发展，地下管线设

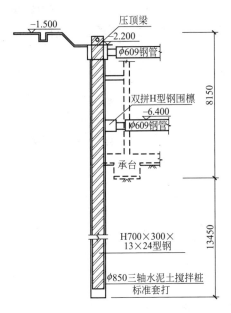

图 2.5.2-3　典型剖面图

施的沉降等。

2）围护体沿深度的侧向位移监测，特别是坑底以下的位移大小和随时间的变化情况。基坑围护体最大侧向位移：5.0cm；连续3天水平位移增加值每天超过3mm。

3）压顶梁及墙后土体的沉降观测。

4）基坑内外的地下水位观测，地下水位变化+0.50m/d。

5）坑内水平支撑的轴向力随土方开挖的变化情况。支撑轴力的控制值：第一道支撑，钢管3500kN，钢筋混凝土7000kN；第二道支撑，钢管4000kN，钢筋混凝土8000kN。

6）竖向立柱的垂直位移和侧移，竖向立柱的垂直位移控制值为5mm，侧移控制值为5mm。

工程于2008年初进行围护桩施工，同年6月进行压顶梁施工和钢管支撑安装，现场施工照片如图2.5.2-4所示。由于工程桩采用预应力管桩，第一道支撑以下土方开挖时，由于预应力管桩施工后的土体应力释放，个别测斜点位移值达到5cm。

图 2.5.2-4　基坑现场施工

第二道支撑施工完成后，土体水平位移值未有明显增大，测斜点位移值在设计要求的控制值范围内。

2.5.3 杭政储出××号地块商业金融业用房兼停车场项目（TRD工法结合钢筋混凝土-型钢组合支撑）

1. 工程概况

设3层地下室，无上部结构，采用钻孔灌注桩基础。基坑开挖深度约13.7m；平面形状不规则，呈"凹"字形，右翼较长，最大单边长度约202m，周长约817m，平面面积约16614m²。周边环境如图2.5.3-1所示。

场地南侧道路底埋有多条重要市政管线，该侧地下室外墙与用地红线的距离为9.9~

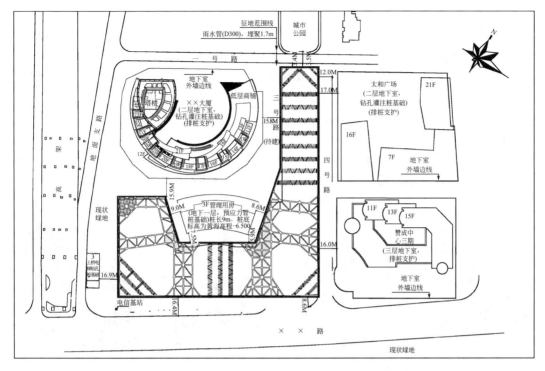

图 2.5.3-1 杭政储出××号地块商业金融业用房兼停车场项目周边环境图

13.8m，道路南侧即为钱塘江大堤和钱塘江。场地西侧为复兴大桥底部空间。其余范围均有已建设地下室的桩基础建筑，拟建地下室外墙与已有建筑的距离约9～18m。

2. 水文地质条件

地基土主要为渗透性较好的粉砂土。地表有1.40～4.00m厚的杂填土，主要由碎石、碎砖、瓦砾、混凝土块等建筑垃圾和粉土、黏性土组成。粉砂土，湿，中密，成分主要是石英和云母，渗透系数为$3.2 \times 10^{-4} \sim 5.5 \times 10^{-4}$ cm/s，局部夹粒径10～50mm的砾石。粉砂土底下为全风化凝灰岩，软～可塑状态，高韧性，干强度中等。场地浅部地下水属孔隙潜水，主要赋存于粉砂土层中，大气降水和旁侧河道入渗是其主要补给途径，勘察期间测得地下水位埋深1.9～2.8m。

3. 基坑支护方案

经多方案分析比较，采用850mm厚TRD水泥土地下连续墙内插H700×300×13×24型钢兼作截水帷幕和挡土结构，型钢间距为600mm，连续墙底部进入强风化凝灰岩层1000mm以上，将坑内外的潜水和承压水水力联系切断，降低了坑内降水的难度。支撑体系为三道水平内支撑；第二道支撑全部为预应力型钢组合支撑，基于地下室楼板面高于第三道支撑，用于控制拆撑阶段支护型钢的弯矩；第一道和第三道支撑为钢-混凝土混合支撑，在受力比较集中、基坑平面形状复杂的部位，如基坑的阳角，采用了钢筋混凝土支撑，其余范围采用预应力型钢组合支撑。型钢组合支撑的截面高度为350mm，型钢兼作型钢支撑的立柱和立柱桩。坑外设置控制性降水井，要求最高水位不超过6m。

4. 施工

2015年5月进行渠式切割水泥土连续墙施工，在之江路附近碰到大量地下障碍物，深度在 10～20m 左右，主要为原古钱塘江堤坝。经多方案分析比较，最终确定采用三步施工法结合旋挖钻机处理的综合技术，即正常施工遇到障碍物而无法进尺时，首先在障碍物顶面以上的土层进行第一步切割施工，然后旋挖钻机跟进，根据障碍物状况，采取挖除或破坏古堤坝原状结构的措施，创造渠式切割的施工条件，然后第二步回行切割，再进行第三步切割成墙施工。图为渠式切割机与旋挖钻机同时作业的现场照片，采取上述措施后，在克服了因障碍物而施工困难的前提下，确保了墙体质量，提高了施工功效。2015 年 9 月底，支撑体系已大部完成施工，西南角和东北角已开挖到底，开挖过程没有发现任何渗漏现象，墙面质量符合设计要求，图 2.5.3-2 为基坑开挖到底部的现场照片，施工全过程进行了坑周土体深层位移监测工作，最大值控制在 3.0cm 之内。

图 2.5.3-2　施工清障及开挖至坑底的现场照片

2.5.4　上塘单元××地块小学工程（4 号楼）（SMW 工法结合预应力装配式拱形钢支撑）

1. 工程概况

该项目规划总用地 25736m²，地上建筑面积 25975m²，地下建筑面积 3512m²，工程桩均采用钻孔灌注桩。其中仅有 4 号楼设 1 层地下室。4 号楼位于地块中间位置，为一 4 层框架结构建筑物。项目总平面如图 2.5.4-1 所示。

本工程基底设计标高计算至底板垫层底，基坑实际开挖深度为 6.10m。

2. 周边环境条件

基坑北侧为已建一号支路及××农转居公寓（已建），地下室距北侧用地红线 38.9～69.8m。

基坑南侧为本项目待建建筑物，也采用钻孔灌注桩基础，基坑边距南侧红线最近约 7m，距该待建建筑物约 9m，距红线外高压线塔约 16m。南侧红线外还有××河，距基坑约 28m。

基坑西侧为本项目待建的 2 号、3 号楼，距本基坑很近，最近距离不到 2m。基坑距西侧红线超过 40m。

基坑东侧为在建二号支路，基坑边距红线最近约 23m，工地大门也设在该侧。

根据现行浙江省标准《建筑基坑工程技术标准》DB33/T1008—2000 的有关规定和周围环境的特点，本工程的基坑工程安全等级为二级，对应于基坑工程安全等级的重要性系数为 1.0。

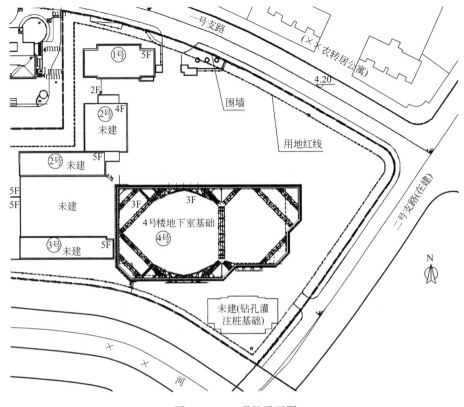

图 2.5.4-1　项目平面图

3. 水文地质条件

（1）土质条件

根据岩土工程勘察报告，本工程开挖范围及围护桩所及范围内地层分布为：

第 1 层：杂填土。

杂色，湿，松散状态，砖瓦及碎砾石含量为 25%～30%，以黏性土充填。层厚 1.30～3.70m。全场分布。

第 2 层：粉质黏土。

灰黄色，可塑，无摇震反应，切面光滑，干强度中等，韧性中等。含云母，氧化铁锈斑。层厚 0.40～4.60m。全场分布。

第 3 层：淤泥质黏土。

灰色，流塑，含少量云母，有机质，腐殖质。无摇震反应，切面较光滑，干强度中等，韧性中等，灵敏度高。层厚 8.00～11.00m。全场分布。

第 4 层：粉质黏土。

褐黄色，软可塑～可塑，含云母、氧化铁锈斑，夹粉土薄层，局部夹砂，稍有摇震反应，切面稍光滑，干强度中等，韧性中等。

第 5 层：淤泥质黏土。

灰色，流塑状态，含少量云母，有机质，腐殖质。无摇震反应，切面较光滑，干强度中等，韧性中等，灵敏度高。层厚 0.90～8.00m。

第6层：黏土。

灰绿色，可塑～硬可塑，含铁锰质。无摇震反应，切面有光泽，干强度高，韧性中～高，局部呈粉质黏土状。层厚1.50～7.20m。全场分布。

根据基坑的实际开挖深度，基坑开挖面基本位于3层淤泥质黏土层，开挖面以下13m左右为4层粉质黏土层。

（2）水文条件

场地浅层地下水属孔隙性潜水，主要赋存于表层第1层杂填土中。勘察期间实测得场地静止地下水位埋深为0.20～1.60m，相当于1985国家高程2.98～4.39m。上部潜水主要受大气降水和地下同层侧向径流补给，以竖向蒸发和侧向径流排泄为主要排泄方式。根据区域水文地质资料，潜水自然水位年变化幅为1.0～2.0m。

4. 基坑工程特点

（1）基坑开挖范围及基坑影响范围内以第3层淤泥质土层为主，该层土土性较差，对基坑位移及稳定性均有较大影响；

（2）基坑周边场地较为开阔，但是基坑西侧待建建筑物距基坑很近，场地受到很大限制；基坑南侧还有另一待建建筑物距基坑也较近。本工程建筑物均采用钻孔灌注桩基础，并同时建造；

（3）基坑东南角为工地大门，土方出土口布置也要尽量靠近该侧，避免土方车辆沿基坑边行驶，对基坑安全产生不利影响。

5. 主要设计措施

采用SMW工法桩结合一道H型钢组合式水平支撑的围护方案，如图2.5.4-2所示。经过计算分析后，SMW工法桩由ϕ650连续套打三轴水泥土搅拌桩内插H500×300×11×18型钢，H型钢插一跳一。围护桩桩顶放坡900mm。

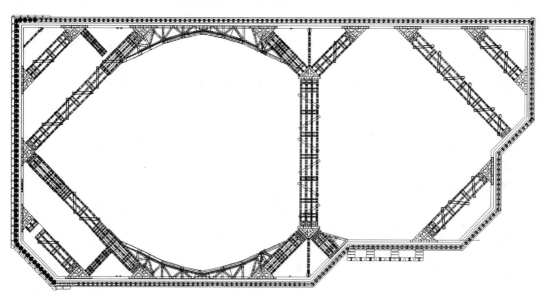

图2.5.4-2 型钢预应力组合支撑平面图

西侧紧邻待建的2号、3号楼，如果采用SMW工法桩，型钢拔出困难，因此在该侧

采用一排 $\phi700$ 钻孔灌注桩作为围护桩,另打一排连续搭接的三轴水泥土搅拌桩作为截水帷幕。

由于基坑面积较小,全部布满支撑对挖土施工影响较大,因此,在基坑西侧区域布置了 18m 跨度的预应力组合型钢反拱支撑。反拱以两侧的角撑及对撑的八字撑为支座,施加预应力后可有效减少围护变形。反拱净跨 18m,在基坑内留出了较大的挖土空间。

为尽可能控制基坑位移,在对位移要求较高或是围护桩较为薄弱的区域采取了坑内被动区水泥土搅拌桩加固措施。

根据基坑场地情况,基坑出土口设于基坑东南侧,在出土口位置采用双排桩支护进行加固处理。

6. 分析计算及主要计算结果

采用 SAP2000 结构分析软件对型钢反拱进行分析(图 2.5.4-3):

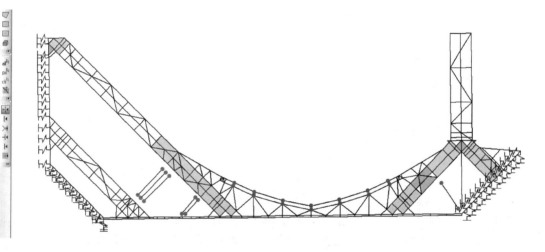

图 2.5.4-3 反拱计算模型

在土压力和预应力同时作用下(1.0 土压力+1.0 预压力),结构的变形图如图 2.5.4-4 所示,其中最大的竖向位移为 52.6mm,跨中位移为 39.9mm。

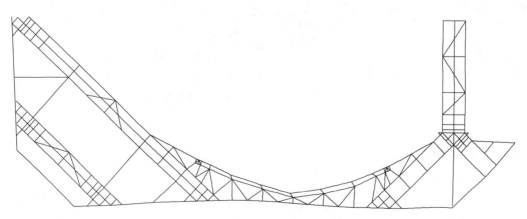

图 2.5.4-4 结构变形图

荷载作用下，主要构件的轴力图如图 2.5.4-5、图 2.5.4-6 所示，其中最大的轴力值为 $-4167.3kN$。

图 2.5.4-5　主要构件轴力图

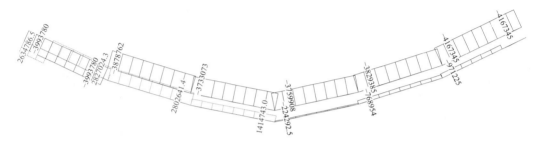

图 2.5.4-6　主要构件轴力值

7. 施工及监测

该项目自 2014 年初开始桩基施工，采用 SMW 工法及钢结构拱形钢支撑提高了施工工效，节约了施工工期，整个项目的监测值均在设计控制值范围，没有出现任何险情。

图 2.5.4-7　基坑开挖结束后的现场照片

2.5.5　余政储出××号地块

1. 工程概况

余政储出××号地块项目建筑 2 幢 22 层高层办公楼、3～5 层大型商业楼、单层公交场站用房及地下车库等建筑。设 3 层大地下室，总建筑面积约为 $160571m^2$。工程桩均采用钻孔灌注桩。项目平面如图 2.5.5-1 所示。

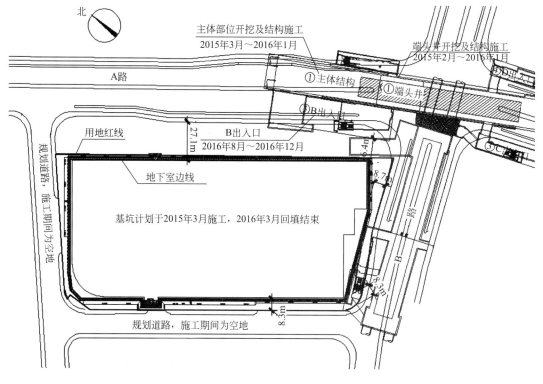

图 2.5.5-1 项目平面图

基坑开挖深度为 15.75m，周长约 630m，坑内局部电梯井高差暂取为 3.0m。

2. 周边环境条件

（1）基坑东侧：基坑边距红线 2～3m。与 A 路有 27m 的绿化退让带，道路边埋有电力、污水、弱电等管线，均距基坑 30m 以上；距 2 号线地铁车站结构最近约为 39m，距车站出入口约 16m，距地铁盾构超过 50m。根据地铁 2 号线施工计划，地铁于 2015 年 2月进行主体工程的施工。地铁车站埋深约为 20m，采用 1000 厚地下连续墙结合多道水平内支撑支护。

（2）基坑南侧：基坑边距红线最近约 8m。距 B 路边线在 16m 左右（距规划地铁 5 号线车站约 19m 左右），道路边埋有电力、弱电等管线，距基坑边 20m 左右。

（3）基坑西侧：为规划道路，现为空地；基坑边距红线约 8m，距西南侧加油站 40m左右。

（4）基坑北侧：为规划道路，现为空地。基坑边距红线 4～10m。

综合本基坑开挖深度、地质条件、水文条件以及基坑周边环境，根据《建筑基坑工程技术规程》DB33/T1096-2014（浙江省标准），本基坑工程属一级基坑工程，相应基坑工程安全等级的重要性系数 1.1。

3. 水文地质条件

（1）土质条件

根据岩土工程勘察报告，本工程开挖范围及围护桩所及范围内地层分布为：

①0层：杂填土，厚度1.80～6.60m，平均厚度4.24m。

①1层：粉质黏土。软可塑，厚度0.60～3.00m，平均厚度1.4m。

②层：淤泥质黏土。流塑，厚度0.60～2.50m，平均厚度1.48m。

④1a层：黏土硬可塑，厚度1.20～5.20m，平均厚度3.56m。

④1b层：粉质黏土夹黏质粉土。软可塑/稍密，夹不均匀粉土薄层，局部粉土含量较高，厚度3.30～8.20m，平均厚度5.70m。

④2层：黏土。软塑，厚度3.90～10.50m，平均厚度6.80m。

⑤1层：黏土。硬塑，厚度3.50～11.00m，平均厚度7.49m。

⑤2-1层：粉质黏土。硬可塑，厚度1.00～8.50m，平均厚度5.03m。

根据本基坑开挖深度，基底主要位于④2层黏土，该层为软塑，高压缩性，工程力学性质一般。其上的④1层以及其下的⑤1层均为中压缩性黏土，工程力学性质较好。

（2）水文条件

1）潜水：主要赋存于场地表部人工填土及其下伏的粉性土及黏性土层中，勘察期间实测地下潜水水位埋深一般为0.7～2.8m。平均水位埋深约1.64m，平均标高约3.88m，根据区域水文地质资料，潜水位年变幅为1.0～2.0m左右。

2）承压水：勘探深度范围内的承压水主要分布与⑤2-2粉砂层及场地中下部的⑦2-1层含砾粉细砂及⑦2-2层圆砾中。

其中⑤2-2层粉砂层在本场地内呈透镜体状分布，厚度较薄，勘探期间实测承压水头埋深为4.82～6.89m（相当于绝对标高−0.22～−0.34m）；赋存于⑦2-1层含砾粉细砂及⑦2-2层圆砾中的承压水，单井开采量1000～3000m³/d，水位标高0.5～−4.5m，随季节变化，动水位埋深通常为0.8～10.6m，是市区地下水主要开采层之一。勘探期间，实测该承压水头埋深5.47～5.65m（相当于绝对标高−0.41～−0.80m），年变幅为0.5～1.0m左右。

4. 基坑工程特点

（1）开挖范围土层主要为1层杂填土，2层淤泥质黏土，4层黏土。其中2层淤泥质黏土为流塑、高压缩性，为场地主要压缩层。但是2层土层较薄，为薄层状，平均厚度仅为1.48m。其余4层及以下5层土大部分为中压缩性黏土，工程力学性质较好，渗透性较差；

（2）基坑周边距用地红线较近，场地施工用地紧张。基坑东侧有即将建设的地铁2号线车站，距基坑最近约39m，基坑围护应增大该范围支护刚度，控制好该范围的变形，并与地铁车站基坑建设相互协调，避免相互影响；

（3）基坑开挖深度较深，平面尺寸也较大，相应基坑开挖影响范围较大，空间效应较小；

（4）建设方对工期有较高要求。

5. 主要设计措施

大部分范围采用ϕ1000mm灌注桩＋2道装配式预应力鱼腹梁（IPS）钢支撑＋六轴搅拌桩截水帷幕（图2.5.5-2），东侧古墩路邻近地铁车站范围采用ϕ1200mm灌注桩＋2道IPS钢支撑（双层）＋六轴搅拌桩截水帷幕（图2.5.5-3）。基坑开挖现场如图2.5.5-4所示。

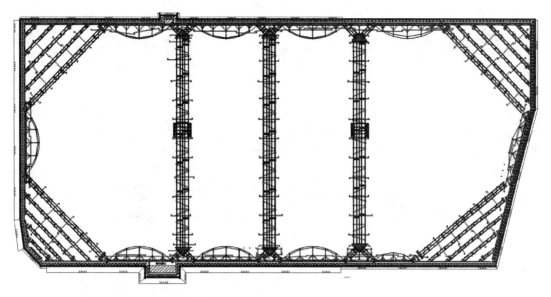

图 2.5.5-2 支撑平面布置图

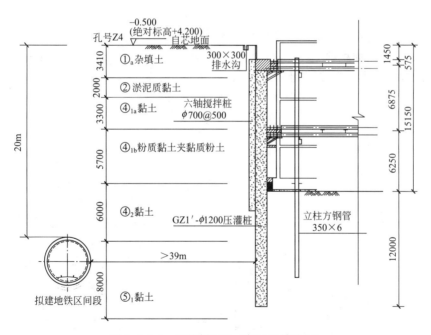

图 2.5.5-3 围护剖面图（邻近地铁范围）

6. 施工及监测

该项目自 2015 年初开始进行桩基施工，至 2015 年 9 月，已完成北半侧基础施工，实现了在地铁施工之前完成基础的目标，基坑最大深层土体侧向位移约 45mm，位于出土口及施工道路附近，受施工重车影响较多，整个施工过程没有出现险情，鱼腹梁支撑在软土地基大型基坑施工中得到成功应用。

图 2.5.5-4　基坑开挖过程的现场照片

2.5.6　昆明××中心一期商品房项目（SMW 工法结合型钢组合支撑）

1. 工程概况

该项目建筑退让线范围内共规划 4 栋建筑物，设 2 层整体地下室，基坑开挖深度约 9.6～10.8m。基坑平面形似直角梯形，东南边为高，约 260m，东北边为底边，约 85m，周长约 643m，平面面积约 16680m²。场地东南侧和东北侧为居民小区，沿基坑边有一层砖混框架结构的车库。车库采用 12～15m 长 ϕ300mm 素混凝土桩基础，与地下室外墙的距离为 4～6m。小区建筑为 12 层混凝土框架结构，桩基础，距离坑边约 20m。场地其余两侧为拆迁后的空地。周边环境如图 2.5.6-1 所示。

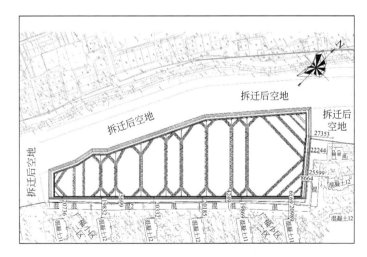

图 2.5.6-1　周边环境图

2. 水文地质条件

场地表层为可塑状态的粉质黏土和软塑状态的黏土，6m 以下依次分布 3-1 层泥炭质土、3-2 层粉土、3-2-1 层黏土和 3-2 层粉土等。3-1 层泥炭质土：饱水，软塑状态，部分区域间夹薄层粉土，含大量腐殖物，偶见少量炭屑，无摇震反应，干强度及韧性中等，层厚为 1.1～6.3m，层顶埋深 5.3～9.4m，整个场地均有分布，固结快剪指标为 $c=19.0kPa$，$\varphi=5.6°$。3-2 层粉土：湿，中密，局部呈密实状，间夹薄层粉砂、细砂，干强度及韧性低，层厚为 0.5～9.7m，层顶埋深 7.8～11.2m，固结快剪指标为 $c=28.8kPa$，$\varphi=13.5°$。3-2-1 层黏土：湿，可塑状态，局部呈硬塑状，层厚为 0.4～8.2m，层顶埋深 8.5～18.2m，呈透镜体状分布于 3-2 层粉土中，

图 2.5.6-2 现场照片

固结快剪指标为 $c=32.5kPa$，$\varphi=7.1°$。场地地下水埋深 1.4～1.8m，具有统一的地下水面线。

3. 基坑支护方案

支护结构为 SMW 工法桩结合一道预应力型钢组合支撑。SMW 工法桩是在 $\phi850$ 三轴水泥土搅拌桩内插入 H700×300×13×24 型钢，邻近车库范围型钢插二跳一，其余范围插一跳一。支撑设置在地坪以下 3000mm，由截面为 H350×350 型钢组合而成。型钢兼作支撑立柱和立柱桩。

4. 施工及监测

2013 年 11 月开始挖土，2014 年 7 月土方基本开挖完成，施工现场如图 2.5.6-2 所示。坑周土体深层位移最大值约 4.0cm，基坑施工对坑周车库的影响较小。

2.5.7 ××公寓改扩建单位集资合作建房项目（SMW 工法结合型钢组合支撑）

1. 工程概况

该项目地下室外墙与各侧用地红线的距离很近。基坑平面近似为长方形，长边约 103m，短边约 41m，周长约 286m，平面面积约 4215m²。周边环境如图 2.5.7-1 所示。设一层地下室，工程桩为钻孔灌注桩，基坑开挖深度为 5.35～8.65m。

2. 水文地质条件

地表以下土层依次为：1 层素填土，结构松散，以黏性土为主，层厚 2.2～3.5m；2-1 层淤泥质粉质黏土，流塑，高压缩性，层厚 10.2～12.0m，为新近沉积土，是开挖范围内主要影响土层，固结快剪指标为 $c=10.6kPa$，$\varphi=9.9°$；2-2 层粉质黏土～淤泥质粉质黏土，软塑～流塑，层厚 17.3～18.8m，为新近沉积土，固结快剪指标为 $c=12.0kPa$，$\varphi=11.8°$。场地地下水类型主要为潜水，水位在自然地面下 0.6～1.30m。

3. 基坑支护方案

支护结构为 SMW 工法桩结合一道预应力型钢组合支撑。SMW 工法桩是在 $\phi850$ 三轴水泥土搅拌桩内插入 H700×300×13×24 型钢，型钢排布形式根据开挖深度不同，主要为密插。支撑杆件为 H350×350 型钢。立柱为型钢插入钻孔灌注桩。

4. 施工及监测

2014 年 11 月开始土方开挖，从南至北进行退挖；2015 年 9 月支撑基本全部拆除。根据监测结果，坑周土体深层位移最大值约 3.0cm，周边道路和管线最大沉降量小于 10mm。施工现场如图 2.5.7-2 所示。

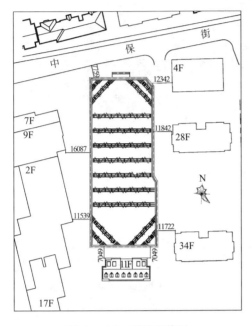

图 2.5.7-1　周边环境图

图 2.5.7-2　××公寓施工现场照片

2.5.8　上海市嘉定区南翔镇××地块商办项目

1. 工程概况

位于上海市嘉定区南翔镇，南侧为规划道路，东侧为桩基础高层建筑，北侧为横沥河，西侧为已建道路。除东侧局部邻近浅基础配电房外，周边环境相对较好。地基土主要由饱和黏性土和砂性土组成，呈水平层理分布，对基坑支护影响较大的为 4 层淤泥质黏土和 $4_夹$ 层粉砂。4 层淤泥质黏土：上层顶埋深 3.40m 左右，层厚约 2.40m，下层顶埋深 7.50m 左右，层厚约 5.50m，含水量约 51%，土性软弱，固结快剪指标为 $c = 13.0kPa$，$\varphi = 12.5°$，是影响基坑开挖面和坑底稳定性的不利土层。$4_夹$ 层粉砂：层顶埋深约 5.80m，渗透性较强，在动水压力条件下易产生流砂、管涌等不良现象，坑底地基土主要为该层土。场地浅部地下水以潜水为主，地下水埋深约 0.8～1.60m。

2. 水文地质条件

基坑平面面积较大，近似为长方形，长边约 191m，短边约 137m，周长约 629m，平面面积约 23887m²（图 2.5.8）。设一层地下室，工程桩为预应力方桩，基坑大部开挖深度为 6.95m，局部为 7.5m。

3. 基坑支护结构

支护结构为 SMW 工法桩结合一道水平内支撑，钢筋混凝土对撑结合预应力型钢组合角撑。SMW 工法桩是在 $\phi850$ 三轴水泥土搅拌桩内插入 H700×300×13×24 型钢，主要

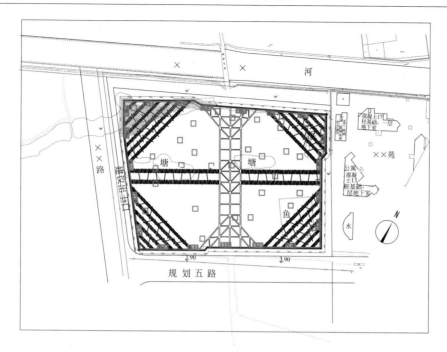

图 2.5.8 南翔镇××地块支护设计总平图

为插一跳一。支撑由 H350×350 型钢组合而成,采用型钢立柱和预制方桩立柱桩。长边中部和淤填土范围进行坑内水泥土搅拌桩加固。

4. 基坑施工与监测

2015 年 9 月开始土方开挖。已开挖到底范围坑周土体深层位移最大值约 4.0cm。

2.5.9 南昌××国际广场项目

1. 工程概况

该项目为大型购物中心,地上 4 层,设 3 层(局部两层)地下室,采用机械钻孔桩基础。基坑开挖深度为 15.1m(局部 11.5m),平面接近长方形,长边约 224m,短边约 81m,周长约 600m,平面面积约 20000m² (图 2.5.9)。

场地西侧和南侧为住宅楼(27~33 层,一层地下室,采用钻孔桩基础),本项目地下室外墙与住宅楼的距离在 12~20m。场地北侧和东侧为城市道路,地下室外墙往东 30m 外为地铁 2 号线盾构隧道。地下室于东北角与地铁出入口连接。

2. 水文地质条件

地表以下 11m 为素填土和粉质黏土,其下依次为中砂、粗砂、砾砂、强风化砂砾岩、中风化砂砾岩等。粉质黏土层为灰黄或灰褐色,软~可塑,韧性和干强度中等,摇震反应无,全场均有分布。砂层饱和,稍密~中密,成分以石英和云母为主,渗透系数为 0.05~0.12cm/s。砂砾岩为紫红色,粗粒结构,厚层状构造,泥质胶结,矿物成分主要有石英、长石、岩屑等,属软质岩,岩石泡水易软化,失水易干裂。对工程影响较大的地下水为赋存于砂土中的孔隙性潜水,勘探期间测得稳定地下水位埋深 10.0~13.8m,地下水与赣江水力联系密切,汛期接受赣江补给且具有一定的微承压性质。

3. 基坑支护方案

支护结构为内插型钢的 TRD 水泥土地下连续墙结合两道水平内支撑。水泥土地下连续墙厚度为 850mm，要求进入中风化砂砾岩的长度大于 50mm。插入连续墙的 H700×300×13×24 型钢的长度为 20m。基坑长边三分点位置设置钢筋混凝土支撑，其余范围为预应力型钢组合支撑，第一道型钢支撑的截面高度为 350mm，第二道型钢支撑的截面高度为 1050mm。坑外设置降水井控制水位，要求最高水位不超过 8m。

4. 基坑施工与监测

2015 年 9 月中旬，完成第一道支撑的安装，进行两道支撑之间土方的开挖，各项监测指标正常。

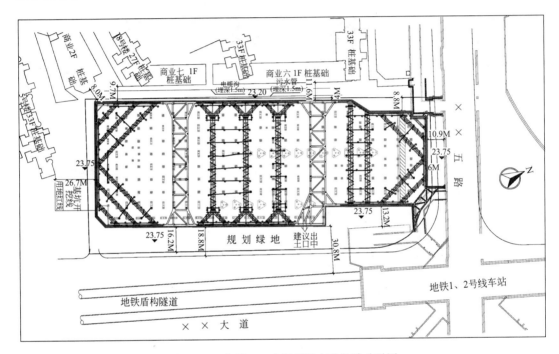

图 2.5.9　华茂××广场项目支护设计总平图

2.5.10　××路××桥地下停车库（TRD 工法结合钢筋混凝土-型钢混合支撑）

1. 工程概况

该项目工程底板面标高－32.05m，开挖深度 34.3m。基坑平面为 22.75m×10.4m 矩形。

2. 工程地质

地质分布比较均匀，自上而下的土层分别为 1-1 杂填土，厚度 4m；2 粉质黏土，厚度 4.3m；3-1 淤泥质粉质黏土，厚度 7.6m；3-2 淤泥质粉质黏土，厚度 10.1m；4-1 粉质黏土，厚度 10.3m；4-2 粉质黏土，厚度 1.3m；5-2 圆砾，厚度 2.0m；6-1 全风化泥质粉砂岩，厚度 2.2m；6-2 强风化泥质粉砂岩，厚度 1.2m；6-3 中风化泥质粉砂岩。地下水位在地面一下 1.2～2.0m，5-2 圆砾层具有承压水，水头高度至地面下 9m 左右，随季节变化，变化幅度约 1～2m。

3. 基坑支护方案

经多方案分析比较，确定采用 $\phi1200@1600$ 灌注桩结合八道水平内支撑，第一道和第五道为钢筋混凝土支撑，其余六道为型钢组合支撑，第6～8道钢支撑采用双层钢支撑。围护桩长45m，且进入中风化泥质粉砂岩2m以上。开挖过程中根据实际情况将第七道支撑也调整为钢筋混凝土支撑；截水帷幕采用渠式切割水泥土连续墙（TRD），沿基坑周边封闭。TRD厚850mm，且进入第6-1层全风化泥质粉砂岩不少于1m。坑内设置2口承压水减压井。基坑支护方案如图2.5.10-1～图2.5.10-4所示。

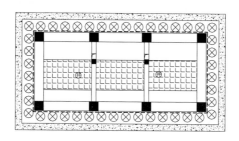

图2.5.10-1 支护平面图

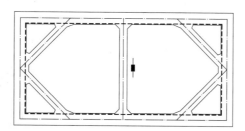

图2.5.10-2 混凝土支撑平面

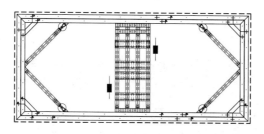

图2.5.10-3 型钢组合支撑平面

4. 施工与监测

该项目2014年进行围护墙施工，至2014年年底完成基础底板施工，整个施工过程对支撑轴力及深层土体侧向位移进行了监测（图2.5.10-5）。基坑实际最大变形约60mm，超过设计控制值50mm，主要由于钢筋混凝土与钢支撑混合支撑实际受力不均衡，混凝土支撑轴力偏大而钢支撑轴力偏小，且由于地下空间狭小，混凝土支撑形成的时间较长。图2.5.10-6为基坑施工过程的现场照片。

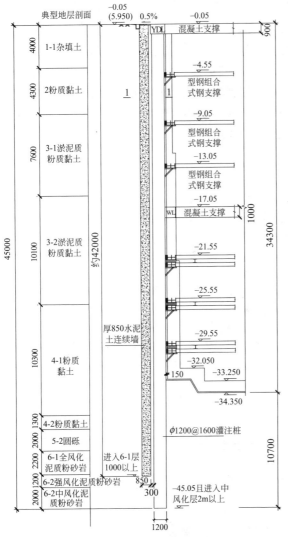

图 2.5.10-4 剖面详图

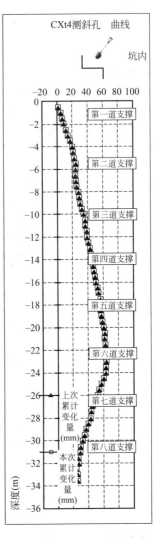

图 2.5.10-5 深层位移曲线

图 2.5.10-6 基坑施工过程的现场照片

3 与主体结构相结合的支护技术

3.1 概 述

随着我国地下空间的深入开发利用，基坑工程日益呈现出"平面尺寸大、开挖深度深、周边环境条件复杂"的特点。针对具有此类特点的基坑，采用常规的支护形式，往往存在如下一些问题：

（1）围护墙刚度要求高，需要较大的场地；

（2）为保证足够的支撑刚度，支撑系统规模庞大，平面布置复杂，竖向道数多；

（3）地下室结构施工完成后，支撑系统需要拆除，拆除工作量大，工期长；而围护墙往往成为难以清除的地下障碍物。

支护结构与主体结构相结合，是指基坑施工期间利用在建建筑物地下结构外墙、梁、板、柱兼作基坑支护结构构件，少设或不设置临时支护结构构件。与常规基坑支护结构相比，与主体结构相结合的支护结构可缩短工期，减小基坑变形，有利于周边环境保护，还可以利用已完成的楼面作为施工场地使用。

与传统的支护技术相比，与主体结构相结合的支护技术具有下列优点：

（1）利用围护墙作为地下室外墙（图 3.1b），可最大限度的利用城市地下空间，在规划红线允许范围内尽量扩大地下室建筑面积；同时，由于围护墙具有双重功能，其设计标准及安全度高，无论对临时支护结构和地下永久结构均有利；

（2）利用地下主体结构楼层梁板作为基坑水平支撑系统（图 3.1a），刚度大，变形小，基坑施工过程的安全性高；

(a)　　　　　　　　　　　　　　(b)

图 3.1　与主体结构相结合的支护结构图示

（a）利用地下结构梁板、柱作为支撑系统；（b）利用地下连续墙作为地下结构外墙

（3）可有效控制围护结构变形，减小深基坑施工对周围环境的影响；

（4）基坑施工与主体结构施工同步进行，可根据需要合理设计，节省施工总工期；

（5）利用地下室各楼层的梁板结构作为水平支撑体系，已经形成的水平结构同时具备栈桥及施工平台功能，在场地条件紧张时，解决了施工场地问题；

（6）有利于保护环境，节约社会资源，是进行可持续发展的城市地下空间开发、建设节约型社会的有效技术手段。

但支护结构与主体相结合，施工工序繁多、系统性强、技术难度大、节点处理复杂，对设计和施工组织的要求高，且受水文地质条件影响大，呈现明显的区域性特点。设计不仅要考虑作用在围护结构上的土压力、施工过程中围护结构的内力、变形和稳定性，以及周围地层变形对邻近建筑物和地下管线的影响和保护计算等问题，还要考虑立柱桩之间、围护桩（墙）与立柱桩之间的沉降差异等特有的新问题。

3.2　地　下　连　续　墙

3.2.1　二墙合一

地下结构的外墙与支护结构的围护墙相结合，是指利用地下连续墙、排桩、型钢水泥土连续墙等围护墙作为永久地下结构的外墙或外墙的一部分，实际工程中地下连续墙同时具备两种功能的应用最多，简称"二墙合一"。

地下连续墙，是指由专门的成槽设备及泥浆护壁技术，在地层中挖出一段狭长的深槽，然后在槽中放入预先加工好的钢筋笼，浇灌混凝土，各段墙幅以特定的接头形式逐一连接起来，从而形成一道连续的地下墙壁。地下连续墙的用途很广，可用作诸如建筑物地下室、地铁、隧道、码头、护岸、防渗墙、挡土墙等。与其他形式的围护墙相比，地下连续墙具有如下几个优点：

（1）对地基的适应性强，施工质量易控制；

（2）施工过程振动小、噪声低，对周围环境影响比较小；

（3）墙体刚度大、整体性好，用于基坑围护更容易控制变形；

（4）集挡土与截水于一体，可有效地解决防渗及管涌问题；

（5）如果利用地下连续墙作为主体结构的一部分，即"二墙合一"，则可充分利用空间，节省了工程造价。

工程中地下连续墙"二墙合一"有单一墙、复合墙和叠合墙3种形式[6]：

（1）单一墙，地下连续墙全部承担施工阶段和使用阶段的作用，一般应用在地下水位低、地基土体渗透性能弱、地下室埋深浅等情况，其内侧常设置砌体衬墙，如图3.2.1-1（a）所示。

（2）复合墙，基坑土方开挖结束后，基底进行防水施工，并延伸至经平整后的地下连续墙表面，以地下连续墙作为模板，施工钢筋混凝土衬墙；地下连续墙与钢筋混凝土衬墙之间的结合面不承受剪力，使用阶段的墙体内力可按刚度比例分配，一般应用于地下室防水要求高、主体结构与围护墙受力相对比较独立的情况，如图3.2.1-1（b）所示；

（3）叠合墙，地下连续墙表面凿毛处理后，通过预埋筋与钢筋混凝土衬墙、地下结构梁板等构件相连，地下连续墙与内衬墙结合面可承受剪力，使用阶段设计的墙体厚度可取地下连续与内衬墙厚度之和，一般应用于围护墙与主体结构的整体性要求较高时，如图3.2.1-1（c）所示。

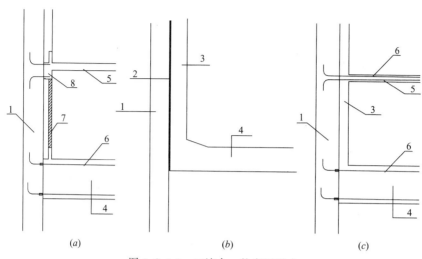

图 3.2.1-1　二墙合一的应用形式

（a）单一墙；（b）复合墙；（c）叠合墙

1—地下连续墙；2—外包防水层；3—混凝土衬墙；4—基础；5—楼层结构；

6—结构主筋；7—砌体衬墙；8—楼层结构边梁

采用"二墙合一"时，地下连续墙设计除应满足支护结构性能要求外，尚应包括永久使用阶段的下列内容：

（1）水平承载性能，并应分别进行逆作施工阶段和永久使用阶段的抗裂验算。现行国家标准《混凝土结构设计规范》GB 50010 的裂缝计算中考虑了荷载的长期作用，应用该公式计算施工阶段的墙体裂缝时，可根据基坑施工时间等因素，考虑荷载短期作用的影响。

（2）竖向承载性能。地下连续墙的竖向承载机理比较复杂，宜通过静载荷试验确定其承载能力。但实际工程中进行静载试验的难度较大，缺少地区经验时，也可根据式 3.2.1 估算：

$$R_a = \alpha q_{pa} b + 2 \sum q_{sia} l_i \qquad \text{（式 3.2.1）}$$

式中　R_a——为单位延米长度地下连续墙承载力特征值（kN/m）；

　　　α——墙端端阻力调整系数，采取墙端注浆措施时取 0.8～1.0，不采取墙端注浆措施时取 0.5～0.8，墙端端阻力高、沉渣厚时取低值，并结合地区经验综合确定；

q_{pa}、q_{sia}——为墙端端阻力、墙侧摩阻力特征值（kPa），可按泥浆护壁钻孔灌注桩的相应指标取值；

　　　b——地下连续墙厚度（m）；

　　　l_i——地下连续墙插入坑底以下深度范围内各土层的厚度（m）。

以上公式应用时需要根据地区经验进一步考虑下列因素：

1）与泥浆护壁灌注桩施工工艺相比，由于槽壁自稳性能差，需要采取更为可靠的泥浆护壁措施，墙体施工完成后，混凝土与槽壁土体之间的泥皮较厚，因此，墙侧摩阻力指标取值一般略小于钻孔灌注桩；

2）以上公式没有考虑坑底以上墙侧摩阻力的有利作用，形成一定的安全储备；

3）地下连续墙的墙底沉渣厚度与水文地质条件、成槽工艺、成槽宽度及深度、成墙时间、清渣工艺等因素有关，直接影响墙端阻力的发挥，采取墙端注浆措施，可改善墙端承载性能。

地下连续墙按承重结构设计时，尚需满足下列要求：

① 地下连续墙的沉降宜与相接主体结构的沉降协调一致，地下连续墙与主体结构的连接构造应能适应其不均匀变形；

② 宜选择压缩性较低的土层作为地下连续墙持力层，并宜采取墙底注浆的加固措施；

③ 当主体结构采用桩基础时，在满足施工要求的前提下边桩宜靠近地下连续墙布置。地下连续墙周边适当布桩具有下列功能：

a. 利于主体结构与地下连续墙的变形协调。地下连续墙周边设置工程桩后，基础刚度加大，地下连续墙的竖向荷载可通过与基础的连接节点传递至边桩基础，较好地共同作用；

b. 改善地下连续墙与基础连接节点的性能。如果不设置边桩，基坑开挖至坑底后坑底土体隆起，基础施工后土体产生再压缩，地下连续墙与基础连接节点的应力变化复杂；当不均匀变形较大时，节点易产生开裂、渗水现象。

④ 墙顶受竖向偏心荷载作用时，应按偏心受压构件计算正截面受压承载力。

（3）与主体结构的连接构造。二墙合一时，地下连续墙的墙幅接头受力及截水要求高，设计应综合考虑地下连续墙各工况的受力特点、水文地质条件、成槽工艺等因素，采取可靠的接头形式和防水措施。工程中十字钢板及 H 型钢接头应用较多，实施效果比较理想，积累的经验也比较丰富；地下连续墙受力状况复杂、性能要求高时，也有采用前后幅墙钢筋搭接的刚性接头，但这种接头的施工技术复杂，应重视刷壁质量和沉渣处理效果。地下连续墙与地下主体结构可通过由基础、边梁和壁柱组成的壁式框架相连，与基础、边梁连接可通过预埋钢筋、剪力槽等方式；结构梁主筋与地下连续墙相连时，宜通过预埋钢筋或预留钢筋接驳器等方式。

（4）地下室的使用要求。采用"二墙合一"时，地下室侧壁应采取可靠的防水措施：

1）当采用单一墙时，地下连续墙内侧宜设置衬墙，并通过设置防水材料、排水管、排水沟、集水井等措施，排除墙面渗水，保持墙面的干燥；

2）当采用叠合墙时，内衬墙施工前对地下连续墙表面凿毛，内衬墙和地下连续墙共同防水；

3）地下连续墙与基础底板、顶板等连接部位可根据地下结构的防水要求，采取设置刚性截水片、遇水膨胀截水条和预埋注浆管等措施。

3.2.2 带支腿的地下连续墙

随着超深基坑的不断出现，深、厚地下连续墙技术得到了广泛应用，对较深的地下连续墙而言，工程应用中普遍存在以下问题：

（1）大量用作受水平力作用的围护墙，不考虑承受竖向荷载；

（2）施工难度和工程造价增加；

（3）基岩埋藏浅时，地下连续墙进入基岩的技术难度大，施工质量控制难。

带支腿地下连续墙（以下简称支腿墙）是上部地下连续墙和下部支腿桩的复合体，如图 3.2.2-1 所示。支腿可代替普通地下连续墙，满足水平承载时围护结构插入深度以及竖向受荷时的承载要求，从而减少连续墙长度，减少围护墙进入基岩或其他较硬持力层的难度；支腿兼作工程桩后可减少工程桩数量。

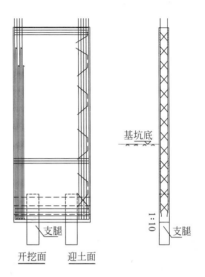

图 3.2.2-1　支腿墙现场钢筋笼照片及示意

1. 设计

支腿墙竖向荷载传递机理分析：竖向荷载作用时，支腿墙产生向下的整体位移，促使墙段和支腿侧摩阻力发挥，使墙段、支腿表面以及端部受到向上的摩阻力和端阻力。墙顶竖向荷载由墙段、支腿侧摩阻力以及端阻力平衡。

初始加载阶段，墙顶和支腿端土体同时发生与墙体的相对竖向位移，摩阻力首先发挥；随荷载增大，竖向相对位移及摩阻力从墙顶和支腿端部开始，分别向下和向上发展，直至墙段端部。

加载初期，支腿端阻力首先发挥，继而墙段端阻力介入。加载后期，端阻力增长速度逐渐加快。墙短边侧摩阻力先于长边，支腿内侧摩阻力先于外侧达到极限状态。

水平荷载作用下，因支腿作用，支腿墙墙周水平土压力变化复杂，和墙段端部土体竖向位移密切相关。受墙段端部竖向挤压，墙段和支腿端部土体产生水平应力突变。竖向荷载作用下，支腿顶轴向应力产生集中现象，其最大值超过墙顶荷载应力值。

实际工程应用时，需验算支腿自身材料的轴向承载力，防止其因轴向承载力不足导致支腿处的混凝土被压碎。若轴向应力突变值大，可考虑在支腿内设置型钢，以提高其材料的竖向承载力。

数值分析采用的连续介质有限元法因建模复杂、参数众多，可作为辅助方法，验证工程设计的可靠性，不可完全替代计算简便、概念清晰的工程实用设计方法。下列情况设计可采用带支腿的地下连续墙：

（1）地下连续墙深度较深或墙端需要嵌入的岩层较硬，施工难度大；

（2）直接作用于地下连续墙顶部的主体结构竖向荷载大，地下连续墙竖向承载性能不满足要求；

（3）技术经济指标优势明显。

具体设计时，每幅墙的支腿数量不宜超过 2 个，支腿位置应对应墙体的混凝土浇注孔，支腿中心距的确定应考虑混凝土灌注时的影响半径，并不宜小于 3 倍墙厚，支腿宜采取后注浆措施。

在一般地下连续墙计算内容基础上，带支腿地下连续墙尚应进行如下计算：

（1）水平荷载作用下的工程实用设计方法

支腿墙内力及变形分析可根据地下连续墙深度及支腿实际长度，采用沿竖向刚度可变的弹性地基梁法进行全过程各工况内力及变形分析，并根据计算结果进行截面设计，支腿设计可根据前述有限元数值模拟结果及工程实例情况，对计算得到的弯矩及剪力合理调整，适当提高安全系数。

建议按地下连续墙的深度计算坑底抗隆起和抗管涌安全系数，可按支腿深度计算基坑的整体稳定及围护墙的抗倾覆稳定。

（2）竖向荷载作用下的工程实用设计方法

支腿墙的竖向承载力特征值宜通过竖向静载荷试验确定，试验有困难时，对嵌岩的支腿墙，单幅墙的竖向承载力可按式 3.2.2 计算：

$$R_{aq} = 0.5nQ_{rk} + \alpha q_{pa} l_b b + 2l_a \sum q_{sia} l_i \qquad （式 3.2.2）$$

式中　　R_{aq}——单幅墙承载力特征值（kN）；

　　　　α——墙端端阻力调整系数，采取墙端注浆措施时取 0.8～1.0，不采取墙端注浆措施时取 0.5～0.8，墙端端阻力高、沉渣厚时取低值，并结合地区经验综合确定；

　　　　q_{sia}——墙侧摩阻力特征值（kPa）；

　　　　l_a——单幅墙的水平长度（m）；

　　　　l_b——单幅墙扣除支腿尺寸后的水平长度（m）；

　　　　l_i——地下连续墙插入坑底以下深度范围内各土层的厚度（m）；

　　　　n——单幅墙的支腿数量；

　　　　Q_{rk}——支腿嵌岩段总极限阻力（kN），应根据现行行业标准《建筑桩基技术规范》JGJ94 的有关规定计算。

以上公式综合考虑了墙侧阻力、墙端阻力及支腿承载力综合发挥性能，当墙端持力层与支腿持力层承载力差异较大或墙端沉渣控制有困难时，建议墙端端阻力调整系数适当降低；设计需要墙端阻力充分发挥时，应对支腿之外的墙端采取注浆措施。

（3）竖向荷载下的变形计算

支腿墙沉降由自身弹性压缩、侧摩阻力和端阻引起的土体压缩 3 部分组成：

1）变形协调法

通过墙段和支腿的端部沉降协调计算，得到两者端阻力分担比，并据此确定支腿墙沉降。

2）实体深基础法

当支腿较密时，可将支腿墙看作整体，采用实体深基础法计算支腿端土体沉降，支腿端即为实体深基础端面。

3）嵌岩支腿墙变形验算

变形协调法和实体深基础法均基于分层沉降总和法计算支腿墙沉降，适用于摩阻力占据较大比例的摩擦型或一定比例的端承摩擦型支腿墙。对于嵌岩支腿墙，因基岩强度高，变形小，可不进行沉降验算。

当工程桩为嵌岩桩，而地下连续墙承重时，尽管墙承载力满足要求，也宜在墙下设置入岩支腿，以控制墙与嵌岩工程桩的沉降差。工程桩非嵌岩，而支腿墙下部支腿入岩时，两者存在沉降差。可通过减少支腿数量或调整工程桩参数，使沉降差满足要求。

2. 施工

支腿深度深，定位要求高，解决深厚地层中支腿成孔、钢筋笼拼接及吊装等问题，是其能否应用于深大基坑工程的关键。以杭州××饭店改扩建工程为例，针对杭州市保俶山以北下伏基岩埋深近 30m 的典型地层，图 3.2.2-2 给出了支腿墙施工流程，墙段采用利勃海尔 HS843 成槽机抓斗成槽，支腿段采用冲击式桩机成孔的联合机械成槽方式。

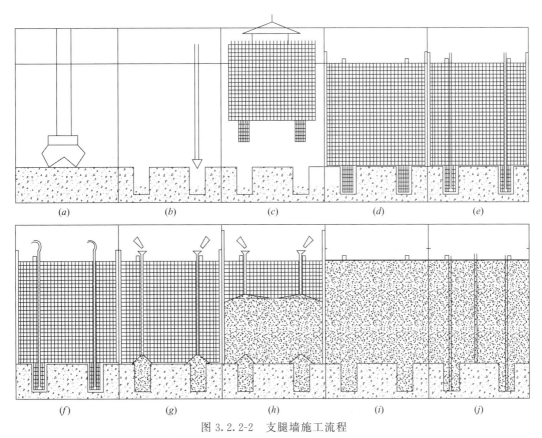

图 3.2.2-2 支腿墙施工流程

(*a*) 成槽机成槽；(*b*) 支腿成孔；(*c*) 下钢筋笼；(*d*) 钢筋笼搁置；(*e*) 下注浆管；(*f*) 压缩空气清理沉渣；(*g*) 浇筑水下混凝土；(*h*) 浇筑水下混凝土；(*i*) 混凝土浇筑完毕；(*j*) 墙底注浆

（1）槽壁防塌孔（泥浆配制）技术

试验幅采用利勃海尔 HS843 成槽机抓斗进行墙段成槽。不同于普通槽段，支腿墙槽壁停留时间长，其间经历支腿成孔、清孔阶段，受施工扰动大。如何维持槽段内泥浆性能，根据支腿实际施工状况，动态调整泥浆参数以及及时换浆是防槽壁塌孔的关键技术之一。

经大量现场试验，采用 200 目商品膨润土并最终确定泥浆配比。提前制定泥浆关键指标的动态控制标准，对成槽施工中泥浆性能进行全过程监控，及时补充外加剂，并及时换浆。泥浆管理控制标准见表 3.2.2。

泥浆管理控制标准 表 3. 2. 2

泥浆管理控制标准			测试方法	检测频率
现场泥浆管理控制项目	比重 (t/m³)	1.06 1.10 1.15 1.2 新鲜泥浆拌制;泥浆循环处理、补充泥浆材料调整指标	比重计	随机检测
	含砂率 (%)	0 3 5 通过泥浆循环系统分离,适当补充分散剂	含砂率测试器	
	黏度 (S)	20 21 30 36 补充 CMC、膨润土,通过泥浆循环系统分离,补充分散剂	漏斗黏度计	
	脱水量 (mL)	0 25 30 补充 CMC	脱水测试器	
	PH	7 8 12 13 补充分散剂,提高 PH 值 综合处理,降低 PH 值	PH 试纸	

注： ▭ 表示适用范围， ▭ 表示现场调整范围， ▭ 表示废弃范围。

（2）支腿成孔及定位技术

当成槽机开挖至墙段端部时，在导墙上采用全站仪定位支腿位置，然后换用 2 台 8JZD 冲击式桩机准确就位导墙上的支腿定位点，用冲击或旋转方式破碎基岩，形成支腿孔位。成孔过程中连续复核桩机位置，及时纠偏，确保孔位水平精度和垂直度；进行取样，确保入岩深度达到。

（3）支腿与墙段钢筋笼组装技术

支腿墙钢筋笼横截面如图 3.2.2-3 所示。墙段钢筋笼设置纵向加强筋、纵横向抗弯桁架，防止吊装时产生不可恢复的变形；其与支腿连接范围增设双肢箍，增强二者的整体性。施工中墙段与支腿钢筋笼分别制作，通过辅助筋对位和连接，如图 3.2.2-4 所示。25mm 以上钢筋为机械连接，其余为对称焊接。支腿孔位预留导管通道。钢筋笼迎土面、开挖面均设置保护层定位钢板，确保墙体保护层厚度。现场支腿墙钢筋笼绑扎照片如图 3.2.2-5 所示。

支腿钢筋笼面积、重量与墙段钢筋笼不匹配，起吊时易产生钢筋笼不平衡、翻转等问题。因此，钢筋笼吊点位置、吊环和吊具均经过设计与验算。钢筋笼设置纵横向起吊桁架、X 形剪力拉筋，使其有足够刚度防止产生不可恢复的变形。

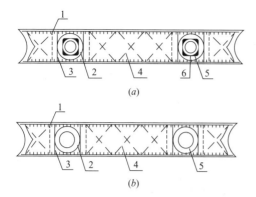

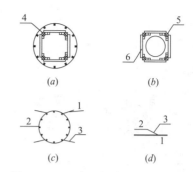

图 3.2.2-3　支腿墙钢筋笼施工横截面图

（a）型钢支腿；（b）无型钢支腿

1—纵向桁架；2—支腿主筋；3—双肢箍；

4—横向桁架；5—导管；6—型钢结构

图 3.2.2-4　支腿与墙段钢筋笼连接

（a）型钢支腿；（b）型钢格构；

（c）无型钢支腿；（d）连接筋

1—墙纵筋；2—支腿主筋；3—连接筋；

4、5—角钢；6—缀板

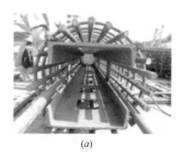

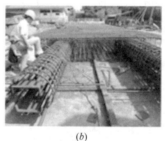

图 3.2.2-5　现场支腿墙钢筋笼制作

（a）支腿墙；（b）支腿

制作完后墙段钢筋笼长度 25m，笼重约 24t。钢筋笼起吊采用 100t 和 50t 履带式起重机互相配合，双机整体台吊、空中竖直，最后单机 100t 起重机对位方式安放钢筋笼，如图 3.2.2-6 所示。钢筋笼入槽应缓慢平稳下降，防其变形及槽段塌方。下放困难时，须缓

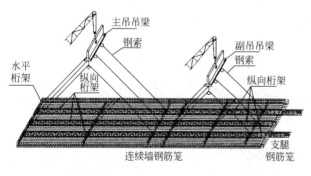

图 3.2.2-6　支腿墙钢筋笼吊装与安放

（a）吊点示意；（b）现场安放

图 3.2.2-7　支腿墙混凝土浇筑

慢提升，重新对位后再缓慢平稳下放，切不可冲击下放；必要时将钢筋笼重新吊出，重新处理槽段后再入槽。入槽且采用吊梁固定后，再次校核钢筋笼定位与高程，并及时调整。

（4）支腿墙混凝土浇筑技术

采用 2 辆混凝土泵车同时、同速、连续往 2 个支腿内浇筑混凝土，使其同时溢出支腿孔口，浇捣中墙段底部混凝土面高差应小于 0.5m，保持埋管深度 2～6m，如图 3.2.2-7 所示。同时，试验幅钢筋笼中预埋 2 组 6 根测试管，管顶底分别与导墙顶、钢筋笼底齐平。因超声波在混凝土介质中的传播时间、能量损耗、波形等随混凝土质量发生变化。采用 HF-D 型智能声波仪及换能器，对照超声波参数的差异，可判断和评价所测断面混凝土的质量。

3.2.3　常见问题

1. 成槽施工过程的环境影响

地下连续墙成槽过程中，槽壁土体产生向槽内的位移，地表相应产生沉降。如果槽壁周边存在重要管线、建筑物，应采取可靠的技术措施，严格控制成槽过程周边建筑物及设施的沉降。可采取的技术措施包括：

（1）减小墙体厚度；曾有项目为加大墙体刚度，紧邻保护对象采用了 1.2m 厚的地下连续墙，成槽过程中保护对象产生的沉降大大超过其变形累计控制值，尽管基坑开挖过程变形很小，总体的变形控制指标没有达到预期目标。

（2）减少单元墙幅的长度；单元墙幅长度越短，空间效应越好，槽壁稳定安全系数越高，同时，由于成槽时间短，槽壁质量更为保证。

（3）尽量避免采用异形墙幅，如 T 形、工形等；不少工程实践表明，异形墙幅的槽壁稳定控制较难，且施工时间长，成槽过程的环境影响较大。

（4）采取注浆、深层搅拌或高压喷射注浆等槽壁加固措施；采取槽壁加固措施不仅可以减少成槽过程的环境影响，墙体混凝土质量也有所提高；对地下水位高、透水性较强的地层，槽壁加固体同时形成第二道截水帷幕，有利于相邻墙幅接缝处的防渗。

（5）采用优质泥浆，合理调整泥浆比重；特别是在砂性土地层，应采用泥砂分离技术及时清除重复使用的泥浆中砂粒，泥浆指标不满足要求时，及时换浆。不少地下连续墙的质量问题源于泥浆质量不合格。

（6）尽量减少地下连续墙施工时间；从成槽到浇灌混凝土的时间应严格控制，曾有项目在浇筑混凝土过程中正值交通高峰，混凝土不能及时供应，形成一道间隔时间较长的水平冷缝，开挖后该处墙体质量达不到规定要求，且形成渗漏通道。

（7）合理安排各幅墙的施工次序和施工速度。采取间隔跳开施工的措施，严格控制相邻墙幅的施工时间，可有效控制成槽过程周边保护对象的变形。曾有项目由于不重视成槽对邻近地铁盾构隧道的保护，一周内连续施工完成靠近隧道的近 10 幅墙，致使隧道变形超过警戒值。

2. 地下连续墙露筋

在砂性土地层，地下连续墙露筋是工程的通病。主要原因：

（1）泥浆指标不满足要求，重复使用的泥浆含砂量偏高；

（2）没有采取可靠的槽壁稳定措施，如槽壁加固或有条件时预降水；

（3）没有及时有效清理墙底沉渣，致使混凝土浇筑过程中沉渣上泛，形成劣质混凝土；

（4）钢筋笼加工精度不够，或起吊时产生变形，导致就位不顺，触及槽壁，影响槽壁的稳定和泥浆质量。

采取的针对性技术措施：

（1）采用优质泥浆，严格控制重复使用的泥浆的含砂量，及时换浆；

（2）采取高导墙、预降水或槽壁加固等措施，保证槽壁的稳定；

（3）有效清理墙底沉渣，确保沉渣厚度满足设计要求；

（4）严格控制钢筋笼加工精度，根据起吊方式合理设置附加加强筋，保证吊放过程钢筋笼的刚度，钢筋笼就位时严禁碰撞槽壁。

3. 墙幅接缝渗水

采用"二墙合一"技术措施时，由于地下连续墙将作为永久结构的一部分，其防水应达到二级防水标准。不少项目在开挖后发现墙幅接缝有渗水现象，其主要原因除上述引起露筋现象的原因外，还与接缝处的刷壁效果和接头形式有关。实际工程中，当防水要求较高时，建议采用防水接头，如采用十字钢板、H 型钢接头等；当采用柔性锁口管接头时，接头位置可预先采用搅拌桩处理，或在墙体施工完成后辅以高压喷射注浆处理措施。

基坑开挖过程发现墙体有渗水现象应及时处理，防止渗水状况继续发展，少量渗水不处理而导致渗漏甚至地面塌陷的事故屡见不鲜。

4. 成墙施工时混凝土绕流

混凝土浇筑过程中槽壁坍塌容易产生混凝土绕流现象，避免此类现象的主要措施包括：

（1）采取可靠的槽壁稳定措施，包括槽壁加固、泥浆和水位控制等；

（2）接头处设置足够长度的止浆铁皮；

（3）严格控制接头箱、锁口管的垂直度和稳固性。

发生绕流现象时，应在该幅墙施工完成后及时施工邻近受影响墙幅，避免混凝土凝结后成槽困难，甚至无法成槽。施工过程应根据充盈系数、地面沉降等技术参数，及时判断是否发生绕流现象。

5. 超深地下连续墙成墙施工时的技术难度

超深基坑以及隔离承压水的技术要求等导致工程中地下连续墙的深度常常突破 60m。超深地下连续墙涉及复杂地层成槽、超长超重钢筋笼吊装等技术难题，常见的技术问题主要包括：

（1）成槽过程中承压水层的泥浆流失。杭州钱塘江边某 65m 深地下连续墙某幅墙成槽过程中，槽内泥浆液面突然急剧下降，危及槽壁稳定，经及时补浆，化解了险情；经分析，泥浆流失主要由于在深层圆砾层中出现渗漏通道，并提出在圆砾层中增加黏性土等粒组调整材料改善泥浆性能的措施，避免了此类问题的再次发生。

（2）地下气体对槽壁稳定的影响：某工程在成槽过程中发现地下气体，气体上升过程减弱了泥浆的护壁效果，危及到槽壁安全，经采取补浆、增加泥浆液面高度和主动释放气体等综合措施后，成槽得以顺利进行。

（3）超长锁口管上拔困难。由于超长锁口管与混凝土界面的摩阻力大，为保证锁口管顺利拔出，上拔装置需具备相应的能力，同时，锁口管的强度及施工垂直度应满足要求。

（4）成槽设备应具有复杂地层（如碎石土、硬质岩层等）的成槽能力。超深地下连续墙常常需要穿越较厚的碎石土，进入到硬质岩层，成槽设备应具有较高的施工效率，否则成槽时间过长将影响槽壁的稳定和质量。

3.3 逆 作 法

地下主体结构上层楼面构件先于下层楼面构件的施工方法称为"逆作法"，由下往上依次施工各层楼面构件的施工方法称为"顺作法"。

围护墙结合临时支撑的支护结构，仅利用围护墙作为地下室外墙时，一般采用顺作法施工。

当利用地下结构梁、板作为临时支撑时，在利用的地下结构梁板范围，采用逆作法施工。利用楼盖的范围根据工程需要确定，实际应用中有下列几种情形：

（1）全逆作法。利用地下结构全部楼盖替代水平内支撑，仅留设施工必须的洞口，自上而下施工地下结构，并与基坑开挖交替实施的施工工法。

（2）部分逆作法。当仅要求楼盖满足临时支撑功能时，可根据结构布置和支撑刚度要求利用局部楼盖或仅利用主次梁系统，楼盖中间可留设较大的洞口方便施工；已经施工范围以外的楼盖及竖向承重构件采用顺作法施工。当上部建筑由多层裙楼和高层或超高层塔楼组成时，宜采用裙楼结构逆作、塔楼结构顺作的部分逆作法方案；在施工顺序组织上，宜采用先裙楼结构逆作施工、后塔楼结构顺作的方案；当塔楼结构工期较紧时，也可采用先塔楼结构顺作、后裙楼结构逆作的方案，但应对塔楼基坑进行先期围护。

（3）上下同步逆作法。向下逆作施工地下结构的同时，同步向上顺作施工界面层以上结构。当要求地下、地上同时施工时，逆作施工的楼盖范围取决于上部结构的需要，一般除核芯筒等混凝土承重墙集中布置范围、施工必须的洞口外，均需采用"逆作法"施工。

对具有下列特点的基坑工程，可采用逆作法：

（1）开挖深度深、面积大。对深大基坑，要求支护结构有足够的刚度，利用主体结构梁板可以满足支撑刚度要求，同时，由于避免了拆撑工况，减少了临时支撑方案因拆撑而引起的内力、变形的叠加。

（2）场地和周边环境条件复杂。由于支撑刚度大，避免了拆撑，因此逆作法方案可有效控制基坑变形，利于环境保护；同时，先期完成的地下室顶板等可作为施工场地，提高了施工效率。

（3）有特殊工期要求。当对上部结构工期有特别要求时，可以在施工地下结构的同时，进行上部结构施工，甚至可以在地下结构尚未施工完成时，提前将上部建筑投入使用。

3.3.1 设计

1. 设计原则

逆作法基坑支护结构的围护墙可采用地下连续墙，也可采用咬合桩、型钢水泥土搅拌墙等墙体质量及垂直度较易控制的围护墙形式；施工工法可采用全逆作法、部分逆作法和上下同步逆作法。具体选型应综合考虑下列因素：

（1）基坑平面形状、尺寸和开挖深度；

（2）工程地质和水文地质条件；

（3）基坑周边环境条件及其对基坑变形的控制要求；

（4）上部主体结构的高度、层数、荷重、结构体系和结构布置等情况；

（5）地下主体结构和基础的布置形式；

（6）项目经济指标及施工工期要求；

（7）施工场地条件，施工工艺的可行性和施工质量的可靠性，施工过程的环境影响等。

逆作法基坑支护设计涉及的内容主要包括：

（1）逆作施工流程、工况设计及施工工期估计；

（2）水平支撑结构体系布置，竖向支承结构体系布置，取土口和材料运输口的留设、施工栈桥的布置及相应的结构加强措施等；

（3）基坑稳定性计算和验算；

（4）支护结构的内力、变形和承载力计算；

（5）立柱桩沉降计算和差异沉降控制措施；

（6）节点和构造设计；

（7）地下水控制及降排水设计，土方开挖的技术要求；

（8）基坑周边环境分析及保护措施，基坑监测内容及要求，应急措施及技术要求等。

逆作施工阶段的设计计算应考虑以下荷载和作用：

（1）水平荷载和作用

1）基坑逆作施工阶段的土压力、水压力；

2）坑外地面超载及开挖影响范围内的建（构）筑物引起的侧压力；

3）风荷载；

4）邻近工程施工的影响；

5）温度影响。

（2）竖向荷载和作用

1）逆作施工阶段结构构件的自重；

2）施工阶段取土、运土、材料堆放等作用于结构构件上的施工荷载。

逆作施工阶段的支护结构设计计算方法可参照一般的桩墙式支护结构，对于与主体结构相结合的支护结构构件，尚应按现行国家和地方有关标准进行永久使用阶段的承载能力极限状态和正常使用极限状态的设计计算，并符合主体结构的有关构造设计要求。现行国家标准《混凝土结构设计规范》GB 50010 的裂缝计算中考虑了荷载的长期作用，应用该公式计算施工阶段地下连续墙墙体裂缝时，可根据基坑施工时间等因素，考虑荷载短期作用的影响，对最大裂缝宽度限值作适当折减，保护层厚度在大于 30mm 时，取 30mm。

2. 竖向支承结构

在地下室逆作施工期间，地下各楼层和地上计划施工楼层的结构自重及施工荷载，均需由竖向支承结构承担。竖向支承结构一般由立柱和立柱桩组成，具体设计需综合考虑主体结构布置、逆作形式及逆作施工期间的受荷大小等因素。立柱通常采用角钢格构柱、H型钢柱、钢管柱或钢管混凝土柱等形式（图 3.3.1-1），采用角钢格构柱作立柱时，地下结

(a)

(b)

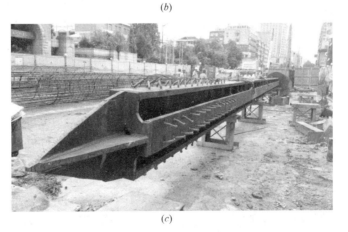

(c)

图 3.3.1-1　各种立柱形式

（a）角钢格构柱作立柱；（b）钢管柱；（c）十字型钢立柱

构构件与立柱之间的节点处理相对简单，钢筋穿越立柱比较方便，因此，当竖向支承结构受力不大时，可选用角钢格构柱作立柱。但当地上和地下同步施工或地下室层数较多时，立柱在基坑逆作施工阶段承受的竖向荷载较大，此时，宜采用承载力较高的钢管柱或钢管混凝土柱作竖向立柱；当结构柱采用钢骨混凝土柱，临时立柱也可采用常用的钢骨截面形式，图 3.3.1-1（c）即为一种十字型钢立柱。立柱桩一般采用混凝土灌注桩，如钻（冲）孔灌注桩、人工挖孔桩、旋挖桩等。采用灌注桩作立柱桩时，为保证混凝土浇筑时导管正常作业，角钢格构柱边长不宜小于 420mm，钢管外径不宜小于 500mm。

竖向支承结构宜优先考虑与主体结构柱（或墙）相结合的方式进行布置，一般采用在逆作范围每根结构柱位置布置一根立柱和立柱桩的形式，立柱截面形心与结构柱截面形心重合，即"一柱一桩"。这样逆作施工阶段的主体结构支承条件与永久使用状态基本一致，荷载传递路径直接，结构受力合理，且造价省，施工方便。基坑逆作施工结束后，对立柱进行外包混凝土以形成主体结构框架柱，立柱的形式、截面应与主体结构的梁、柱截面相协调。

当"一柱一桩"无法满足逆作施工阶段的承载力和沉降要求时，也可采用一根永久结构柱位置布置多根立柱和立柱桩（即"一柱多桩"）的形式。采用一柱多桩时，立柱桩宜利用主体结构工程桩，逆作施工过程中，分别在地下各楼盖的永久结构柱与立柱之间设置转换承台（图 3.3.1-2）。临时钢立柱及各楼层转换承台，应在地下室主体结构构件施工完成并达到设计强度后方可拆除（图 3.3.1-3），临时立柱应按"自上而下、对称分批"的原则进行拆除，确保钢立柱对称卸载，使钢立柱承担的荷载平稳转换到结构柱上。

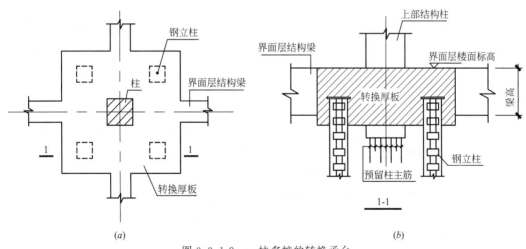

图 3.3.1-2　一柱多桩的转换承台

（a）转换承台平面图；（b）转换承台 1-1 剖面图

立柱和立柱桩的承载力、稳定性和变形，应分别满足逆作施工阶段和永久使用阶段的承载力极限状态和正常使用极限状态的设计要求。对外包混凝土形成主体结构框架柱的立柱，永久使用阶段的截面验算宜考虑钢立柱的作用，按型钢混凝土组合柱进行设计。

逆作施工阶段的立柱计算应符合下列规定：

（1）应对逆作施工期间各工况下立柱的内力和变形均进行分析计算，采用对应于该工况时已建地下室楼层和支撑结构及地上楼层结构按空间整体模型进行计算，与围护墙连接

图 3.3.1-3　逆作阶段的临时钢立柱及钢立柱割除后的照片

的地下室楼层周边可设置侧向约束,立柱底端(立柱桩顶面位置)可假定为固定铰支座。

（2）立柱应按双向偏心受压构件进行截面承载力计算和稳定性验算,立柱内力设计值应取逆作施工期间各工况下的最不利内力组合设计值,并应计入立柱轴向压力在偏心方向因存在初始偏心距引起的附加弯矩。

（3）初始偏心距应根据立柱平面位置和垂直度允许偏差确定,且不应小于 30mm 和偏心方向截面尺寸的 1/25 两者中的较大值。

（4）各工况下立柱受压计算长度的确定,应综合考虑立柱与地下水平结构之间的连接构造、立柱与下部立柱桩之间的连接构造、立柱与立柱桩孔之间的回填处理方式等因素。对相邻两道水平支撑之间的立柱可取该两道水平支撑的垂直中心距离;对各种开挖工况下的最下一道水平支撑至开挖面之间的立柱,可取该道支撑中心线至开挖面以下 5～8 倍立柱直径（或边长）处的垂直距离;当开挖至最终基底标高时,最下一道水平支撑至最终开挖面之间的立柱可取该道支撑中心线至立柱桩顶以下 3～5 倍立柱直径（或边长）处的垂直距离。

（5）轴向压力和双向弯矩作用下的角钢格构柱、H 型钢柱、钢管柱,其截面承载力和稳定性应按现行国家标准《钢结构设计规范》GB 50017 的相关内容进行计算。

圆钢管混凝土偏心受压构件正截面受压承载力计算可参考现行国家标准《钢管混凝土结构技术规程》CECS 28—2012,按下列规定进行:

$$N \leqslant \varphi_1 \varphi_e N_0 \qquad \text{(式 3.3.1-1)}$$

$$\varphi_1 = 1 - 0.115\sqrt{l_0/D - 4} \qquad \text{(式 3.3.1-2)}$$

$$\varphi_e = \frac{1}{1 + 1.85\dfrac{e}{r_c}} \qquad \text{(式 3.3.1-3)}$$

当 $\theta \leqslant 1/(\alpha-1)^2$ 时　　　$N_0 = 0.9 f_c A_c (1 + 0.8\alpha\theta)$ 　　　(式 3.3.1-4)

当 $\theta > 1/(\alpha-1)^2$ 时　　　$N_0 = 0.9 f_c A_c (1 + 0.7\sqrt{\theta} + \theta)$ 　　　(式 3.3.1-5)

$$\theta = \frac{f_a A_a}{f_c A_c} \qquad \text{(式 3.3.1-6)}$$

式中　N_0——钢管混凝土轴心受压短柱的承载力设计值;

　　　　θ——钢管混凝土套箍系数;

α——与混凝土强度等级有关的系数，混凝土强度等级不大于 C50 时取 2.00，混凝土强度等级大于 C50 时取 1.80；

f_a——钢管的抗拉、抗压强度设计值；

A_a——钢管的横截面面积；

f_c——钢管内混凝土的轴心抗压强度设计值；

A_c——钢管内混凝土的横截面面积；

l_0——钢管混凝土立柱的计算长度；

D——钢管混凝土立柱的外径；

φ_l——考虑钢管混凝土立柱长径比影响的承载力折减系数，当 $l_0/D \leqslant 4$ 时，取 $\varphi_l = 1.0$；

φ_e——考虑偏心影响的承载力折减系数；

e——偏心距，取 $e = e_0 + e_a$，$e_0 = M/N$，M 为柱端弯矩设计值的较大值，e_a 为初始偏心距；

r_c——钢管内混凝土横截面的半径。

当钢管混凝土立柱的剪跨比小于 2 时，应验算立柱横向受剪承载力，并应满足下列要求：

$$V \leqslant (V_0 + 0.1N)(1 - 0.45\sqrt{\lambda}) \qquad \text{(式 3.3.1-7)}$$
$$V_0 = 0.2 f_c A_c (1 + 3\theta) \qquad \text{(式 3.3.1-8)}$$

式中　V——横向剪力设计值；

V_0——钢管混凝土立柱受纯剪时的承载力设计值；

λ——钢管混凝土立柱的剪跨比。计算剪跨比时，宜采用上、下柱端组合弯矩设计值的较大值及与之对应的剪力设计值，截面有效高度取钢管混凝土立柱的外径。

圆形钢管立柱、圆形钢管混凝土立柱的钢管宜采用直缝焊接管或无缝管，焊缝应采用对接熔透焊，焊缝强度不应低于管材强度，焊缝质量应符合一级焊缝标准。

圆钢管混凝土立柱应符合下列构造要求：

(1) 钢管壁厚 t 不宜小于 8mm；

(2) 钢管外径与壁厚的比值 D/t 不宜大于 $100 \cdot 235/f_y$，f_y 为钢材屈服强度；

(3) 圆钢管混凝土立柱的套箍系数 θ 不应小于 0.5，不宜大于 2.5；

(4) 圆钢管混凝土立柱的长径比 l_0/D 不应大于 20；

(5) 轴向压力偏心率 e/r_c 不应大于 1.0；

(6) 混凝土强度等级不应低于 C30。

圆钢管立柱的长细比不应大于 $120\sqrt{235/f_y}$，钢管外径与壁厚的比值 D/t 不宜大于 $70 \cdot 235/f_y$。

角钢格构柱应符合下列构造要求：

(1) 角钢格构柱的长细比（对虚轴取换算长细比）不应大于 $100\sqrt{235/f_y}$。

(2) 缀件面宽度较大的格构式柱宜采用缀条柱，斜缀条与构件轴线间的夹角应在 40°～70° 范围内。缀条柱的分肢长细比 λ_1 不应大于构件两方向长细比（对虚轴取换算长细比）较大值 λ_{max} 的 70%。

（3）缀板柱的分肢长细比 λ_1 不应大于 $40\sqrt{235/f_y}$，并不应大于 λ_{max} 的 1/2（当 $\lambda_{max}<$ 50 时，取 $\lambda_{max}=50$）。缀板柱中同一截面处缀板（或型钢横杆）的线刚度之和不得小于柱较大分肢线刚度的 6 倍。

钢立柱插入下部混凝土立柱桩内的长度，应满足钢立柱轴向压力向立柱桩可靠传递的要求，并通过计算确定。对于圆钢管立柱、圆钢管混凝土立柱，其轴向压力由插入长度范围内的栓钉抗剪承载力之和、立柱底部混凝土承压力共同承担，立柱插入深度可按下式计算：

$$l_d \geqslant \frac{(N-f_cA_b)s_hs_v}{2\pi DN_v^s} \qquad \text{（式 3.3.1-9）}$$

$$N_v^s = 0.43A_{st}\sqrt{E_cf_c} \leqslant 0.7f_uA_{st} \qquad \text{（式 3.3.1-10）}$$

式中　l_d——插入立柱桩内的深度，不应小于 4 倍钢管外径，且不应小于 2.5m；

　　　N——钢立柱底端的轴向压力设计值；

　　　A_b——立柱承压底板面积；

　　　s_h——栓钉横向间距；

　　　s_v——栓钉竖向间距；

　　　D——钢管外径；

　　　N_v^s——单个圆柱头栓钉的受剪承载力设计值；

　　　A_{st}——栓钉钉杆截面面积；

　　　f_u——栓钉材料的极限抗拉强度最小值；

　　　E_c——灌注桩桩身混凝土弹性模量；

　　　f_c——灌注桩桩身混凝土抗压强度设计值。

对于角钢格构式钢立柱，其轴向压力由立柱底部混凝土承压力、格构柱表面与混凝土之间的粘结力共同承担，插入深度可按下式计算，并不应小于 3m：

$$l_d \leqslant \frac{N-f_cA_g}{u\tau} \qquad \text{（式 3.3.1-11）}$$

式中　A_g——角钢格构柱的横截面面积；

　　　u——角钢格构柱各分肢横断面周边长度之和；

　　　τ——格构柱表面与混凝土之间的粘结强度设计值，可近似取混凝土抗拉强度设计值的 70%。

钢立柱在受荷状态下直接进行焊接作业，对其承载力和稳定性影响较大，故应避免钢牛腿、钢板传力环等抗剪构件与钢立柱管壁在现场直接进行焊接。无法避免时，应采取在需要焊接作业部位的钢管外侧事先设置外贴弧形钢板进行加强等措施。

3. 水平支撑结构设计

采用地下结构楼盖作为水平支撑时，楼盖宜选择梁板体系、无梁楼盖体系，或楼板后作的格梁体系，不宜采用空心楼盖体系。梁板体系受力明确，洞口开设方便；无梁楼盖整体性好，施工模板体系简单；对于空心楼盖，由于其板较薄且通常采用单层配筋，应用于施工荷载较大的逆作法时，存在的安全和质量隐患较多。

水平支撑结构应结合主体结构布置、围护墙对支撑系统的刚度要求、周边环境及施工工艺等因素合理确定各类预留洞口、逆作范围、逆作界面层及施工作业层的平面布置等，按水平向荷载和竖向荷载双向作用进行承载力和变形计算，并应同时满足逆作施工阶段和永久使用阶段的承载力极限状态和正常使用极限状态的设计要求。施工作业层的平面布置应考虑逆作期间的土方挖运、材料运输和堆放、加工场地、施工机械运行通道等因素，平面布置宜环通以便施工机械的交通组织。地下结构逆作施工阶段的垂直运输，主要依靠各种预留洞口来解决，其数量、大小以及平面布置的合理性与否直接影响逆作法期间基坑变形控制效果、土方工程的效率和结构施工速度，同时，地下各层结构除承受较大的施工荷载及自重外，还承受挡土结构传来的水平力，因此，对洞口位置、洞口之间的距离及洞口的加固提出相关的要求。逆作阶段的取土口、材料运输口及进出通风口等各类预留洞口应按以下原则进行设计：

（1）预留洞口的位置应根据主体结构平面布置以及施工平面组织等综合确定，尽量利用主体结构设计的无楼板区域、电梯间以及楼梯间；

（2）预留洞口的大小应结合挖土设备作业、施工机具及材料运输等确定；

（3）洞口的位置不宜设置在边跨及高低跨处，如无法避免时，应对洞口周边结构进行加固处理；

（4）相邻洞口之间应保持一定的距离，以保证水平力的可靠传递；

（5）应验算洞口处的应力和变形，必要时宜设置洞口边梁或临时支撑等传力构件，矩形洞口的四角宜设置三角形梁板以减少应力集中。

当楼盖面积较大时，后浇带及结构分缝将使水平力无法传递，因此需设置可靠的水平传力构件。常用的传力构件为型钢支撑或型钢与混凝土组合支撑，既可以传递水平力，同时型钢的抗弯刚度较小，不会约束混凝土后浇带两侧单体的自由沉降。当采用梁内预埋型钢作为水平传力构件时（图 3.3.1-4），应满足下列规定：

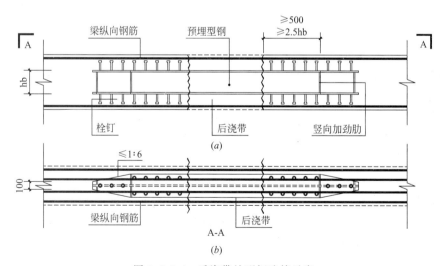

图 3.3.1-4 后浇带处型钢连接示意

（a）后浇带处型钢连接平面图；（b）后浇带处型钢连接 A-A 剖面图

（1）型钢插入混凝土梁内的长度应通过计算确定，且不小于 2.5 倍型钢高度及 500mm，型钢端部宜设置变截面段作为过渡段；

（2）型钢的混凝土保护层厚度不小于 100mm；

（3）型钢的上下翼缘应设置栓钉，栓钉的直径不宜小于 19mm，长度不应小于 4 倍杆径，栓钉的最大间距不宜大于 200mm，栓钉的最小间距沿梁轴线方向不应小于 6 倍栓钉直径，垂直梁方向的间距不应小于 4 倍栓钉直径，且栓钉中心至型钢板件边缘的距离不应小于 50mm，栓钉顶面的混凝土保护层厚度不应小于 15mm；

（4）型钢及型钢端部以外 1.5 倍梁高范围箍筋应加密，直径不应小于 8mm，间距不应大于 100mm。

在逆作法设计中，水平支撑结构和周边围护墙、竖向支承结构之间的连接设计非常重要，应做到构造简单、传力明确、便于施工。

水平支撑结构与竖向钢立柱连接时，连接构造应同时满足剪力和弯矩传递的要求；当采用梁板结构时，框架梁截面宽度宜大于竖向支承钢立柱的截面尺寸或在梁端宽度方向加腋，便于梁纵向钢筋贯穿通过。

钢筋混凝土梁、无梁楼板与角钢格构柱、H 型钢柱连接时，水平构件的剪力传递一般采用栓钉、钢牛腿。一般根据剪力的大小计算确定需要设置的抗剪栓钉的规格和数量，对于逆作阶段结构梁板上直接作用施工车辆等较大超载的位置，需要时，可在梁下钢立柱上设置钢牛腿等抗剪能力较强的抗剪件，外包混凝土后伸出柱外的钢牛腿可以割除。水平构件的弯矩传递可采用钻孔钢筋连接法、传力钢板连接法和梁端水平加腋法。钻孔钢筋连接法在框架梁宽度小、主筋较小以及数量较小的情况适用，但由于在角钢格构柱上钻孔对逆作阶段竖向支承柱有截面损伤的不利影响，因此该方法应通过严格计算，确保截面损失后的角钢格构柱截面承载力满足要求时方可使用。传力钢板法的特点是无需在角钢格构柱上钻孔，可保证角钢格构柱截面的完整性，当在施工第二层及以下水平结构时，需要在已经处于受力状态的角钢上进行大量的焊接作业，因此应对高温下钢结构的承载力降低因素给予充分考虑，同时，由于传力钢板的焊接，也增加了梁柱节点混凝土密实浇筑的难度。梁侧加腋法回避了以上 2 种方法的不足之处，但由于需要在梁侧面加腋，梁柱节点位置大梁箍筋尺寸需根据加腋尺寸进行调整，且节点位置绕行的钢筋需根据实际情况进行定型加工，一定程度上增加了施工的难度。

钢筋混凝土梁与钢管混凝土柱连接时，钢管外侧剪力传递可采用环形牛腿、抗剪环、栓钉等；钢筋混凝土无梁楼板与钢管混凝土柱连接时，钢管外侧剪力传递可采用台锥式环形深牛腿。环形牛腿、台锥式环形深牛腿由呈放射状均匀分布的肋板和上下加强环组成，其受剪计算应符合现行国家标准《钢管混凝土技术规程》CECS 28 的相关规定，肋板应与钢管壁外表面及上下加强环采用角焊缝焊接，上、下加强环分别与钢管壁外表面采用角焊缝焊接。环形牛腿的上、下加强环及台锥式环形深牛腿的上、下加强环，应开直径不小于 50mm 的圆孔（图 3.3.1-5）。当采用抗剪环时，闭合钢筋环或闭合带钢环通过双面角焊缝焊接于钢管外表面，钢筋直径 d 不应小于 20mm；带钢厚度 b 不应小于 20mm，带钢高度 h 不应小于其厚度。每个连接节点的抗剪环不应少于两道。设置两道抗剪环时，一道可在距梁底 50mm 的位置且以尽可能接近框架梁底，另一道可在距框架梁底 1/2 梁高的位置（图 3.3.1-6）。受剪承载力的计算应符合现行国家标准《钢管混凝土技术规程》CECS 28 的相关规定。

钢筋混凝土梁与钢管柱、钢管混凝土柱的梁端弯距传递可采用井式双梁（图 3.3.1-7）、

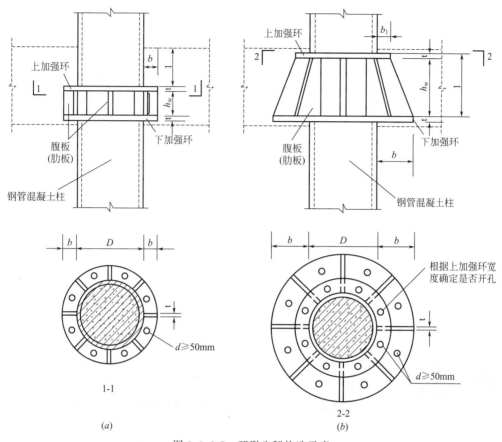

图 3.3.1-5 环形牛腿构造示意

（a）环形牛腿；（b）台锥式深牛腿

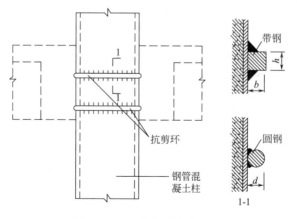

图 3.3.1-6 抗剪环构造示意

环梁（图 3.3.1-8）、传力钢板或钢牛腿（图 3.3.1-9）和变宽度梁等方式。当采用井式双梁时，节点处宜增设斜向构造钢筋，井式双梁与钢管之间应浇筑混凝土。当采用钢筋混凝土环梁时，其构造应符合下列规定：

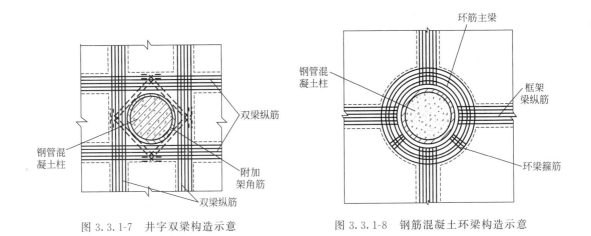

图 3.3.1-7　井字双梁构造示意　　　　图 3.3.1-8　钢筋混凝土环梁构造示意

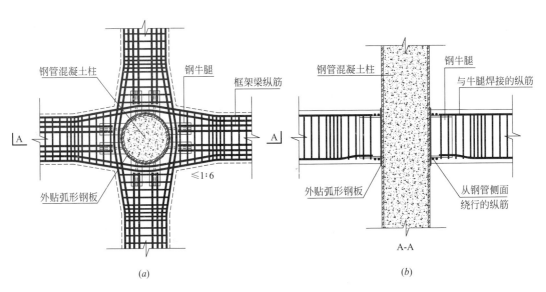

图 3.3.1-9　钢筋混凝土梁与钢管混凝土柱牛腿连接示意

（1）环梁的截面的高度宜比框架梁高 50mm；

（2）环梁的截面的宽度宜不小于框架梁宽度；

（3）框架梁的纵向钢筋在环梁内的锚固长度应满足现行国家标准《混凝土结构设计规范》GB 50010 的规定；

（4）环梁上、下环筋的截面积，应分别不小于框架梁上、下纵筋截面积的 70%；

（5）环梁内、外侧应设置环向腰筋，腰筋直径不宜小于 16mm，间距不宜大于 150mm；

（6）环梁按构造设置的箍筋直径不宜小于 10mm，外侧间距不宜大于 150mm。

当采用钢牛腿时，牛腿高度不宜小于 70% 梁高，梁纵向钢筋中一部分钢筋可与钢牛腿焊接，钢牛腿长度应满足焊接强度要求；其余纵向钢筋可连续绕过钢管，绕筋的斜度不应大于 1/6，并应在梁变宽度处设置附加箍筋。从梁端至钢牛腿端部以外 2 倍梁高范围内，应按钢筋混凝土梁端箍筋加密区的要求配置箍筋。

3.3.2 施工

逆作法施工前应根据设计要求明确编制施工组织设计，施工平面及竖向次序、各阶段的基坑开挖深度应与设计工况一致。

1. 竖向支承结构施工

当立柱作为永久结构的一部分时，垂直度允许偏差要求比较高，一般不宜大于 1/300，地下室较深或立柱较长时，不宜大于 1/500，甚至有项目曾提出 1/1000 的要求。立柱插入立柱桩方式可结合支承桩柱类型、土质条件、施工机械设备、成孔工艺及垂直度要求等因素综合确定。立柱插入立柱桩的方式可采用先插法或后插法，施工时先安放立柱和支承桩的钢筋笼，然后整体浇筑支承桩混凝土的竖向支承结构施工方式为先插法；先浇筑竖向支承桩混凝土，在混凝土初凝前采用专用设备插入立柱的竖向支承结构施工方式为后插法。无论是先插法还是后插法，钻孔灌注桩的施工质量和垂直度控制必须满足要求，应选用稳定性好，扭矩大，能保证成孔质量的钻机，同时，在钻孔时根据地层资料选择配备性能优异的泥浆，保证孔壁的稳定性；钢筋笼加工和吊放应有严格的精度要求。

当支承桩采用人工挖孔桩干作业成孔时，也可采用在桩顶部预埋定位基座后再安装立柱的方法。

采用先插法工艺时，技术要点如下：

（1）立柱安插到位后，调垂至设计垂直度控制要求，固定牢固；

（2）用于固定导管的混凝土浇注架宜与调垂架分开，导管应尽可能居中，并控制混凝土的浇注速度，确保混凝土均匀上升；

（3）立柱内的混凝土应与桩的混凝土连续浇筑完成；

（4）立柱内混凝土与桩混凝土采用不同强度等级时，施工时应控制其交界面处于低强度等级混凝土一侧；

（5）立柱外部混凝土的上升高度应满足支承桩混凝土泛浆高度要求。

以杭州某逆作法工程为例。该项目采用 500mm×500mm 的格构柱，长度为 23.35～30.85m，设计要求垂直度允许偏差为 1/500。支承桩为 φ1000mm 钻孔灌注桩，采取桩端后注浆措施。实际施工流程如下：

（1）格构柱制作、拼接及安装

为了保证格构柱制作的精度和质量，立柱的制作全部在工厂进行，分 2 节制作，制作垂直度要求达到 1/1000。每节钢立柱两端截面须与钢立柱长边垂直，有利于下节钢立柱连接安装。

钢立柱制作完成后，要逐一根据现行国家标准《钢结构工程施工及验收规范》GBJ 2058 进行验收，验收合格后运至现场。格构柱在运输过程中，做到轻吊轻放，并在运输中固定牢固，严防摩擦及碰撞，保证格构柱不产生变形；出厂钢构件应附焊接质量保证书。

格构柱的长度大于 25m 时，在工厂整根制作、运输有难度，需要分 2 节制作运输到施工现场进行拼接。所以在现场应该搭设格构柱拼接胎膜，现场拼接胎膜的制作就是为了保证格构柱在连接时的垂直度要求。

利用起重机把多节钢立柱吊放到预先硬化制作完成的胎模上，在 2 节钢立柱四侧弹出对接制作线，采用水准仪与经纬仪进行校直，由专项技术员检查符合要求方可进行拼接，拼接时需保证格构柱的平直度。格构柱最大吨位约 9.6t（不包括索具），采用 50t 履带式起重机整体起吊（图 3.3.2-1），整幅起吊。起吊及行走过程中，臂杆的水平夹角均保持在 78°，臂杆长度 37m，作业主吊半径为 10m，起吊能力为 11t。

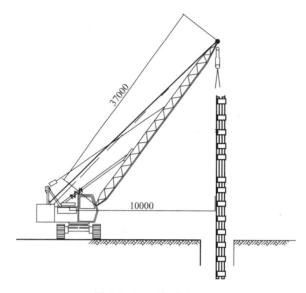

图 3.3.2-1　起吊立面图

现场格构柱下入均为整根吊放，为了安装精度满足设计要求，采用专用工作平台来保证格构柱的定位、纠偏及固定作用。采用起重机把钢立柱吊穿过工作平台的炮孔放入孔内，用螺栓将格构柱固定于工作架上，保证格构柱与工作顶平台侧边钢板贴合密实。

专用工作平台具有保证格构柱的精度、固定格构柱和混凝土灌注平台等 3 个性能要求，其基本构成如下（图 3.3.2-2、图 3.3.2-3）：

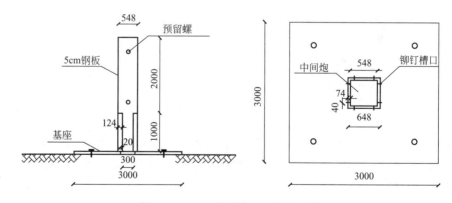

图 3.3.2-2　工作平台立面及平面图

1）工作台底平台：浅层开挖至较硬土层，浇筑 15cm 素混凝土垫层，支架基座采用 5cm 钢板，钢板下 4 个角安装可调节千斤顶，千斤顶固定用螺栓固定在已浇筑垫层上，格

图 3.3.2-3　工作平台现场照片

构柱下放前，通过水准仪等测量仪器调节至水平，工作平台底部预留 548mm×548mm 的孔洞，及 8 个 74mm×40mm 的槽口；

2）工作台顶平台：由 4 块 5cm 钢板焊接而成，与基座钢板以 90°角焊接。格构柱外包尺寸为 524mm×524mm，工作顶平台为保证格构柱能顺利下放，平台尺寸每边比格构柱宽 1cm，规格为内衬 548mm×548mm；

3）顶平台侧面预留的螺栓孔，在格构柱安放到指定标高后，对格构柱进行调节。

（2）格构柱精确定位及纠偏

对格构柱的水平位移（包括柱四边须平行于轴线）进行校正固定。因钢立柱顶标高较低，而固定平台比较高，所以钢立柱加长一定高度，才能满足对钢立柱进行校正与固定的要求。

1）精确定位

为了提高施工精度，保证桩位正确，在素混凝土垫层上定弹出桩位中心轴线及工作平台定位线（平行于轴线，图 3.3.2-4），格构柱的平面位置通过工作平台控制，定位轴线偏差值不应大于 5mm。

格构柱标高控制，预先采用水准仪测定固定平台标高，然后根据入孔深度，在钢立柱上用红漆标出；

2）格构柱纠偏

① 移去桩机，用起重机配合安装专用工作平台。安装工作平台根据硬地坪上的桩位定位轴线进行安装。平面位置和水平高度调整完毕后，平台的 4 个撑脚与事

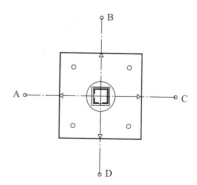

图 3.3.2-4　精确定位

133

先预埋在硬地坪内的埋件电焊或镙栓固定。

②　调节平台的安装质量直接影响到格构柱的吊放质量。安装后的位置和水平高度由专人进行验收复核。

③　调节平台按要求安装完毕后，开始由起重机起吊格构柱。

④　格构柱吊放应慢吊轻放直放，从调节平台中间炮孔中慢慢入孔，入孔时，应特别注意尽量避免钢立柱碰撞平台，格构柱吊放至设计标高后，用螺栓通过工作顶平台上预留的螺栓孔将格构柱顶在工作顶平台侧面，保证格构柱与工作顶平台侧面钢板贴合密实，以保证格构柱的垂直度，因格构柱的垂直度完全由工作平台控制，因此，工作平台应保证底平台水平，顶平台与底平带垂直。

3）格构柱固定

钢立柱的固定由地面固定，钢立柱下放到指定标高后，在格构柱四面焊接角钢，搁置在工作平台面上。

（3）混凝土浇灌

浇混凝土是保证工程质量的关键环节，开灌前要做好一切准备工作。本工程桩身混凝土强度等级为水下 C30，施工时使用商品混凝土，并对商品混凝土的质量进行严格的检查验收，做到质量保证书齐全、混凝土配合比及强度等级正确、塌落度在 $180\sim220$mm 之间。

1）导管选择与安装（图 3.3.2-5）

①　选用 $\phi250$mm×3mm 钢质丝扣连接导管，并保证有良好的同心度和密封性。

②　导管入孔后位置居中，底口距孔底 $30\sim50$cm 左右，以便放出隔水球胆。

2）料斗选择与安放

由于桩中心为钢立柱定位架，2 根导管从两边对称下放施工面很小，孔边与定位工具节

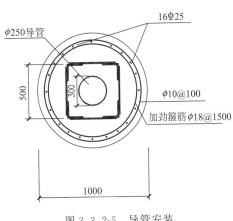

图 3.3.2-5　导管安装

距离约 1.20m，且安放应固定于固定架侧面，确保灌注时不会对钢柱产生碰撞。

3）混凝土浇灌

①　浇灌前先设置好隔水球胆和隔板，并在料斗内装入足够初灌量的混凝土。

②　浇混凝土过程中，导管必须保持 $2.5\sim8$m 的埋深，并要做到勤测深、勤拆管。严禁将导管提出混凝土面。

③　当混凝土面接近钢筋笼底部时，尽量将埋深保持在下限，放慢浇灌速度，小幅度提动导管，避免钢筋笼上浮。

④　当混凝土面达到规定标高并经测定确认后，停止灌注，割断吊筋，拔出护筒后用盖板将孔口盖住，待桩身达到一定强度后，用道渣或黄砂回填。

⑤　完整、正确、清晰、真实地做好原始记录。

（4）空孔回填

格构柱定位完成后，需要及时对立柱顶至地面桩孔进行回填，回填之前桩孔周围做好安全措施，回填材料采用细砂，回填时，在格构柱周边均匀回填，避免回填不平衡挤偏格

构柱，回填一定要密实。

回填量应不小于格构柱与钻孔桩壁之间体积的 1.13 倍。

（5）桩底注浆

每根桩需埋设 1 根注浆管对桩底土体进行注浆加固，注浆管升入孔底下 0.5m。

注浆管采用内径不小于 48mm 钢管，采用电焊焊接，焊接处不得有孔洞和夹渣，确保焊接强度和防水要求。避免焊渣进入孔内，确保拼接完成后的孔壁内平滑。

在连接好后，在连接处用电工胶带包 2 层，以防浆液漏到管内。注浆管上部和钢筋笼电焊固定，注浆管底部到钢筋笼底部不少于 50cm。注浆管底管口要用麻袋封口，以避免水泥浆液进入浆管造成堵塞。注浆管安放顶标高要高于地面 15～20cm，以避免因过低被土掩埋或过高被碰弯。注浆管安放完成后，注浆管管口要马上用木塞子塞住管口，防止水泥浆或垃圾进入注浆管。

压浆一般可于成桩 3 天后进行，并根据施工进度如实填写《灌注桩后压浆施工记录》，根据施工进度及时整理、上报工程资料。通过预埋钢管进行墙址注浆，每孔注浆 1m³。

采用水泥浆压密注浆工法，对加固土体进行压密、充填，并控制其有效加固范围，工艺流程如图 3.3.2-6 所示。

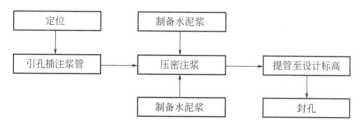

图 3.3.2-6　水泥浆压密注浆工法工艺流程

1）浆液配比：水泥浆液的水灰比 0.5；

2）材料要求：42.5 普通硅酸盐水泥；

3）施工顺序：施工时根据孔位布置隔孔跳注；

4）注浆压力、流量：0.2～0.5MPa；流量控制在 10～20L/min 左右。

注浆采用隔孔注浆的方式，同时，注浆压力控制在 0.3～0.5MPa，注浆过程中，加强周边环境监测工作，及时调整相关参数，努力使施工对周边环境的影响降到最低。注浆结束后，如周边建筑物发生沉降，根据监测数据，可重复多次进行跟踪注浆，及时补偿因土体损失引起的地面沉降。

采用后插法工艺时，技术要点如下：

1）混凝土宜采用缓凝混凝土，应具有良好的流动性，缓凝时间宜根据施工操作流程来综合确定，且初凝时间不宜小于 3.6h；

2）后插法宜根据施工条件，选择合适的插放装置和定位调垂架，图 3.3.2-7 为常用的一种插放装置；

3）立柱起吊应控制变形和挠曲，插放过程中应及时调垂，满足设计施工垂直度偏差要求；

4）格构柱、H 型钢的横截面中心线方向应与该位置结构柱网方向一致；

图 3.3.2-7　后插法插放装置

5）插入立柱后应在柱四周均匀回填砂石。

采用先预埋定位基座后安装的方法时，应满足下列要求：

1）支承桩一般采用人工挖孔桩的成孔工艺；

2）人工挖孔桩挖到底后及时清除护壁上和孔底的残渣与积水，及时封底和浇注桩身混凝土；

3）人工挖孔桩不含护壁的有效孔径应不小于设计桩径，桩中心与设计桩轴线偏差不得大于 10mm；

4）桩身混凝土分 2 次浇注，第一次浇至不同强度等级混凝土分界处，距离立柱底部设计标高不小于 1000mm，第二次混凝土浇注在立柱安放固定后进行；

5）第一次混凝土浇注面应清除浮浆、凿毛，并安放定位导向装置；

6）插入立柱后应在柱四周均匀回填砂石。

钢管混凝土立柱承受荷载水平高，但由于混凝土水下浇筑、桩与柱混凝土强度等级不一致等原因，施工质量控制的难度较高，必须对钢管混凝土立柱进行严格检测，发现质量隐患及时处理。

2. 水平结构施工

地下水平结构模板形式可采用排架模板、土胎模及垂吊模板，不同的模板形式对挖土深度有不同的要求，应根据设计允许的挖深合理选取。模板施工一般需考虑下列因素：

（1）排架支撑模板的排架高度宜为 1.2～1.8m，采用盆式开挖时，周边留坡坡体斜面应修筑成台阶状，且台阶边缘与支承柱间距不宜小于 500mm；

（2）采用无排模板时，应在垫层浇筑后铺设模板系统；

（3）采用垂吊模板时，吊具必须检验合格，吊设装置需满足相应的荷载要求，垂吊装置应具备安全自锁功能。垂吊模板逐次转用于下层，能够减少使用的临时材料和模板材料，大幅度减少搬入搬出工作，节约工期。

（4）对于跨度不小于 4m 的钢筋混凝土梁板结构，模板应按设计要求起拱；当设计未作要求时，起拱高度宜为跨度的 1/1000~3/1000，并应根据垫层和土质条件确定。

在水平楼板结构施工之前必须根据设计要求设置上下 2 个方向的竖向预留钢筋。向上预留钢筋作法与非逆作法工程相同，向下预留钢筋接头可采用机械连接或焊接，向下钢筋伸出板底的长度需设计确定。由于向下预留钢筋必须伸出模板底部，为此，在楼板的模板施工时，必须留设相应的穿越钢筋的孔洞，且做好防漏浆措施。

逆作法工程中，后期结构柱、墙混凝土浇筑时，必须在已经施工完成的水平楼板结构上设计合理的混凝土浇捣孔以确保墙柱浇捣质量，剪力墙浇捣孔的间距一般控制在 1.5m左右，柱的浇捣孔一般在柱四角各设置一个浇捣孔，洞口应预先留设。采用上置浇捣孔时，宜在柱墙的侧上方楼板上留孔，柱墙模板顶部设置喇叭口，与浇捣孔位置对应。采用侧置浇筑孔方式时，可在浇捣顶面以下模板上设孔，模板刚度及混凝土流动性能均应满足相应压力要求。

外墙及扶壁柱模板采用逆作法浇筑时，沿边梁外侧楼板设置浇筑孔，浇捣孔间距应小于 1500mm。模板对拉螺栓应设截水片，且不应少于 2 处。

采用劲性构件的竖向结构，应在水平钢板位置设预留孔，保证节点钢板下混凝土浇筑密实；如果预留孔减弱受力构件性能，需采取等强加固措施。

对所有模板的制作，预留洞、预埋件的位置，必须确保无误，柱墙拉结位置要准确，固定牢固；模板及其支架应具有足够的承载能力、刚度和稳定性，能可靠地承受浇筑混凝土的重量、侧压力以及施工荷载；当一次浇捣高度超过 3m 时，宜在模板侧面增加振捣孔或分段施工。

墙柱水平施工缝采用注浆措施时，宜选用以下几种方式：

(1) 在接缝部位预埋专用注浆管，混凝土初凝后，通过专用注浆管注浆；

(2) 在接缝部位预埋发泡聚乙烯接缝棒，正常浇捣混凝土，混凝土强度达到设计值后用稀释剂溶解接缝棒，形成注浆管道进行注浆；

(3) 混凝土强度达到设计值后，在接缝部位用钻头引洞。安装有单向功能的注浆针头，进行定点注浆。

采用灌浆法时，水平接缝位置预留不小于 50mm 的间隙，采用高于原结构强度等级的灌浆料填充。灌浆法采用的模板要求密封严密，与上下结构搭接 100mm 以上，灌浆口与出浆口对应布置，沿灌浆方向单向施工。

3. 土方开挖

逆作法基坑开挖前，应根据水文地质条件落实降排水措施。以黏性土、淤泥质土等渗透性较弱的土层为主时，宜采用明沟、集水井和真空深井方式降排水；以砂土、粉土等渗透性较强的土层为主时，宜采用自流井或真空深井降水措施；基坑较深，有承压水突涌问题时，应采取可靠的承压水处理措施。水位降至设计标高后才能进行下一阶段的土方开挖。

逆作法施工时，地下室首层楼板封闭后，土方开挖的难度加大。因此，对平面面积较大的基坑，条件具备时可首先进行"盆式"开挖，即在基坑中部进行挖土，周边留置一定宽度的土体，这样可以提高初始阶段的出土效率。

地下室顶板完成后，土方开挖、材料运送等均主要通过预先留设的上下连通的垂直运输孔洞，这些孔洞可以利用已有的结构孔洞（车道进出口、电梯通道等），当已有结构孔洞不能满足运输要求和支撑受力要求时，必须对楼板结构进行临时开洞，开洞的数量主要取决于工程的日出土量的要求。坑内土方需驳运至预留孔洞附近，挖土机有效半径一般在 7～8m 左右，地下土方驳运时，一般控制在翻驳 2 次为宜，避免多次翻土引起下方土体过分扰动；地下自然通风有效距离一般在 15～20m 左右，故一般取土口间距不宜超过 40m；对于类似地铁车站之类的狭长型基坑，基坑两端处宜设置出土口（出土口距端部的距离不宜大于 15m），中部区域宜每隔约 30m 设置 1 个出土口，地铁车站取土口需结合结构诱导缝进行布置。

为保证出土效率，结合加长臂挖掘机的作业需要，大型基坑每个取土口的面积一般不小于 60m²；为方便钢筋等材料运输，长度方向一般不小于 9m，对于局部区域无法满足长度要求时，其洞口对角线不得小于 9m。

逆作结构模板及支撑体系因挖土标高限制，一般采用土模或短支撑支模，开挖前难以先行拆除。挖土时，一般边挖土边拆除垫层及模板，挖土至模板松动时，必须先拆除模板和其他坠落物，然后继续开挖，严禁在未拆除的垫层及模板下站人，防止垫层或模板坠落伤人。拆除的材料必须随时清除，不准堆放在挖土区域的上方，以防下滑击伤人体。

为减少基坑无支撑暴露时间，坑内土方开挖一般采取"盆式"或"岛式"方式进行。先挖除基坑周边的土体，保留中心部位的土体后挖的施工顺序称为"岛式"开挖。避免大面积坑底同时暴露，已经挖土标高的区域应尽快形成支撑结构。

逆作土方的坑内开挖面水平运输可采用挖掘机翻运、水平传输带传输、推土机推土、小型装载机装运、翻斗车装运、卡车装运等方式进行。在地面层取土时，可选用长臂挖掘机、滑臂挖掘机、抓斗、取土架、传输带等将土方垂直提升至地面层后再装车外运。当进行地下地上同步施工条件下的挖土时，应为垂直取土机械留设足够的作业空间。

3.3.3 常见问题

逆作法方案将主体结构与支护结构紧密结合在一起，对设计与施工的技术要求高。设计与施工不当，可能使基坑变形偏大，影响主体结构的质量。实际工程中存在的问题主要包括：

1. 各工况开挖深度的控制

设计应明确各楼层逆作施工的模板形式，如地模、搭设落地的支模架或吊模，无论采用哪种模板形式，计算开挖深度时，应考虑实际存在的模板空间、竖向构件逆作施工时预留插筋空间等。有些设计文件较为理想地取结构梁底标高为该工况设计坑底标高，致使施工无法满足设计要求；也有些施工单位为施工方便起见，人为增大挖土深度，致使实际开挖深度远远超过设计要求；施工过程中如发现地质状况明显与勘察报告不符，按设计要求进行地模或支模架搭设施工有困难时，应及时与设计联系，采取加固措施后方可继续施工。

2. 土方开挖时空效应的控制

采取逆作法方案的地下室一般具有基坑开挖深度深、平面尺寸大的特点，由于逆作施工结构楼层的施工工序复杂、技术难度大、作业条件差等，从开始开挖到楼板结构完成的时间较长。如果不采取可靠的针对时空效应的技术措施，基坑长期无支撑时将产生较大的变形，影响周边环境的安全，此类问题在多个逆作法项目中均有出现。实际施工中应注意分段分块，合理采用"盆式"或"岛式"的开挖方式，尽量减少各工况坑底无垫层、无结构板的暴露时间，分块大小、施工次序及完成时间宜量化管理，必要时可增设临时支撑以控制变形。

3. 坑底原状土体的扰动

逆作法的土方开挖一般是由小型挖掘机结合坑内驳运，到出土口后垂直取出、外运。在坑内挖土、驳运的过程中，如不注意对坑底原状土体的保护，例如挖掘机、车辆在没有保护措施时直接在坑底作业，易造成坑底土体的强度严重下降、压缩性加大，致使相应工况被动区土体抗力下降，间接加大了基坑开挖深度，基坑变形相应加大；甚至有些项目因为土体扰动严重，挖土机械陷入而无法作业，进一步危及基坑的安全。编制施工组织方案时，应合理规定施工机械作业的部位和路线，相应范围通过地基加固、设置塘渣和路基箱等，扩散地基应力，减少对原状土的扰动。

4. 竖向立柱的垂直度控制

逆作法的竖向立柱一般采取一柱一桩的形式，立柱在桩基施工过程和土方开挖过程出现较大的偏位，不仅影响到基坑施工阶段立柱的承载力和稳定，也影响到以后永久柱的形成和地下室功能。因此，在立柱桩施工时，应采取可靠的垂直度控制措施，立柱就位后的孔壁回填应及时、均匀、对称；土方开挖时，特别是最顶层结构楼板未形成前，应严格控制立柱周边的土方开挖，均衡、对称挖土，避免因土方高差和坡度形成的侧压力使立柱偏位。

5. 降水质量控制

降水井一般在土方开挖前施工完毕并启动，降水效果好，则坑内土体的含水量降低，土方开挖及结构逆作施工的条件大为改善；降水效果不好，则土体易扰动，不仅影响到施工效率，也影响到基坑的变形控制。由于地下室顶板封闭后，再布设深井的难度大，因此，应重视降水井的保护工作。

6. 照明、通风

在有机质含量较高或可能存在有害气体的地层，应采取可靠的通风措施，保证人员的身心健康；由于逆作法的施工空间相对封闭，设计时应根据结构平面布置均匀布设照明、通风孔洞，必要时采取专门的通风措施。

7. 竖向支承构件的工作状态控制

逆作法施工过程中，施工荷载和结构自重均由临时立柱承担，特别是采用上下同步施工时，临时立柱的竖向荷载对整个工程的安全至关重要。应对立柱的轴力和变形进行监测，当采用一柱多桩时，应监测结构柱的轴力和承台的工作状况，及时分析评估立柱支承系统的安全状态，分析时应考虑实际存在的垂直度偏差以及进一步的施工加载，当进一步加载后立柱的安全状态不满足要求时，应停止上部结构的施工，并采取相应的加固措施。地下结构逆作完成、临时柱割除、竖向荷载转移到永久柱时，对临时立柱应采取分级卸载措施，根据监测结果信息化施工，确保荷载转换过程结构的安全。

3.4 中 心 岛 法

对平面尺寸很大的基坑，当不采用逆作法工艺而需要设置临时内支撑时，支撑体系往往比较庞大，为保证足够的刚度，支撑常常需要做成梁板形式（图 3.4-1）；由于支撑构件长，全部形成系统的施工时间相应长，不利于施工的流水作业和分段、分块施工，影响整个项目的施工工期。

图 3.4-1　大型工程临时支撑平面布置现场照片

当基坑土质相对较好、开挖深度浅及周边环境要求不高时，采用竖向斜撑体系作内支撑，结合中心岛法施工的围护方案具有一定的技术经济优势。以沿竖向设置一道斜撑的基坑工程为例，其基本施工程序如下（图 3.4-2）：

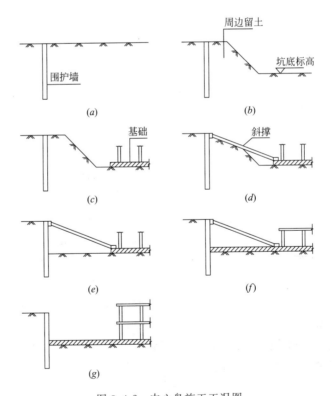

图 3.4-2　中心岛施工工况图

（a）施工围护墙；（b）盆式开挖；（c）中间区域基础施工；（d）设置竖向斜撑；

（e）开挖完成；（f）底板浇筑完成；（g）拆除斜撑

（1）施工围护墙及地基加固；

（2）周边留设一定宽度的土体，中间区域放坡开挖至坑底；

（3）施工中间范围的基础，同时可进行上部结构施工；

（4）以施工完成的基础为支点，设置竖向斜撑；也可在地下结构楼层及顶板完成后，以楼盖为支点设置支撑；

（5）开挖周边留土；

（6）进行剩余范围的基础施工；

（7）拆除斜撑。

中心岛法在围护墙完成后即可进行中间区域的土方开挖，中间区域地下结构施工的场地大、支护形式简单、无支撑，因此施工效率高。中间区域地下结构形成后再设置内支撑，支撑构件短、受力性能好、使用时间短，综合效益显著。该方法的缺点是，周边留土的挖除较为困难，周边地下结构的形成时间长，竖向斜撑设置的技术难度大、施工要求高，当存在 2 层及以上地下室时，为控制拆撑工况的变形，各楼层施工时斜撑尚需保留，楼板相应需要留洞，施工缝较多。

对平面尺寸较大的基坑，当采用传统的围护墙结合水平内支撑或锚索方案出现险情时，采用中心岛法结合竖向斜撑是一种行之有效的抢险措施，利用基坑的时空效应，合理确定中心岛的范围和周边分段、分块的具体做法，通过动态设计和信息化施工，控制工程的整体安全度。

3.4.1 设计

中心岛结合竖向斜撑的设计计算方法同普通的桩墙式支护结构，需要特别设计的内容包括下列方面：

（1）周边留土的宽度及高度。留土宽度及高度的确定应充分围护墙在中间区域施工时的被动区抗力及变形需要、中心区域基础施工及施工缝钢筋留设需要的空间以及后期留土挖除的施工组织。

对于淤泥和淤泥质土，应合理设计留土边缘的坡率，采取有效的降排水和护坡措施，必要时采用土体进行合理的加固，确保留土的有效性和抗力。采用竖向斜撑体系作内支撑时，围护墙（桩）的侧向变位受到坑内预留土坡变形、斜撑压缩变形和斜撑基础变形等多种因素的影响，基坑中央土方开挖后，竖向斜撑体系形成之前，围护墙的侧向位移主要取决于基坑内侧预留土体所能提供被动抗力的大小。因此，斜撑基础与围护墙之间的水平距离，应满足基坑内侧预留土坡的稳定要求和围护墙侧向变形的控制要求。

周边留土的抗力如何计算？它的作用如何体现？介绍以下几种方法供工程应用时参考。

方法一：对粉土和砂性土等粒状土地基，可采用库尔曼（Culmann）图示法，该法的实施步骤如下，参照图 3.4.1-1。

1）按比例绘制台坎；

2）自 O 点，以 ϕ 角在水平线以下作 ox 线；

3）自 O 点，以 $\alpha+\delta$ 角在 ox 线下作 oy 线（δ 为墙土间摩擦角）；

4）假定破坏面以 O 点为原点，通过点 a、b、c 等；

5）计算各破坏土楔的重量；

6）以一合适的比例尺，沿 ox 线作各破坏土楔的重量；

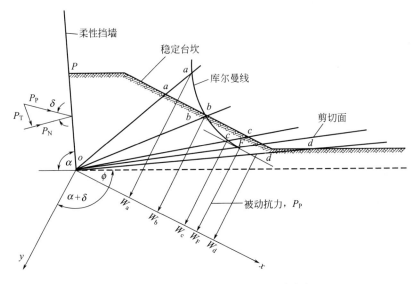

图 3.4.1-1　库尔曼（Culmann）图示法

7）从定于 ox 线上的各破坏土楔重量的点作平行于 oy 的直线，与相应的破坏面相交（如必要，亦可与破坏面延长线相交）；

8）将步骤 7 所得的各交点连成一平滑的曲线，即为库尔曼曲线，平行于 ox 作该曲线的切线；

9）通过切点 F 作一线，平行于 oy，交 ox 于 W_F，FW_F 的长度即为 P_P 值（按土楔重量所用的比例尺）；

10）被动土抗力的法向分力 $P_N = P_P \cos\delta$；

11）计算围护墙上的压力分布时假定为三角形分布。

方法二：一种经验的方法是将留土的作用体现为提高坑底面标高（相当于减小开挖深度），它将台坎的高度处理为不超过 1/3 台坎宽度，如图 3.4.1-2 所示，然后取墙边留土高度的一半作为有效的坑底面。1∶3 坡率以上部分土体作为超载平均分布于该坑底被动区宽度上。

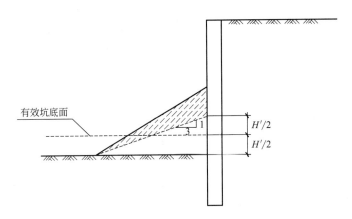

图 3.4.1-2　提高计算坑底面标高简图

方法三：将留土的作用转化为作用于被动区的超载，即将留土有效自重均匀分布于整个被动区宽度上，如图 3.4.1-3 所示。留土的作用在于增加了围护墙的被动土压力，提高了基坑的稳定性。该方法忽略了留土抗力对减小围护墙弯矩和侧向位移的有利作用，因此，这一方法是偏保守的。

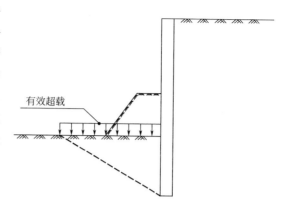

图 3.4.1-3 有效超载计算简图

方法四：根据土的物理力学指标和留土宽度、高度，对勘察报告提供的基床系数作适当折减，用弹性地基梁法进行全过程内力及变形分析。

（2）施工竖向斜撑时，如需要对周边留土进行适当开挖、修整，应计算开挖引起的围护墙变形。为减少开挖量，一般采用开槽开挖方式。

（3）竖向斜撑可采用钢支撑，也可采用钢筋混凝土支撑，一般采用钢支撑居多；沿竖向的数量一般设置一道，需要时也可设置两道或更多。采用钢支撑应考虑安装和拆除时的吊装作业场地、施工超载，并宜施加预应力；采用混凝土支撑应考虑模板形式、支模架搭设等因素。围檩设计时，应考虑竖向斜撑作用力的方向，保证节点受拉的性能；支撑底端宜通过牛腿将作用力传至基础，牛腿设计应充分考虑水平力作用下的抗剪性能。

（4）当存在 2 层及以上地下室时，各楼层施工时斜撑宜尽量保留以控制拆撑工况的变形，楼板应留设足够大的洞口以保证竖向斜撑的完整，复核留洞后的楼板水平承载性能，必要时采取加固措施。

（5）支撑平面布置时，在基坑的角部，尽量扩大水平角撑的支撑范围，减少竖向斜撑的数量以方便施工（图 3.4.1-4）。

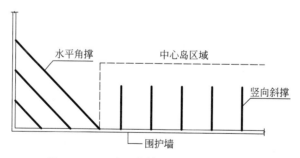

图 3.4.1-4 中心岛施工的支撑平面布置

3.4.2 施工

施工应严格按照设计规定的工况进行施工组织设计，重视下列关键技术：

（1）周边留土严格满足设计要求，避免挖掘机、运土车辆等在留土顶面行驶，严格控制留土顶面的堆载，防止过大的施工荷载影响留土的稳定、降低留土的强度。

（2）采用钢支撑时，如设计允许在中心范围基础已经完成的基础上，留土范围边撑边挖，应对每根支撑架设和相应的挖土范围进行严格控制，避免无支撑暴露长度超过设计要求。

（3）采用钢筋混凝土支撑时，应根据坑底及周边留土的性质，采取可靠的支模架系统，充分考虑混凝土浇筑过程的水平力作用，确保水平力作用下支模架的稳定；严格控制支模架的沉降，保证支撑的平整度和混凝土质量满足设计要求。

（4）竖向斜撑设置完成，挖掘机在地外地表作业时，尽量采用长臂挖掘机，应严格控制施工荷载在设计允许范围，运土车应尽量远离坑边停靠，运土道路尽量远离基坑设置。

（5）周边留土范围的土方开挖及基础施工应分段分块进行，根据监测结果信息化施工。

3.4.3　常见问题

中心岛法的设计与施工密不可分、紧密相连，不少工程问题的出现常在于设计与施工的脱节，主要问题包括：

（1）设计图纸的周边留土与施工现场的实际留土相差较大。设计在确定留土宽度时，未考虑施工缝位置预留钢筋的空间，实际施工时，为保证按规范要求的施工缝钢筋预留长度，需要挖除部分留土边坡，致使留土宽度不够或边坡偏陡，形成失稳的隐患。

（2）对粉性土等透水性较强的土层，未对留土采取有效的降排水和护坡措施，降雨或坑内抽水时，地下水渗流引起土体流失。

（3）对黏性土，未根据留土高差采取有效的临时边坡支护措施，压力差致使坑底隆起、留土顶面沉降，甚至产生边坡失稳现象，最终导致留土的强度下降严重，不能提供设计需要的抗力。

（4）设置竖向斜撑时，没有合理地控制支撑设置与留土修整的时序安排和空间效应，竖向斜撑设置与留土挖除脱节，形成围护墙边留土不足而支撑未设置的状况。由于中心区域土方开挖及基础施工的时间较长，因此该阶段围护墙周边的留土要求较高。当中心区域基础完成、需要设置斜撑时，由于斜撑施工时间短，留土修整后尽快形成斜撑，减少该工况的施工时间；采用钢支撑时，应逐根进行修土和支撑设置作业，保证留土与支撑有效的协同工作。

（5）留土上由于堆载、施工机械作业等形成过大的施工荷载，较大影响留土边坡的稳定和留土的强度。

（6）软土地基上钢筋混凝土斜撑的支模架不够稳固，影响斜撑的平直度和混凝土质量。

（7）采用钢斜撑时，挖土施工与斜撑设置脱节，有不少为贪图施工方便，出现大量范围一挖到底而支撑迟迟未设置的情况，致使基坑变形过大，甚至出现失稳险情。

（8）对2层及以上地下室情况，未按设计要求拆撑，造成拆撑工况的悬臂高度过大，增大了围护墙的变形。

3.5　工　程　实　例

3.5.1　杭州××大厦（地下连续墙）

1. 工程概况

××大厦基坑平面形状接近矩形，详见总平面图（图3.5.1-1），基坑尺寸约85m×90m。

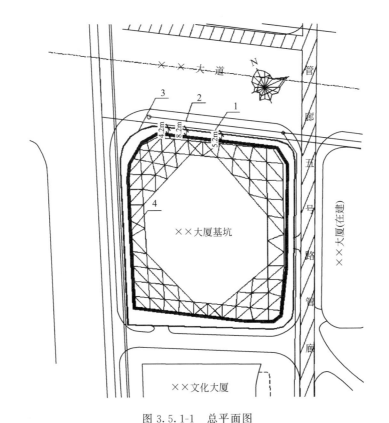

图 3.5.1-1 总平面图

1—低压煤气管埋深 1m；2—雨水管（埋深 1.5m）；3—征地红线；4—地下室侧墙

该工程主楼 34 层，设三层地下室，设计±0.000 标高相当于黄海高程 9.080m，基础底板板面标高为 －13.700m；地下二层板面标高为 －10.150m（局部 －10.650m），地下一层板面标高为 －6.650m（局部 －7.150m），局部范围在 －3.000m 标高有一钢结构夹层，地下室顶板标高在周边均为 －1.800m，中间范围为±0.000。主楼底板厚度 2.7m；裙房底板厚度 1.0m，基础地梁高度 2.35m。工程桩采用钻孔灌注桩，自然地坪及周边道路人行道的绝对标高在 7.380～8.64m 之间变化，设计取人行道最高点 8.180m 作为设计室外地坪标高，综合考虑地下室基础及垫层厚度后，该基坑设计开挖深度分别为 15.7m 及 15.35m。电梯井范围局部落深最深处为 4.35m，这样该范围开挖深度达 20.05m，且电梯井边坡最近处距离地下室外墙仅有 4.2m。

各侧地下室外墙距离相应建筑红线最近处均为 3m，红线外即为道路人行道，道路下面埋设了大量的市政、电力、电信和煤气等管道，5 号路及××大道下有新建的综合管廊，管廊埋深约 5.5m，具体管线的种类、位置及标高。道路对面为已经建成或正在建造的高层建筑。

2. 工程地质条件

根据工程地质勘察报告，场地 30m 以内的土层分布大致为（各土层物理力学指标详见表 3.5.1）：

各土层物理力学指标   表 3.5.1

土类	层号	重度 γ (kN/m³)	摩擦角 φ(°)	黏聚力 C (kPa)	压缩模量 E_s(MPa)	渗透系数 KH(×10⁻⁷cm/s)	渗透系数 KV (×10⁻⁷cm/s)
杂填土	1-1		15	10			
素填土	1-2		10	8			
砂质粉土	2-1	18.9	25	14	12.76	2.12	1.27
砂质粉土	2-2	19.0	30	13	13.36	6.13	1.74
粉砂夹粉土	3-1	19.2	24	15	11.74	2.72	3.67
粉砂	3-2	19.3	32	11	14.52	3.19	1.88
粉质黏土	4	19	15	40	7.72		
粉质黏土	5	18.7	12	30	5.78		

注：表中渗透系数均为室内试验结果，现场抽水试验得到的渗透系数为 2.6×10⁻³～3.1×10⁻³cm/s，降水设计采用值为 2.6×10⁻³cm/s。

第 1-1 层为杂填土。由碎石、碎砖混黏性土、砂等组成，含少量有机质，偶见块石或条石，局部有老房基础，层厚 2.5～4.0m，层顶标高 7.38～8.64m。

第 1-2 层为素填土。由淤泥质土、黏性土等组成，含较多有机质或腐烂植物，偶见碎石，性质极差，层厚 1.0～2.5m，层顶标高 4.54～5.64m。

第 2-1 层为砂质粉土，灰黄色，稍密，中压缩性，层厚约 0～2.9m，层顶标高 3.56～5.54m。

第 2-2 层为砂质粉土，灰黄色，稍密～中密，砂粒含量较高，局部夹粉砂，中偏低压缩性，层厚约 2.1～6.0m，层顶标高 1.63～3.75m。

第 3-1 层为粉砂夹粉土，稍密，局部中密，中偏低压缩性，层厚约 2.6～7.8m，层顶标高 −2.25～0.82m。

第 3-2 层为粉砂，很湿～湿，中密，常夹粉土层，单层厚约 2～4mm，中偏低压缩性，层厚约 1.9～7.9m，顶板标高约 −7.58～−2.66m。

第 3-2′层为黏质粉土，很湿，稍密，局部黏粒含量较高，中偏高压缩性，层厚约 1.5m，顶板标高约 -5.98m。

第 3-3 层为砂质粉土，很湿，稍密，局部夹黏质粉土或粉质黏土层，中压缩性，层厚约 0.75～1.00m，顶板标高约 −10.16m～−9.92m。

第 4 层为粉质黏土，黏塑性较差，可塑～硬塑，中偏低压缩性，层厚 4.65～8.7m，顶板标高约 −11.16m～−8.58m。

第 5 层为粉质黏土、黏土，软～可塑，中压缩性，局部中偏高压缩性，层厚约 6.75～12.5m，顶板标高约 −19.42m～−15.58m。

第 6 层为粉质黏土，可塑，局部软塑，中～中偏低压缩性，层厚约 2.2～7.8m，顶板标高约 −29.94m～−24.92m。

第 7-1 层为含黏性土细砂，中～中偏低压缩性，层厚约 0.5～4.4m。

第 7-2 层为圆砾，7-3 层为卵石。

本工程地下水主要为潜水和承压水。

(1) 潜水主要赋存于浅部粉土、粉砂层中,分布广泛而连续。渗透系数在 $10^{-3} \sim 10^{-4}$ cm/s 之间。地下水位主要受大气降水补给,勘察期间水位在地表下 $1.67 \sim 3.14$m。

(2) 承压水含水层主要为 7 层圆砾、卵石,顶板埋深 $40 \sim 42$m 左右,厚 $3.6 \sim 9.6$m 左右。

场地内存在暗浜、暗塘等不良地质情况,深度一般 $4 \sim 5$m 左右,最大深度 6.3m 左右。

3. 基坑支护方案

结合工程特点和现场情况,选定采用 0.8m 厚地下连续墙作为基坑支护结构,挡土兼防渗幕,同时作为地下室外墙,即"二墙合一"方案。为有效控制基坑的变形,并改善施工场地,沿竖向设置三道钢筋混凝土支撑,其中第一道支撑兼作施工栈桥兼施工场地。

基坑内采用真空深井降水。

为方便导墙及地下墙成槽施工,在坑外沿基坑周边设置一级轻型井点,以降低坑外地下水位。

本方案的特点主要如下:

(1) 地下连续墙作为挡土结构,具有抗弯刚度大、整体性和防渗性能好、成墙施工对周围环境影响小,以及能适应各种土质条件等特点。采用二墙合一方案,能充分利用红线范围内的面积作为地下室使用面积,同时能减少围护体本身的宽度,改善场地条件。

(2) 本工程地下室侧墙周边无上部结构,上部主楼及裙房内收,地下墙将兼作该范围基础工程桩(主体结构设计提供的竖向荷重为 350kN/m)。这在技术上及经济上均非常合理。

(3) 为确保地下室的干燥和美观,在地下墙内侧做内衬墙,经与设计院商量,衬墙采用砖砌衬墙,衬墙和外墙之间在楼面处做一条排水沟,地下室各楼层间水沟用竖管连通,并接至地下积水坑,当外墙有细微渗水现象时,渗透出来的水即可通过沟管流至积水坑内。

(4) 采用水平内支撑能有效地控制地下连续墙的侧向变形和墙后土体的沉降,保证墙体的侧向位移在地下室使用允许范围之内,保证邻近道路、地下管线以及邻近建筑物的安全和正常使用。

(5) 采用"二墙合一",围护墙与地下室侧壁合二为一,节省了工程造价。

(6) 在压顶梁标高做一圈梁板结构作为施工栈桥兼施工场地,方便了施工。

在支撑的平面布置方面,设计对工程中常用的几种支撑形式进行了分析比较,确定采用大角撑结合边桁架的方案。

4. 地下连续墙墙体设计

本工程地下墙将具有 4 种功能,即挡土结构、截水帷幕、地下室外墙、主体结构工程桩。

为确保地下墙的以上 4 个功能,墙体设计考虑了如下几种技术措施:

(1) 经与主体结构设计商量,墙段接头采用十字型钢板抗剪防水接头;

（2）主体结构设计在地下墙边设置了壁式框架，地下墙与壁式框架整体连接。地下墙与地下室基础底板采用接驳器连接，与地下结构各边柱、边梁等采用预埋甩筋方式连接。

（3）本工程地下墙底端将落在 4 号或 5 号粉质黏土，该层土渗透性能相对较差，对地下墙的抗管涌很有利；从静力触探曲线来看，土质相对较差，尤其是 5 号土，局部为中偏高压缩性。为防止地下墙在施工阶段沉降过大，以至影响到预埋件的精度，设计考虑在地下墙的钢筋笼中预留注浆管，待地下墙施工结束后，对地下墙底部进行高压注浆，这一方面可以减小墙底沉渣的影响，另一方面可提高墙底土体的承载力，提高地下墙在底端以上一段范围的侧摩阻力，减小地下墙施工阶段的沉降，同时也提高了抗拔力。

5. 基坑工程施工

本工程自 2001 年 8 月开始施工，首先进行槽壁加固，由于浅层杂填土较厚，障碍物复杂，以及深层粉土或砂土容易坍孔，故采用 17m 深单排 $\phi500$ 低掺量水泥土搅拌桩对槽壁进行了加固，实践证明，加固对保证地下墙的质量非常有效。槽壁加固结束后进行地下连续墙施工。2001 年 1 月开始进行压顶梁及施工栈桥施工，3 月份进行第二道支撑施工，4 月份进行第三道支撑施工，5、6 月份进行基础底板施工。每层土方的开挖顺序原则上是对称进行角部土方开挖，相应范围角撑；角撑形成后进行邻近区域及中间范围的土方开挖。深井的降水效果基本达到设计要求，挖土至坑底时，进一步采用了简易集水井辅助降水，效果非常显著。

6. 现场监测分析

本工程基坑面积大，开挖深度深，土方工程量大，施工周期长，为确保施工的安全和开挖的顺利进行，在整个施工过程中进行了全过程监测，实行动态管理和信息化施工。监测内容包括如下：

（1）周围环境监测：周围道路的路面沉降、裂缝的产生与发展，地下管线设施的沉降等；

（2）围护体沿深度的侧向位移监测，特别是坑底以下的位移大小和随时间的变化情况；

（3）压顶圈梁及墙后土体的沉降观测；

（4）基坑内外的地下水位观测；

（5）坑内水平支撑的轴向力随土方开挖的变化情况；

（6）竖向立柱的垂直位移和侧移；

（7）地下墙墙后水土压力及墙身应力。

在整个土方开挖过程中，土体的最大侧向位移接近 40mm，地下墙墙身的最大侧向位移为 34mm，地下墙最大的钢筋应力达到 160MPa，支撑最大轴力达到 7000kN，除个别异常点外，基坑周围道路的最大沉降接近 30mm，地下墙的最大沉降小于 10mm。监测结果基本上都在设计控制值范围内，周边道路及管线均没有异常情况发生。图 3.5.1-2 给出了部分监测结果及理论计算结果，两者符合得较好。图 3.5.1-3 为基坑开挖过程的现场照片。

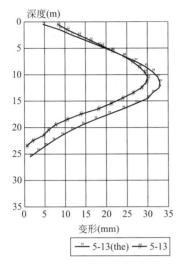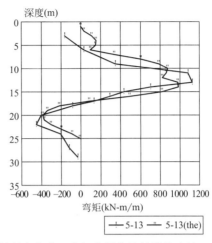

图 3.5.1-2 挖土至坑底时地下墙侧向位移、弯矩监测值及计算值比较

图 3.5.1-3 挖土过程现场照片

3.5.2 杭州××饭店改扩建工程（带支腿地下连续墙）

1. 工程概况

本工程的新建部分由 2 幢主楼和会议裙房组成，其中 7 号楼为新建 14 层客房，东北角 8 号楼为 9 层公寓式酒店，下附 3 层会议中心。新建部分工程下设 4 层整体地下室，桩基础，工程桩采用钻孔灌注桩，地下室抗浮采用土（岩）层锚杆。

基坑平面形状为不规则长条形（图 3.5.2-1），基坑尺寸约 176m×62m。±0.000 标高相当于黄海高程 6.160m，自然地坪标高相当于黄海高程 5.860m。地下室的地下一层楼板标高−6.550m（相对标高，余同），地下二层楼板面标高为−10.350m，地下三层楼板面标高为−14.150m，底板面标高为−17.900m，综合考虑地下室基础及垫层厚度后，该基坑开挖深度为 19.400m，深浅坑最大高差为 3.65m。

本工程用地红线距围护结构的距离如下：西侧为 7.4m，北侧最近处为 4.4m，东侧为 3.4m～14.1m。基坑南侧则紧贴已建的××饭店地下室，净距最小约 2.8m；已建地下室为一层，底板面标高为−5.800m，钻孔灌注桩基础。

现本基坑工程东侧、北侧和西侧的用地红线处即为场地围墙，东北侧围墙以外为 2 层砖房。北侧围墙外为区间道路，区间道路以北为 6～7 层框架结构办公楼（桩基础）。东侧以外为区间道路，区间道路以东为 4 幢 5～6 层居民住宅；西侧围墙以外即为城市道路 A

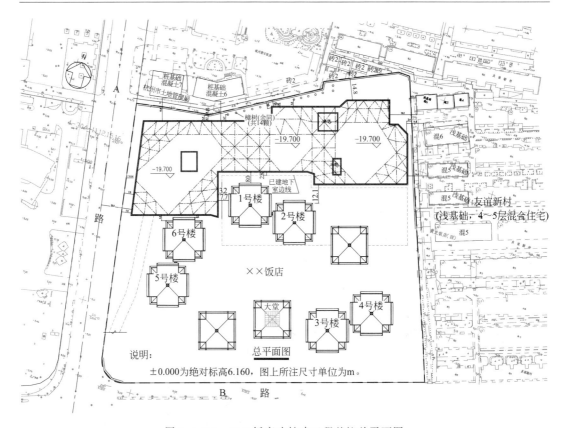

图 3.5.2-1 ××饭店改扩建工程基坑总平面图

路。北及东侧的区间道路上及 A 路上分布有大量的市政、电力管线。

2. 工程地质条件

（1）土质条件分析

根据工程地质勘察报告，场地地貌属冲海积平原。勘探深度范围内土层分布大致为（各土层物理力学指标详见表 3.5.2-1）：

各土层物理力学指标   表 3.5.2-1

土 类	层号	层厚	重度 γ (kN/m³)	摩擦角 ϕ (°)	黏聚力 C (kPa)	压缩模量 E_s(MPa)
杂填土	1-1	1.60～2.60	(19)	(15.0)	(5)	
素填土	1-2	0.00～2.50	18.3	10.0	24.0	
粉质黏土	2-1	0.00～3.40	18.7	10.0	38	4.5
黏质粉土	2-2	0.00～3.00	19.0	30.0	15	6.5
淤泥质黏土	3-1	6.70～14.30	17.2	5.0	10	2.3
淤泥质粉质黏土	3-2	0.00～4.20	18.0	6.5	23	2.8
粉质黏土	4-1	0.00～5.40	18.9	11.5	50	6.5
粉质黏土	4-2	1.10～7.10	19.1	14.0	55	6.0
含粉质黏土砾砂	4-3	0.00～1.60		35.0	8	8.0
黏土	6	1.00～6.30	18.7	15.0	60	7.5

1-1 层杂填土，1-2 层素填土，2-1 层粉质黏土，2-2 层黏质粉土，3-1 层淤泥质黏土，3-2 层淤泥质粉质黏土，4-1 层粉质黏土，4-2 层粉质黏土，4-3 层含粉质黏土砾砂，6 层黏土，7-1 层强风化凝灰岩，7-2 层中风化凝灰岩，8-1 层强风化凝灰质砂岩，以下为 8-1 层夹中风化凝灰质砂岩、8-2 层中风化凝灰质砂岩以及 9-1 层强风化熔结凝灰岩和 9-2 层中风化熔结凝灰岩（局部中风化岩层埋藏较浅，坑底下 2～6m 即进入中风化基岩）。

根据基坑的实际开挖深度以及土质分布状况，基坑开挖面分别位于 3-1 层淤泥质黏土、4-1 层和 4-2 层粉质黏土中。

（2）水文地质条件

本工程地下水可分为第四系孔隙潜水和基岩裂隙水 2 大类。场地内第四系覆盖层含孔隙潜水，水位埋藏浅，勘察期间测得稳定地下水位埋深 1.40～2.10m。水位动态变化主要受大气降水控制，年变化幅度在 1.00～1.50m 间。基岩裂隙水埋藏于第四系之下，水量贫乏，对本工程影响不大。地下水水质对混凝土无腐蚀性，对钢筋混凝土结构中的钢筋无腐蚀性，对钢结构具弱腐蚀性。

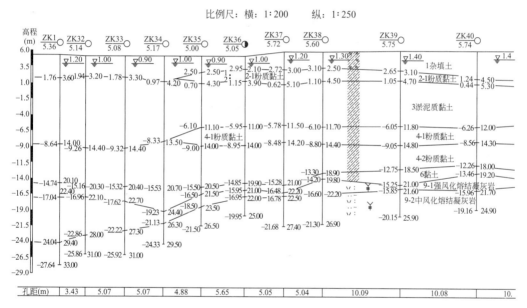

工程地质剖面图6—6′

比例尺：横 1:200　　纵 1:250

图 3.5.2-2　典型地质剖面

3. 基坑围护方案

综合分析本工程的基坑形状、面积、开挖深度、地质条件及周围环境，基坑围护设计应充分考虑以下几个因素：

（1）基坑影响深度范围内的地基土主要为填土、粉质黏土、黏质粉土、淤泥质土等，基岩埋置深度浅，填土组成复杂，淤泥质土强度低，压缩性高。围护设计应对基坑的防渗截水、抗管涌、浅层障碍物及不良地质等对围护体施工的影响等予以充分考虑。

（2）该工程开挖深度为 19.4m，开挖深度超深，基坑开挖的影响范围比较大。

（3）基坑周边距离用地红线比较近，四周红线外为道路或邻近建筑物，路下埋设有大量的市政、电信、煤气等管线，基坑东侧以及东北侧还有 20 世纪 80 年代的多层住宅楼和简易用房，对变形相当敏感。设计应合理控制围护体的变形，确保基坑邻近设施的安全和正常使用。

（4）本工程属于一级基坑工程，重要性系数取 1.1。

经综合分析比较计算，确定采用地下连续墙（"二墙合一"，即围护结构兼作地下室外墙）结合临时内支撑的围护方案。

采用 900 厚地下连续墙作为基坑挡土结构兼防渗帷幕，同时作为地下室外墙，即"二墙合一"，沿竖向设置三道和四道临时钢筋混凝土内支撑。为了减小基坑东侧围护体的变形，更好地保护东侧的浅基础住宅，该侧沿竖向设置四道临时钢筋混凝土内支撑。由于本工程基岩埋置深度浅，地下墙底端均进入基岩层，嵌固效果好，施工期间的沉降量小。地下连续墙接头采用柔性接头，每个接头处在基坑外侧补打 2 根 $\phi800$ 高压旋喷桩，以确保接头处的防渗截水效果。坑内局部深坑采用土钉墙围护结构。

本方案的特点主要如下：

（1）地下连续墙作为挡土结构，具有抗弯刚度大、整体性和防渗性能好、成墙施工对周围环境影响小，以及能适应各种土质条件等特点。采用二墙合一方案，能充分利用红线范围内的面积作为地下室使用面积，同时能减少围护体本身的宽度，改善场地条件。

（2）为确保地下室的干燥和美观，在地下墙内侧做衬墙，可确保地下室侧墙的防渗效果。

（3）采用水平内支撑能有效地控制地下连续墙的侧向变形和墙后土体的沉降，保证墙体的侧向位移在地下室使用允许范围之内，保证邻近道路、地下管线以及邻近建筑物的安全和正常使用。

（4）本工程场地非常狭小，结合本工程的平面特点，基坑第一道支撑局部考虑作为施工栈桥，可大大改善场地条件。

（5）地下墙底端均进入基岩层，嵌固效果好，施工期间的沉降量小。

在内支撑的材料选择方面，设计对钢支撑与钢筋混凝土支撑均进行了比较。采用钢支撑具体有如下几个特点：

（1）施工速度快，拆撑方便；

（2）可施加预应力，有效地控制地下墙的侧向变形；

（3）布置形式一般为井形，挖土难度相对较大，挖土要求也相对较高；

（4）杭州地区的应用经验较少，对施工单位要求高。

混凝土支撑可根据基坑的形状灵活布置，在杭州地区的应用非常广泛，积累的经验也比较多，故确定采用混凝土支撑。

在支撑的平面布置方面，设计对工程中常用的几种支撑形式进行了分析比较，确定采用角撑结合对撑方案，这种支撑形式的受力性能好，能有效控制基坑变形，且局部支撑范围可作为挖土施工栈桥，基坑中间存在较大的挖土空间，施工比较方便。

基坑支撑系统平面布置图如图 3.5.2-3 所示：

本工程地下墙将具有 3 种功能，即挡土结构、截水帷幕、地下室外墙，为确保地下墙的以上 3 个功能，墙体设计考虑了如下几种技术措施：

（1）墙段接头采用柔性接头，从已有工程的使用情况来看，施工质量容易保证，止水

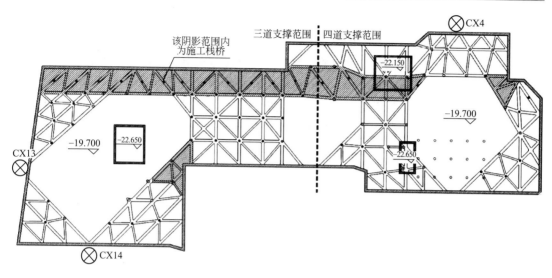

图 3.5.2-3 支撑系统平面布置图

效果好，造价经济；

（2）地下墙与主体结构通过壁式框架整体连接，与地下室基础地梁及边梁、各楼层框架梁等采用接驳器连接，与地下楼层边梁、围檩等采用预埋甩筋方式连接。

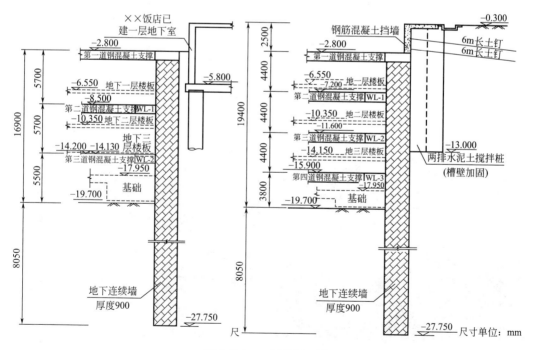

图 3.5.2-4 围护剖面图

4. 现场施工情况

本基坑位于闹市区，周边环境紧张，地质条件复杂，地下障碍物多，在围护结构施工过程中，出现了较多的疑难问题，根据现场实际情况，各方及时沟通分析，及时解决，确保了项目的顺利进行，如带支腿地下连续墙的成功应用在确保安全的基础上节省了造价工期。原地下连续墙要求进入中风化岩层不小于1800mm，但由于机械设备及工期原因，整幅地下墙进入中风化岩层存在非常大的困难，经计算确定在中风化岩层较浅部位，采用带支腿地下连续墙方案（图3.5.2-5），即在地下连续墙墙底下设2个支腿，保证支腿进入中风化岩层一定深度，这样整幅地下连续墙可不进入中风化岩层，从而减少围护结构的施工难度，支腿施工采用冲抓成孔，经现场实践非常成功。

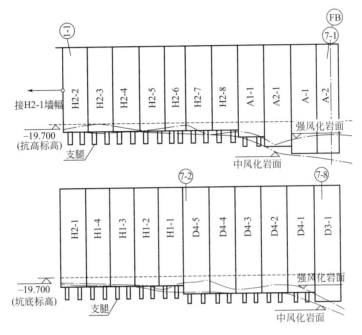

图 3.5.2-5　支腿墙纵向展开图

图 3.5.2-6　基坑现场照片

5. 监测数据分析

本工程基坑开挖面积大，开挖深度超深，为杭州当时在建民用最深基坑，土质条件差，土方工程量大，施工周期长，周边环境复杂，紧邻道路和老建筑物。在开挖过程中对围护结构和周边环境进行现场监控，根据规范要求对深层水平位移、支撑轴力等多个项目进行了周密的监测，并及时反馈，以指导施工。

图 3.5.2-7 为典型测点的土体深层水平位移深度曲线图，土体水平位移具有下列特征：

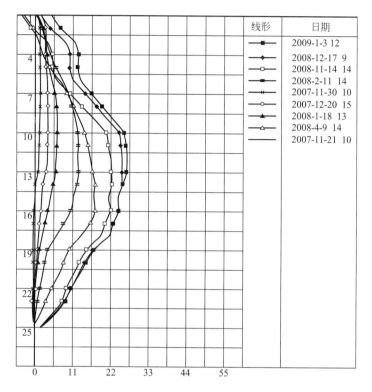

图 3.5.2-7 典型水平位移测点深度曲线图

（1）土体最大水平位移 30.62mm（CX4，发生在 15m 深度）。本基坑开挖深度近20m，周围环境复杂，现场施工难度大，最大累计水平变形仅占基坑开挖深度的 0.15%，且绝大多数水平位移测点的最大累计位移小于警戒值的 50%，表明了本基坑工程是成功的。

基坑西南侧带支腿地下连续墙位置测斜管的累计变形较小（CX13、CX14），虽然有该处淤泥质黏土层相对较薄的原因，但该处围护墙插入深度仅 2～4m，在插入比达到 1：0.15 情况下水平变形较小也说明了带支腿地下连续墙的可靠性。

（2）各测斜孔最大水平位移的深度在 8～16m 之间，在开挖过程中各测斜孔最大位移值的位置不断下降，表明基坑开挖的影响范围不断扩大。

（3）周边土体位移主要产生于开挖到位的较短时段内，然后在支撑就位或主体结构浇注后趋于稳定，基坑土体位移速率在开挖期间较大，随土方开挖及支撑的就位逐渐趋向稳定，后期随着第一道支撑的拆除，其位移速率有所增大。随着开挖的进行，水平位移最大位移速率逐渐向深层（10～14m 深度）发展，这也导致基坑最大累计位移一般发生在该深度，同时也引起了基坑最大位移值的位置不断下降。

图 3.5.2-8 为基坑内支撑轴力的时程曲线图，影响支撑轴力的因素比较多，主要有侧

向荷载（包括水土压力、地面超载），竖向荷载的偏心，混凝土的收缩、温度，立柱的隆起与沉降及土方开挖的顺序等。各道最大支撑轴力均小于设计警戒值，见表 3.5.2-2。

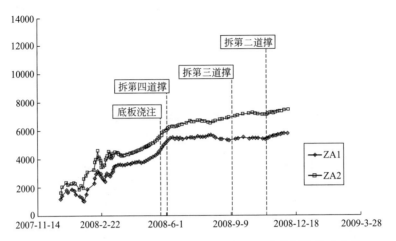

图 3.5.2-8　第一道支撑轴力时程曲线（与下层支撑拆除关系示意）

各道支撑最大轴力信息表　　　　　　　　　　表 3.5.2-2

	发生位置	发生时间	实测最大轴力	警戒值
第一道支撑	ZA5	2008/12/8	8078kN	8500kN
第二道支撑	ZB5	2008/11/3	8178kN	11000kN
第三道支撑	ZC3	2008/9/7	7615kN	10000kN
第四道支撑	ZD4	2008/5/30	5747kN	9000kN

在支撑浇注完成后，随着支撑以下土方的开挖，该支撑所受的荷载增加较快，但对上层非相邻支撑影响较小。

拆撑过程中，由于轴力集中使上层支撑轴力增加，随着主体结构的跟上施工，上层支撑轴力趋向稳定。

基坑西南侧带支腿地下连续墙范围支撑轴力与其他部位相差无几，表明支腿和其他正常施工的地下连续墙一样发挥作用。

3.5.3　杭州××·城市广场（带支腿地下连续墙）

1. 工程概况

××·城市广场为拆除重建项目，如图 3.5.3-1 所示。图中阴影为原有建筑，须拆除。重建项目下设整体 5 层地下室，总周长约 361.8m。工程桩为钻孔灌注桩。开挖深度约 28m，局部挖深 30.8m。

基坑四周用地红线近，北侧 A 路上布有较多市政管线，该侧过街通道距离仅约 2.4m；东侧地铁 1 号线隧道盾构已运营；西侧为 B 巷，南侧为保留建筑，包括酒店及商场，均采用钻孔灌注桩基础。基坑周边环境条件复杂。

基坑开挖影响深度范围内的土层自上而下有：杂填土、粉质黏土、黏质粉土、淤泥质黏土、粉质黏土、黏土、粉砂混粉质黏土、砾砂及熔结凝灰岩等。基坑开挖面位于黏土层中。

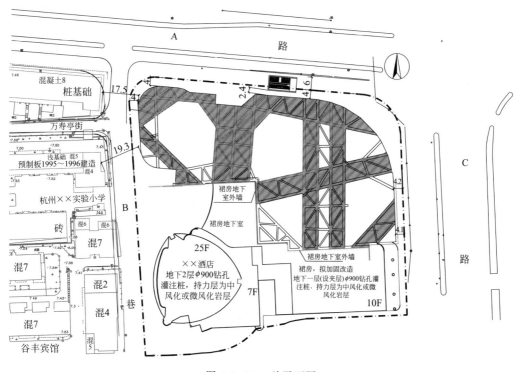

图 3.5.3-1　总平面图

2. 带支腿地下连续墙的应用

经综合比较，采用 1m 厚地下墙作为围护结构，兼作地下室外墙，即"二墙合一"，沿竖向设置五道临时钢筋混凝土内支撑。

（1）承受水平向荷载作用的支腿墙

北侧中部下伏基岩面埋深较浅位置要求墙底进入 7-2 岩层不小于 1.5m。因采用铣槽机，工程造价增加大。最终上述位置设置 10 幅支腿墙（图 3.5.3-2）。支腿 1m 直径，主筋 20 ϕ 32，螺旋箍 ϕ 22@100，钢筋笼内均设置 40a 槽钢双拼格构柱（400mm×400mm）。A-A 剖面支腿墙 4 幅，伸出墙段 3m；B-B 剖面支腿墙 6 幅，伸出墙段 4m，如图 3.5.3-2 所示。所有支腿进入墙段不小于 4m，如图 3.5.3-3 所示。

（2）承受竖向荷载作用的支腿墙

南侧连续墙插入深度虽可满足围护要求，但因有 6 根结构柱支承于该范围地下墙墙顶，为满足竖向承载力和控制竖向变形，上述范围设置 7 幅支腿墙，支腿入岩。

3. 实施效果

因该支腿墙较××饭店改扩建工程深 15m，槽壁搁置时间长，对支腿墙成槽工艺、泥浆质量提出了更高的要求。为此，进一步改进泥浆配比，严格施工管理，支腿墙施工顺利进行。地下连续墙于 2011 年底开工，目前地下室施工已完成。地下墙水平变形和竖向沉降均位于设计要求的范围，应用效果好。基坑施工现场如图 3.5.3-4 所示。

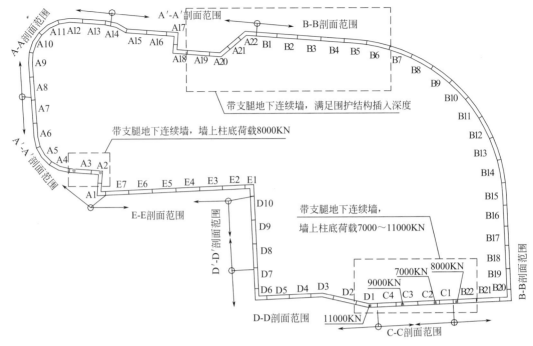

图 3.5.3-2　支腿墙平面布置图

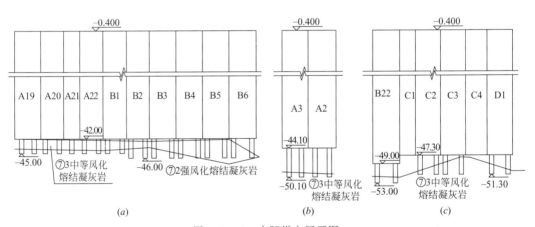

图 3.5.3-3　支腿纵向展开图

图 3.5.3-4　现场施工图

3.5.4 杭州××大酒店（逆作法）

1. 工程概况及地质条件

杭州××大酒店工程西部约 30m 处是西湖，基坑四周道路繁华，地下管线错综复杂。

本工程上部为 8～9 层框架结构，分宾馆和公寓 2 部分，建筑面积约 10 万 m²，如图 3.5.4-1 所示。宾馆部分设 3 层地下室，基坑开挖深度约 14.3m，地下一层的楼面标高为 −4.100m 或 −5.100m，地下二层楼面标高为 −8.000m；公寓部分设 2 层地下室，基坑开挖深度约 12.6m，地下一层的楼面标高为 −6.000m。地下室平面尺寸很大，其形状接近梯形，最大边长约 162m，最小边长也达 98m，基坑平面面积约 17700m²。基坑四周均建有 2 层临时施工用房及店面。

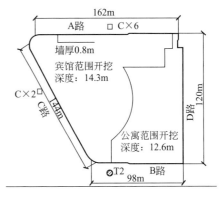

图 3.5.4-1 工程平面图

本工程开挖影响范围的土层以粉土和淤泥质土为主，详细地质情况见表 3.5.4。

各层土的主要物理力学指标　　　　　　　　　　表 3.5.4

土类	层号	含水量（%）	重度 γ（kN/m³）	摩擦角 φ(°)	内聚力 c(kPa)	渗透系数（10⁻⁸cm/sec）	层厚(m)
填土	①	67.0	15.1			3110	3～7
粉土	②-1A	31.0	18.9	30.0	5.0	6910	4～16
粉土	②-1B	34.5	18.4	31.5	2.0	2490	
粉质黏土	②-2	31.1	19.1	18.5	10.0	9.48	
淤泥质黏土	③-1	45.5	17.4	14.3	11.0	8.21	20
淤泥质粉质黏土	③-1A	37.0	18.1	22.0	1.0		
淤泥质粉质黏土	③-2	38.0	18.0	20.7	5.3		
淤泥质黏土	③-3	43.9	17.3	14.2	10.7		
黏土	④	28.0	19.4	17.6	55.0		
黏土	⑤	39.1	18.2	10.3	44.0		

注：φ、C 为固结快剪峰值。

2. 围护设计方案及实施

针对本工程基坑平面尺寸大、开挖深度深、地质条件差、周围环境复杂这一特点，经多方案比较，最后确定采用的围护方案是：0.8m 厚地下连续墙作为临时挡土结构兼永久结构地下室外墙（"二墙合一"），并结合逆作法施工，以地下室各楼层作为主要支撑并辅以各种临时支撑。

地下墙墙肢采用一字型，地各墙幅接头采用了具有一定刚性的十字钢板接头，地下墙深度为 25～32m，全部地下墙均穿透③号淤泥质黏土层，墙端进入④号黏土层或更下面的土层；地下墙顶部设置了 0.8m×1.5m（高）的压顶梁，这对减小地下墙的侧向变形、协调各幅墙的沉降及错位等均很有利。在地下连续墙内侧，利用结构边柱、压顶梁以及地下各楼层结构边梁共同形成一壁式框架，该壁式框架大大提高了地下墙的整体性，从而更能够保证"二墙合一"的质量。

竖向临时支撑采用井形钢构架形式，其下端插入结构工程桩内2.5m；在逆作法施工过程中，由于地下结构竖向传力构件（如结构柱、剪力墙等等）尚未形成，因而上部结构的所有荷载必须通过竖向临时支撑传至结构工程桩，竖向临时支撑的数量及位置的设计必须满足这一功能要求。本工程要求竖向临时支撑能够承担地上6层结构的自重及施工荷载。

本工程地基存在着厚度较大、渗透系数较大的②号粉土层，且紧临西湖，水源很丰富，另外基坑面积大，开挖深度深，因而基坑降水难度大，基坑降水采用真空深井降水，坑内共布置了57口深井。

方案的具体实施主要分如下几个步骤：

（1）地下连续墙、竖向临时支撑及降水井施工。

（2）地下墙顶部压顶梁施工。

（3）第一阶段盆式挖土及±0.000结构楼层施工，如图3.5.4-2中工况1及工况2所示。

逆作法施工中，当±0.000楼层结构施工结束后，挖土施工即进入"暗挖"阶段，其难度较大，速度较慢。为尽量减少"暗挖"工作量，本工程在±0.000楼层结构施工之前先进行盆式挖土，即先大面积挖土至标高-2.000m处，此时地下墙周边一定范围内停止挖土，做好护坡；基坑中间则继续挖土至地下一层楼面标高。

（4）地下墙周边土方开挖及地下一层楼板施工，同时开始施工地上一、二层结构，如图3.5.4-2中工况3所示。

为控制地下墙的侧向变位发展，应尽量减少基坑的暴露时间。为此，下一阶段的施工顺序是先施工已挖至标高的地下一层楼板，待其混凝土达到一定强度后，按照"分段、对称、限时"的原则，充分利用基坑开挖的时空效应，将地下墙周边的土方分为若干小段，各段土方按一定的次序逐步挖去，并进行相应段的结构楼板施工，待各段楼板具有一定强度后才能进行邻段的土方开挖。

（5）地下二层土方开挖、楼层施工，同时施工地上三、四层结构，如图3.5.4-2中工况4所示。

同样先对地下二层土方进行盆式暗挖，即先挖去中间区域的土方，施工该处楼板；然后逐段施工周边楼板，架设临时支撑。

（6）最后一阶段土方开挖及基础底板施工，同时施工地上第五、六层结构，如图3.5.4-2中工况5所示。

该阶段是施工全过程最为重要的一个环节，该工况的变形发展最难控制。由于本工程基坑开挖深度较深，且地基浅层存在着厚度较大、密实度很高的粉土，根据地区经验，水泥土搅拌桩穿透该层土的难度较大，因而没有采用水泥土搅拌桩对坑底被动区淤泥质黏土进行加固。本工况采取的技术措施是：

1）分段施工，化大为小。基坑中间范围首先挖土至相应坑底标高，地下墙周边保留20m宽的土方，进行中心范围基础底板施工。

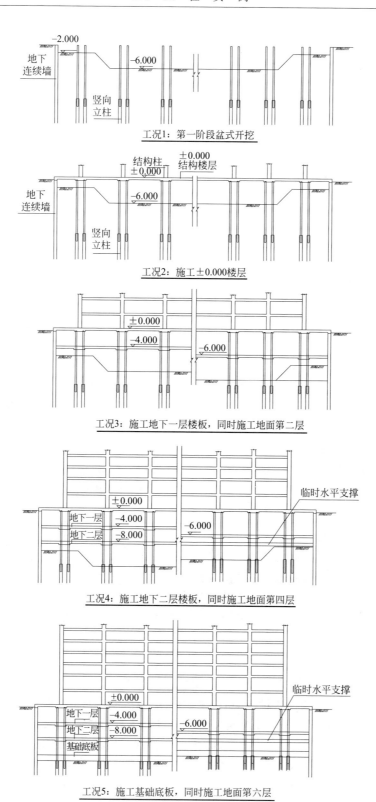

工况1：第一阶段盆式开挖

工况2：施工±0.000楼层

工况3：施工地下一层楼板，同时施工地面第二层

工况4：施工地下二层楼板，同时施工地面第四层

工况5：施工基础底板，同时施工地面第六层

图 3.5.4-2 逆作法施工各典型工况图

2）中心范围基础底板混凝土达到一定强度后，架设临时斜支撑，一端支于已施工完成的基础底板上，另一端支于地下墙一定标高处。

3）进行地下墙周边土方开挖，按"分段、对称、限时"的原则，逐步进行，并马上进行相应段的基础底板施工。

3. 设计计算分析

本工程设计主要分2大阶段，第一阶段是按照通常的设计方法对地下室主体结构、基础进行设计。宾馆范围采用弧形柱网，柱距8～12m，公寓部分采用矩形柱网，柱距10.6×10.6m。基础采用钢筋混凝土桩-承台基础，承台之间以地梁相连，基础板厚1.2m，工程桩采用ϕ800mm或1000mm钻孔灌注桩，以中等风化安山玢岩作为持力层；地下各楼层结构采用钢筋混凝土梁板柱结构，同时在适当部位设置钢筋混凝土墙，以增加结构整体刚性和侧向刚度。

第二阶段是按照逆作法的思路对第一阶段的设计进行调整，采用逆作法后，结构楼层设计不仅要满足建筑使用阶段的功能要求，而且也要满足逆作法的施工要求，对本工程而言，地下结构设计主要增加了如下几个内容：

（1）对地下连续墙的内力及变形进行全过程分析，根据地下墙全过程各工况（如图3.5.4-2所示的施工及使用过程中5种典型工况）的弯矩包络图进行配筋，设计侧向变形控制值为5cm。

（2）结构楼板预留出土孔、调物孔等孔洞之后的加固处理。

（3）施工机械（如挖土机、卡车等）将在楼层的一定区域内行驶，相应范围内的结构梁板必须加强。

（4）由于地下各楼层将作为地下连续墙在各施工工况的水平支撑系统，其承受的最不利水平推力将较使用工况大得多，并且由于车辆坡道、电梯井，结构柱等永久结构构件尚未施工，结构体系很不完整，因而应通过计算及分析，对楼层结构的薄弱环节进行加固，合理地布置一些临时支撑。

（5）由于永久结构一些竖向承重构件（如地下混凝土墙、柱等）尚未形成，致使一些结构梁板失去支点，因而需要设置一些临时支托系统；设计将临时的支承系统与永久的竖向承重构件紧密结合，以使地下主体结构构件的施工受力状态尽量与永久状态一致，不一致时，应调整原设计，使之同时满足施工与使用2种状态的需要。

（6）在本工程宾馆及公寓主楼部位，1根结构柱下设置了4根井形钢构架；在其他区域，基本上是1根结构柱对应2根井形钢构架。井形钢构架顶部的承台必须满足结构柱的抗冲切要求。

（7）用ALGOR程序对地下各层结构楼板在施工工况的内力变形进行分析。本工程地下一层楼板错层较多（楼板高差达1m），地下二层楼板很不完整（仅有一半范围存在结构楼板），在汽车坡道处，楼板变化更是复杂。通过计算分析后，对地下一层的错层部位梁板进行了加强，某些位置增设了一些临时传力带；汽车坡道处局部增加了一些临时梁板；在地下二层楼板处，由于仅存在约一半范围楼板，光靠地下墙与楼板之间的侧向约束很难控制地下墙的侧向变形，因而设计采用了钢筋混凝土临时支撑系统（以对撑形式布置），这样可有效地实现荷载的传递和控制基坑的变形；计算时，地下墙与楼板之间的约束以切向弹簧模拟。

4. 监测结果分析

本工程基坑规模大，地质情况及结构楼层比较复杂，因而计算模型的确定及计算参数的选取方面均存在不少难度。为确保本工程土方开挖及地下室施工的顺利进行，确保周边道路、管线及建筑物的安全和正常使用，本工程对地下墙沿深度的侧向变形、墙顶沉降、地下墙前后的水土压力、地下墙墙体内力、基坑周围环境、结构楼板体系的内力变形、结构柱轴力、井形钢构架的变形及沉降等项目进行了监测，根据监测结果指导工程实践。本工程全面监测工作于 1998 年 4 月 18 日开始；7 月 21 日，±0.000 结构楼层施工完毕；11 月 30 日，地下一层结构施工完毕；1999 年 2 月，地下二层结构施工结束；1999 年 7 月，全部地下室基本施工完毕。限于篇幅，下面仅对部分监测结果进行分析。

（1）地下墙侧向位移

本工程地下室施工结束后，从各个测点的墙顶位移数值来看，各工况的位移实测值除局部测点外基本符合相应设计控制值。基坑局部测点的最大侧向变形约 15cm。图 3.5.4-3 给出了测点 CX2（该点平面位置如图 3.5.4-1 所示）在各施工工况的侧向位移发展图。该图表明，±0.000 楼层及地下一层楼层施工结束后（对应图中工况 3），地下墙的最大侧向变形约 8cm，其位置在桩顶；地下二层楼层施工结束后（对应图中工况 4），地下墙的最大侧向变形约 10.6cm，全部地下室施工结束后，地下墙的最大侧向变形发展至 15cm，其竖向位置在地表以下 12.5m。

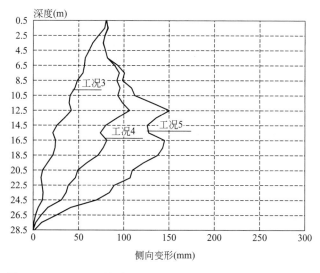

图 3.5.4-3 CX3 测点各工况地下墙沿深度侧向位移发展曲线

局部点实测位移较大的主要原因是：

1）基坑暴露时间过长。如第一阶段盆式挖土结束后，由于种种原因，一个月后才进行 ±0.000 楼层结构的施工，基坑比预期目标多暴露了近一个月，在这过程中，基坑变形每天都在以近 1mm/d 的速率增长。

2）关键工况的土方超挖造成实际开挖深度与设计开挖深度有较大偏差，普遍偏差达 1～2m。

3）某些工况坑内水位没有控制到位，部分区域降水过度，造成被动区水压力减小。在监测过程中，曾经发现在第二工况某一段时间内，部分测斜孔测得的位移发展太快，难以查明原因，后来从刚安装不久的水位管发现，该处的地下水位已被降至－10.500m标高，立即停止降水后，围护体位移马上趋于稳定。

4）楼板平面尺寸很大时，混凝土的收缩引起地下墙侧向变形的增大。各测点在±0.000楼层混凝土浇筑前后的变形增量最大值达9.8mm。

5）大基坑的"时空效应"。

尽管地下墙局部测点的累计侧向位移数值比较大，但从总体上看，变形发展速率还是得到较好的控制。地下一层施工结束时，平均变形速率约0.36mm/d；地下二层施工结束时，平均变形速率约0.35mm/d；基础底板施工结束时，平均变形速率约0.25mm/d。整个施工过程中，最大变形速率均控制在0.6mm/d内。

（2）地下墙墙背水土压力

本工程在4幅墙段上布置了土压计、渗压计及钢筋应力计，部分测点在施工时遭到破坏，本文对较为完好的测点T2的测试结果进行分析。图3.5.4-4给出了测点T2的地下墙墙背实测主动土压力分布情况，并同时给出了用朗肯理论得到的主动土压力及按式3.5.4得到的静止土压力，土压力采用水土分算，水压力按照本文实测结果计算。图3.5.4-5给出了实测水压力的变化情况，并同时给出了静水压力。

$$\sigma_0 = K_0 \gamma \cdot z, \quad K_0 = 1 - \sin\varphi \qquad \text{（式 3.5.4）}$$

φ，γ分别为土的内摩擦角及重度，K_0为静止土压力系数。

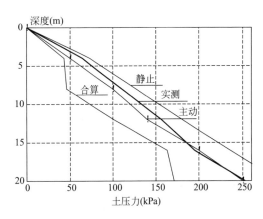

图 3.5.4-4　墙侧土压力

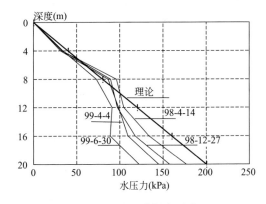

图 3.5.4-5　墙侧水压力

从图3.5.4-4可以看到，墙侧实测土压力比较接近主动土压力，而小于静止土压力。该图同时给出了用水土合算法计算得到的主动土压力，其结果远小于实测值，可见对本工程而言，采用水土分算更为合理。

从图3.5.4-5可以看到，随着基坑开挖的不断进行和降水深度的不断加大，作用于地下墙全深度的水压力不断减小，且均小于静止水压力。由此可见，在按水土分算原则计算土压力时，水压力计算必须考虑基坑渗流作用的影响，如果在以上的主动土压力计算时不考虑渗流的作用而直接采用静止水压力，则计算结果将大大超过实测值。

总结以上，在实际工程中，土压力计算宜采用水土分算，但水压力计算时必须考虑基坑渗流作用的影响。

（3）墙身应力分析

图 3.5.4-6 给出了测点 T2 的实测地下墙墙身弯矩分布及发展图。该图表明，地下一层施工结束后（对应图中 98-08-04 曲线），作用于地下墙上的弯矩基本为负值，墙身以迎土面受拉为主，随着开挖的进行，墙身中间部位的弯矩由负转正并不断发展，最大弯矩位于相应工况的坑底附近，基础底板基本施工结束后，墙身最大弯矩达到 2300kN·m 左右，迎坑面的钢筋拉应力达到 245MPa。图中同时给出了理论计算的最后工况墙身弯矩分布曲线，显然实测值大大超过计算值。

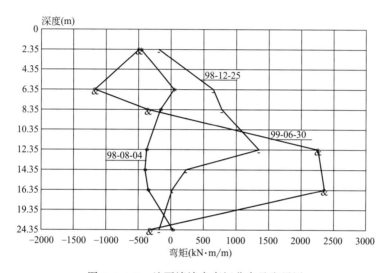

图 3.5.4-6　地下墙墙身弯矩分布及发展图

以上结果与地下墙的侧向变形分布及发展是一致的，结合图 3.5.4-3 的变形曲线可以看到，地下一层施工结束后，由于悬臂开挖阶段产生了较大的变形，因而工况 3 的变形曲线形状仍由悬臂阶段控制，顶部大下部小，相应墙身应力也基本为墙背受拉。随着深层变形的发展，墙背拉应力逐渐减小，迎坑面一侧拉应力不断增加，这表明作用于墙身的正弯矩不断发展。

（4）基坑周围环境分析

本工程在基坑周围地面、建筑物上设置了大量的沉降测点。从监测结果来看，地表沉降分布规律基本是：基坑各侧中间部位的沉降最大，角部最小。±0.000 楼层结构施工结束时，北侧 A 路最大沉降达 23.2mm，南侧 B 路为 16.7mm，西侧 C 路为 12.3mm，东侧 D 路最小，仅为 6.3mm。

基坑南、北侧设有施工机械及车辆出入的通道，这是该侧地面沉降较大的一个重要原因。

与地下墙侧向位移的发展类似，在整个施工过程中，地表沉降累计数值虽然比较大，但由于沉降发展速率比较小，故基坑开挖对周围环境没有产生明显的影响。

5. 结论

本工程从开始挖土到基础底板施工完毕，历时约 450d。在全部施工过程中没有产生大的险情，也没有对周围环境造成明显破坏，总体来说，该工程的基坑围护是成功的，但同时还存在不少需要解决的问题。对本工程地下室施工的部分技术措施作如下总结：

（1）采用逆作法施工技术对控制深大基坑的稳定和变形具有明显的成效；

（2）基坑工程的每一施工工况必须严格按设计要求进行，严禁超挖，尽量减小基坑无支撑暴露的时间；

（3）基坑降水应控制到位，在不影响施工的情况下，不宜降水过深；

（4）结构楼层面积比较大时，应充分考虑混凝土的收缩对围护体变形的影响；

（5）基坑围护设计时，土压力计算宜采用朗肯土压力理论，并采用水土分算，但其中水压力计算时应考虑基坑渗流作用的影响。

3.5.5 杭州××新城综合项目一期工程（中心岛）

1. 工程概况

该项目一期包括购物中心和住宅 2 部分。购物中心为高层框架结构，地下三层，开挖深度 18.4m；住宅区块为 48 层超高层建筑，剪力墙结构，桩基础，地下二层，开挖深度 8.7～10.9m 左右。地下室平面形状大致为矩形，尺寸约为 220m×290m。

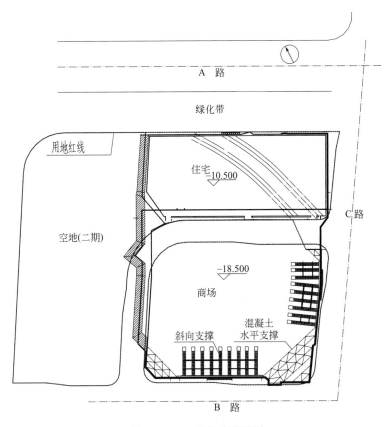

图 3.5.5-1　基坑总平面图

基坑北、南、东三侧均为道路。北、南和东侧地下室外墙距用地红线约 5m。3 条道路下均埋有大量市政管线；北侧 A 路与基坑之间有 50m 宽绿化带。东侧 C 路埋有电力、给水、燃气、污水、雨水和通信管道等管线，最近的电力管道距离基坑内边线约 5.2m。南侧 B 路下埋有电信、燃气、给水、雨水和污水管道等，最近的电力管道距基坑围护体内边线约 3.4m。西侧现为空地（为本项目的二期）。

基坑工程安全等级为一级，对应于基坑工程安全等级的重要性系数为 1.1。

2. 水文地质条件

场地地貌属钱塘江冲海积平原，地形平坦。场地标高在 6.4～7.1m 之间。勘探深度内地基土划分为 9 个工程地质层，共 17 个工程地质亚层和 4 个夹层，详见表 3.5.5-1。

地 质 分 层

表 3.5.5-1

层　号	土层名称	层厚(m)	顶板标高(m)
①-1	灰杂色填土	2.80～5.60	6.49～7.63
①-2	灰黑色暗塘土	0.70～1.40	2.98～3.98
②-1	灰黄、灰色砂质粉土	1.90～5.80	1.71～3.56
②-2	灰色砂质粉土	1.90～5.80	−1.81～−0.03
③-1	灰绿色粉砂夹粉土	0.90～5.30	−6.53～−2.29
③-2	灰色砂质粉土	0.70～2.10	−9.81～−5.74
③-3	灰绿色、灰色粉砂夹粉土	1.50～6.50	−10.51～−6.51
③-4	灰色砂质粉土	0.80～3.40	−13.39～−9.93
④	灰色淤泥质粉质黏土	0.40～3.10	−14.19～−11.03
⑤	灰黄、褐黄色粉质黏土	3.30～8.20	−20.52～−13.52
⑤夹	灰黄色粉质黏土夹粉砂	揭示厚度 3.10	−19.52
⑥	灰色、褐灰色粉质黏土	5.40～12.40	−22.71～−19.76
⑥夹	灰色含黏性粉砂	0.60～2.20	−24.32～−23.94
⑦-1	灰黄色含砂粉质黏土	0.50～0.10	−31.36～−25.73
⑦-2	灰黄色粉细砂	1.30～6.40	−32.01～−27.13
⑧-1	灰黄色、灰色卵石	0.8～4.40	−33.66～−28.07
⑧-2	灰色粉质黏土	14.40～23.50	−35.57～−34.29
⑧夹-1	灰色粉质黏土	0.90～3.90	−51.57～−42.63
⑧夹-2	灰色粉砂	揭示厚度 1.80	−48.23
⑨-1	紫红色强风化泥质粉砂岩(含砾砂砾岩)	4.90～7.30	−56.87～−51.53
⑨-2	紫红色中风化泥质粉砂岩(含砾砂岩)	揭示厚度>10.30	−63.27～−57.34

基坑围护设计参数详见表 3.5.5-2（剪切试验采用直剪试验的固快峰值）。

基坑围护设计参数表　　　　　表 3.5.5-2

土类	层号	含水量（%）	重度 γ（kN/m³）	天然孔隙比	黏聚力 C（kN/m²）	内摩擦角 ϕ（°）	渗透系数	
							垂直 K_v（10^{-6}cm/s）	水平 K_h（10^{-6}cm/s）
杂填土	①-1							
暗塘土	①-2							
砂质粉土	②-1	27.2	19.6	0.754	5.6	26.5	149	199
砂质粉土	②-2	27.1	19.5	0.767	6.6	26.0	178	207
粉砂夹粉土	③-1	25.9	19.4	0.758	4.8	27.0	158	220
砂质粉土	③-2	26.3	19.8	0.719	4.5	26.0	242	455
粉砂夹粉土	③-3	25.1	20.0	0.689	4.0	27.0	242	811
砂质粉土	③-4	31.1	19.1	0.863	4.0	26.0	201	274
淤泥质粉质黏土	④	35.6	18.1	1.143	21.0	11.0	0.1	0.3
粉质黏土	⑤	29.7	19.4	0.826	39.0	18.0	216	246

　　场地勘探深度以浅地下水为主，按埋藏和赋存条件可分为第四系松散岩类孔隙潜水、第四系松散岩类孔隙承压水和基岩裂隙水 3 大类。

　　第四系孔隙潜水主要赋存于场地浅部粉、砂性土层内，其富水性和透水性具有各向异性，含水层厚度在 13.0～17.0m。孔隙潜水受大气降水竖向入渗补给及地表水体下渗补给为主，径流缓慢，以蒸发方式排泄和向附近河塘侧向径流排泄为主，水位随季节气候动态变化明显，据区域资料，动态变幅一般在 1.5～2.0m 左右。实测潜水位埋深 1.60～2.60m，相对标高 4.39～5.83m，平均水位标高 4.98m。

　　第四系孔隙承压水主要赋存于下部细砂、圆砾、卵石层内，上覆多为黏性土层，是相对隔水层，含水层顶板埋深为 39.0～43.0m 左右。基岩裂隙水主要赋存基岩风化裂隙中，地下水连续性差。

3. 基坑围护方案

　　综合分析场地地理位置、土质条件、基坑开挖深度及周围环境等多种因素，该基坑具有如下几个特点：

　　(1) 基坑深度范围内均为砂质粉土，土质较均匀，土质条件较好，但土体渗透性也较好，应考虑好降水措施，并防止深层降水带来的周边设施和建筑物的沉降问题。

　　(2) 基坑平面尺寸非常大、开挖深度超深，最深达到 18.5m，基坑的空间效应小，基坑开挖的稳定及环境影响应充分考虑。围护设计也应对基坑的挖土顺序及地下室的施工流程有充分考虑。

　　(3) 基坑东、南侧的场地条件非常紧张，环境条件差，地下室外墙距离用地红线仅5m，红线外即为人行道，道路下面铺设了大量的市政、电力及煤气等管线，围护设计应合理控制基坑变形，确保周边环境的安全。基坑北侧为 A 路绿化带，西侧为二期用地，场地条件相对较好，但应对二期工程的基坑围护及地下室施工有充分考虑。

　　在"安全可靠、技术先进、经济合理、方便施工"的原则下，在确保基础和地下室施工安全的前提下，为加快工程进度，降低工程造价，对围护措施进行了分析比较，提出了

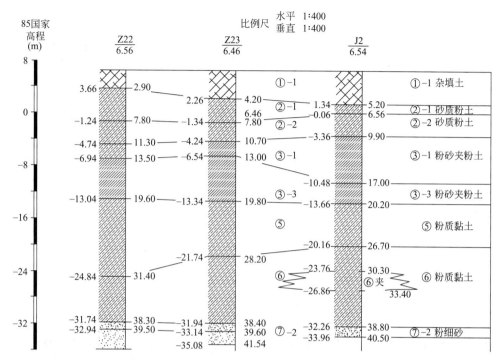

图 3.5.5-2 典型地质剖面

如下几个设计重点：

（1）地下水的正确处理是本工程成败的关键。

本工程地表以下 20m 深度范围以透水性较强的砂质粉土为主，由于距离钱塘江较近，水源补给丰富。结合钱江新城一带的设计和施工经验，本工程对地下水的处理方法主要采用如下措施：

1）开挖深度 8.8m 范围，在西侧（空地范围）及北侧 A 路绿化带范围采用坑外完全降水方案，不设截水帷幕。

2）开挖深度 8.8m 范围，在东侧（C 路范围）采用截水帷幕和坑外降水相结合的技术措施，坑外最低水位控制在 −10.000m，以避免过度降水对道路、管线产生明显的不利影响。

3）对开挖深度 18.5m 范围，设置全封闭的截水帷幕，截水帷幕底部进入透水性较差的 5 号粉质黏土层。为减少帷幕的压力，确保不发生管涌、流砂现象，坑外适量降水，降水深度在道路一侧控制在 −10.000m，其余范围适当加深。降水剖面如图 3.5.5-3 所示。

所有部位的降水均采用自流深井或真空深井，在截水帷幕的选择方面，设计对常用的各种截水帷幕进行了分析比较。高压旋喷桩在附近工程得到了比较多的应用，但从应用效果来看，渗漏现象比较普遍，特别是对超深基坑而言，深层的缺陷更容易引发灾难性的后果。咬合桩的截水效果要优于高压旋喷桩，但在较深处产生开叉的可能性仍然较大，且工程造价高。

三轴水泥土搅拌桩在透水性较强的地基中有着很多成功的应用，杭州地区目前已有不少工程正在采用。由于其采用邻桩套打工艺，前后施工的 2 组桩保证交接处有 1 根完全重

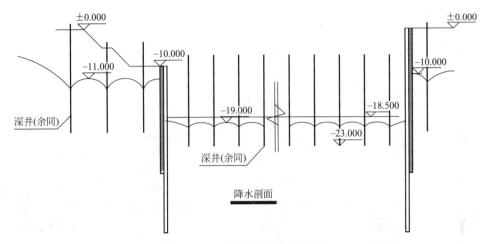

图 3.5.5-3　商场范围降水范围线

合，故桩间搭接有保证；由于搅拌机械功率大，且辅以一定的空气压力，故搅拌充分，桩身质量可靠。故在经济性方面也有优势。

综上分析，确定采用 ϕ850mm 三轴水泥土搅拌桩作为截水帷幕。本工程土体强度高，为保证帷幕施工质量及截水效果，要求三轴搅拌桩机的功率不小于 200kW。正式施工前应进行试成桩，并对成桩质量及搭接效果取芯检测，据此确定施工机械及施工工艺。

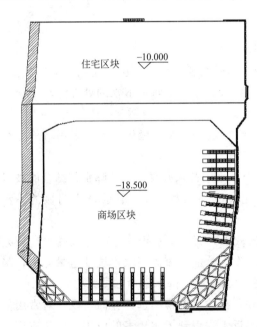

图 3.5.5-4　围护结构平面布置图

（2）根据基坑各部位的不同特点，采用不同的围护措施，但应考虑好不同剖面交接处的衔接。

本工程面积大，可选择的围护形式比较多，经充分分析比较，设计提出以下方案，如图 3.5.5-4 所示：

开挖深度 8.8m 范围（住宅区块）：

在西侧，由于目前为空地，为不影响二期工程的施工，避免一期围护结构成为二期工程施工的地下障碍物，该侧在坑外完全降水的基础上采用大放坡支护方案。

在北侧及东侧，由于基地围墙距离基坑近，且围墙外的 A 路绿化带将作为过江隧道的施工场地，东侧 C 路人行道不得占用，设计采用钻孔灌注桩疏桩复合土钉支护方案。

该方案没有设置大规模的内支撑，挖土施工方便。

开挖深度 18.5m 范围（商场区块）：

在西侧（即与二期工程交接处），由于场地条件较好，上部采用大放坡开挖。下部采用钻孔灌注桩结合土钉墙的复合支护形式，在基坑转角和有条件处采用角撑取代土钉。经核实，土钉长度设置在规划 9 号路范围，其端部未进入二期工程用地，不影响二期工程施工。

在−8.8m 和−18.500m 深浅坑交接处，高差9.7m，采用钻孔灌注桩结合土钉支护或排桩结合内支撑支护。

东南两侧道路范围，基坑总体采用1排或2排 φ1200 钻孔灌注桩结合多道内支撑的围护形式。由于基坑面积大，如满堂布置支撑，则支撑系统非常庞大，平面刚度差，变形控制效果不好，工期长、造价高。经反复分析比较，确定在有条件处设置两道或三道钢筋混凝土角撑，其余范围利用"中心岛"施工方法，以已经施工完毕的中部基础底板作为支点，布置两道斜向钢管支撑（图 3.5.5-5）。具体实施步骤是：

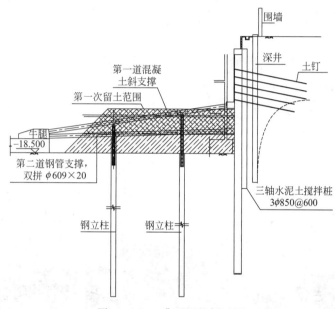

图 3.5.5-5 典型围护剖面图

基坑首先总体开挖至−10.5m 标高，为减少 φ1200mm 钻孔灌注桩的悬臂开挖变形，在桩间沿竖向布置多道土钉，按土钉墙施工要求开挖至−10.5m。其后，基坑南侧及东侧围护桩边留土 30m 宽，其余范围按剖面图要求继续开挖至坑底，并进行基础底板及临时牛腿施工。待该范围基础底板及牛腿达到一定强度后，进行第一道钢管斜向支撑安装。钢管斜向支撑一端支撑于地下室底板预留的牛腿上，另一端支撑在南侧及东侧围护桩围檩上。第一道钢管斜撑完成后，将周边留土挖至标高−14.5m，施工第二道钢管支撑，然后开挖至坑底，施工剩余的基础（后施工第一道斜向钢支撑调整为斜向钢筋混凝土支撑）。

本方案具有如下一些特点：

1）根据场地条件的不同，因地制宜采用不同的围护形式。有条件处尽量放坡和设置内支撑；

2）采用排桩复合土钉墙支护，并利用"中心岛"施工法，在安全可靠的基础上，避免布置大规模的支撑系统，方便挖土施工。钢管斜撑也便于安装及拆除。

基坑支撑系统平面布置如图 3.5.5-4 所示：

4. 现场施工及监测情况

住宅部分：本基坑住宅部分先行挖土，与商场部分交接处采用钻孔灌注桩复合土钉及大放坡处理，现场开挖情况良好，如图 3.5.5-6 所示，各项监测数据均在控制值内。

(a)　　　　　　　　　　　　　　　　　　(b)

图 3.5.5-6　住宅部分钻孔灌注桩复合土钉墙及大放坡照片

商场部分：商场部分开挖面积大，开挖深度超深，利用中心岛式开挖，其他范围按照围护要求进行土方开挖，施工过程安全可控，图 3.5.5-7 为现场照片。

(a)　　　　　　　　　　　　(b)　　　　　　　　　　　　(c)

水平角撑第一道斜向支撑（混凝土）两道斜撑

图 3.5.5-7　商场现场照片

监测数据分析（商场部分）

（1）水平位移监测数据特征

1）水平位移各孔变化符合规律，由于上部未设置支撑，曲线形状上表层土变形较大，区别于常规的带撑桩墙式支护坑底位置变形最大的规律，个别点数据超过警戒值，但速率较慢，较快趋向稳定，对周围影响很小，结合其他监测数据分析，基坑是安全可靠的。

2）土体水平位移影响深度对于 16m 以下土体影响较小。

3）基坑周边土体位移主要产生于开挖到位的较短时段内，然后趋于稳定。

图 3.5.5-8 为典型测试孔深度与位移曲线图。

（2）水位监测

图 3.5.5-9 为商场部分水位管 W5 时程曲线图，地下水位的监测成果表明，地下水位

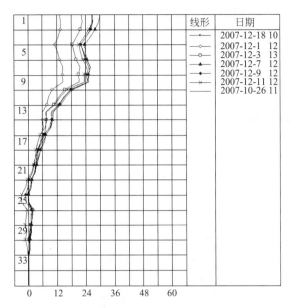

图 3.5.5-8　典型水平位移测点深度-位移商场第一道斜向支撑（混凝土）图

华润××新城综合项目(一期)深基坑(购物中心)水位-时间变化曲线2

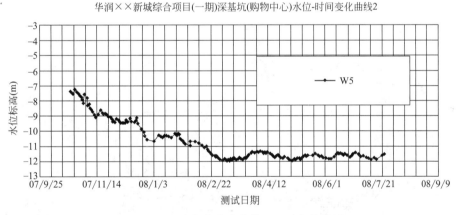

图 3.5.5-9　商场部分水位管 W5 时程曲线图

总体分为下降期和稳定期 2 个阶段，初期降水阶段呈下降趋势，表明基坑降水系统发挥了良好作用，后期水位则基本稳定，在基坑降水一段时间后，地下水位的标高在 -11.25~-12.76m 之间，并且水位在地下室施工过程中基本较稳定，符合设计上关于水头差的要求，保证了工程安全。

（3）支撑轴力监测

随着支撑以下土方的开挖，支撑所受的荷载是逐渐增加的。在支撑拆除过程中，支撑轴力都在控制范围内，没有超出设定的报警值，支撑系统安全可靠。

3.5.6　浙江××大厦（中心岛法）

1. 工程概况

该项目地块呈"L"形。L 形两边长约 180m，宽 60~80m，基坑总周长约 680m，总面积 21000m²，下设 3 层地下室，上层建筑采用框架核心筒结构，采用钻孔灌注桩基础型式。综合考虑地下室底板、承台及垫层厚度后，基坑裙房开挖范围深度约 14.5m，主楼范围开挖深度约 15.7m，局部电梯井开挖深度约 19m。

2. 周边环境条件

本基坑东侧为 B 路，包含尚未施工的规划地铁 6 号线，规划地铁 6 号线的 7 号出入口包含在本次围护范围内，在本基坑 ±0.000 以下范围结构完成之前，地铁 6 号线其余范围均不进行施工。

基坑东侧围护体内边线距离用地红线 5～8m。基坑东侧角部地铁出入口位置距离红线很近，最近处围护体内边线距离红线仅约 2.5m。

基坑西侧、西北侧施工过程中均为空地。

基坑北侧距离用地红线约 7.8m，红线即为道路边线，局部因包含了地铁出入口，围护体内边线距离红线很近，最近处仅约 1.9m。

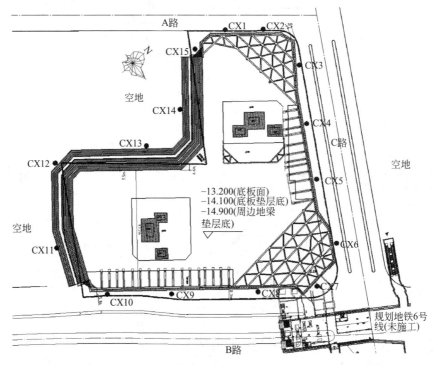

图 3.5.6-1　基坑总平面图

3. 水文地质条件

本场地土层分布及各层土的物理力学指标见表 3.5.6-1。上部地下水为孔隙潜水，水位埋藏较浅，勘察期间于勘探孔内测得地下水埋深为 0.30～2.20m，对应高程为 4.10～6.32m 之间，该层潜水主要受大气降水和地表水补给影响，地下水位随季节性有所变化，变化幅度约在 1～2m 之间。

本场地下部⑧层圆砾为承压含水层，总体来说承压水对本基坑影响较小。但局部电梯井深度深，若承压水出现突涌等情况，对基坑影响很大，且后期较难处理，所以宜在基坑开挖前对局部电梯井范围进行处理，降低承压水的风险。

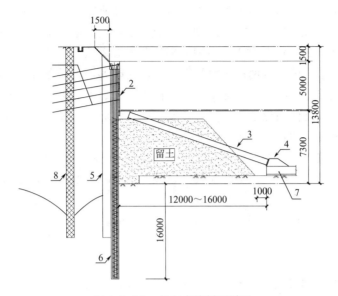

图 3.5.6-2 斜向支撑剖面详图

1—48×3.2 锚管@1200，长度 7000，下倾 10°；2—喷射 80 厚 C20 混凝土面层，

内配一层 6.5@250×250 钢筋网；3—双拼 609 钢管斜向支撑；4—混凝土牛腿；

5—φ850 三轴水泥土搅拌桩；6—φ1000 钻孔灌注桩；

7—已施工的基础底板；8—自流深井

各土层物理力学指标

表 3.5.6-1

土 类	厚度（m）	含水量（%）	重度 γ（kN/m³）	天然孔隙比	黏聚力 C（kN/m²）	内摩擦角 φ（°）	渗透系数（10⁻⁵cm/s）	
							垂直 Kᵥ	水平 Kₕ
杂填土	0.3~1.4		(18)		(10)	(10)		
素填土	0.2~2.6	28.9	19.20	0.806	4.0	30.5		
黏质粉土	0.7~4.6	29.0	19.13	0.816	5.7	30.5	0.8	3.9
砂质粉土	1.7~5.1	27.4	19.23	0.783	5.3	30.7	8.7	5.7
砂质粉土	2.0~8.0	27.7	19.25	0.787	5.0	30.9	36.0	85.0
粉砂	1.7~11.1	24.8	19.65	0.705	3.6	31.8	22.0	22.0
砂质粉土夹黏质粉土	1~3.8	26.9	19.23	0.776	5.0	30.6	22.0	22.0
淤泥质粉质黏土	0.8~3.0	42.4	17.47	1.226	12.0	13.5		
淤泥质粉质黏土夹砂质粉土	4.2~9.8	41.2	17.87	1.164	10.0	15.9		
粉质黏土	0.9~6.2	31.7	19.05	0.894	20.0	16.7		
粉质黏土	1~8.3	26.0	19.89	0.722	24.1	19.1		
粉质黏土	0.8~6.8	25.0	20.01	0.697	18.2	20.9		

注：括号内数值为经验值。

4. 基坑特点

该基坑具有如下一些特点：

（1）基坑影响深度范围内的地基土主要为填土、黏质粉土、砂质粉土、粉砂、淤泥质黏土等，开挖范围内主要为粉砂性土，地下水位较高，渗透性强（10^{-4}cm左右），坑底3～5m以下为较深厚的淤泥质黏土和淤泥质粉质黏土夹砂质粉土层，局部电梯深井已经接近或位于淤泥质黏土层中，这两层土力学性质差，层厚大，土质条件差，围护设计应对基坑的防渗截水、浅层障碍物及不良地质等对围护体施工的影响等予以充分考虑。

（2）基坑东侧及北侧临近道路，对基坑变形控制要求高。设计应合理控制变形，确保临近建筑及道路的安全和正常使用。

（3）基坑面积较大，开挖深度深，施工工期较长，基坑开挖影响范围较大。

（4）基坑东侧及北侧距离用地红线较近，且考虑到施工场地等各方面的要求，无较大的放坡空间。基坑西侧现为空地，环境条件好。

（5）局部电梯井开挖深度深，因适当考虑承压水的影响。

5．主要设计措施

在基坑西侧有条件的范围，采用放坡围护。

在基坑L形的角部夹层楼板开洞范围采用钻孔灌注桩结合两道钢筋混凝土内支撑支护方案。即采用一排ϕ1000mm的钻孔灌注桩作为围护桩，坑内布置两道钢筋混凝土内支撑以控制基坑变形，坑外设置一排套打的ϕ850mm三轴水泥土搅拌桩作防渗截水帷幕，同时也防止土从桩间流出。

在基坑东侧及北侧其余范围，表层－7.400m以上范围采取ϕ1000mm钻孔灌注桩复合土钉墙形式，在相对标高－7.400m处设置斜向双拼ϕ609mm钢管支撑，并在坑外设置一排连续套打的ϕ850mm三轴水泥土搅拌桩作防渗截水帷幕。施工时采用中心岛方式施工。

局部电梯深井坑中坑高差较大，且接近或位于淤泥质土层中，采用ϕ600钻孔灌注桩结合混凝土内支撑的形式。且考虑到承压水的因素，该范围采用ϕ800高压旋喷桩满堂加固。

6．施工及监测

表3.5.6-2为基坑周边布置的15个测斜管CX1～CX15（位置如图3.5.6-1所示）监测得到的施工期间水平位移最大值。由表可见，大部分范围，围护体变形略超过设计计算值，达到5～7cm。主要原因在于深坑施工中，深坑高压旋喷桩深度较深，在坑底附近成桩质量不理想，对围护体边的变形造成了一定的影响，但周边环境方面均未见明显的裂缝和沉降，围护体系安全稳定。

各测斜孔最大水平位移汇总表　　　　　　　　　　　　　表3.5.6-2

点位编号	累计变形量（mm）	点位编号	累计变形量（mm）	点位编号	累计变形量（mm）
CX1	－62.8	CX6	－73.3	CX11	－39.1
CX2	－60.6	CX7	－70.0	CX12	－45.5
CX3	－55.6	CX8	－68.3	CX13	－25.6
CX4	－63.6	CX9	－58.0	CX14	－13.4
CX5	－76.0	CX10	－60.5	CX15	－22.9

　　本围护设计根据场地情况，在空地范围，采用放坡围护，有效地节省了工程造价；在基坑东侧、北侧临近道路的范围，采用二道水平支撑、土钉结合一道斜向支撑中心岛开挖的方式，围护体顺利实施，且未对周边环境产生影响，基坑围护取得了圆满成果。图3.5.6-3为中间基础底板施工结束后，设置钢管斜撑，周边开挖或开挖到底的现场照片。

图 3.5.6-3　竖向斜撑设置后开挖至坑底

4 超深地下工程组合支护技术

4.1 概　　述

随着我国城市建设的不断发展和对地下空间开发利用的日益增多，基坑工程向着更大更深的方向发展，日益复杂的施工环境和不断提高的设计要求，对基坑工程的发展带来了巨大挑战。在很多情况下传统常规的支护结构已经不能满足复杂条件的支护要求，组合支护技术得到越来越多的应用。

对超高层建筑而言，为满足高速电梯运营及消防的需要，基础底板以下需设置较深的电梯井坑及集水坑，基坑施工时存在坑中坑且内外坑高差较大的情况；对地下机械停车库而言，常常在大面积地下室以下再设置较深的井筒，形成超深的坑中坑（图4.1a）；一些特殊项目，在基坑施工过程中，临时调整建筑方案，增加地下室的深度，基坑开挖深度临时加深，原外侧支护结构不能满足变形和稳定性的要求，需在内侧再增加一道支护结构来保证基坑开挖的安全（图4.1b）。由于该双排组合支护结构比较特殊，内外支护结构之间相互影响较大，使得该支护结构的变形特性相对复杂，内部结构的设计对基坑周围变形控制有重要影响。

(a)　　　　　　　　　　　　　　　　(b)

图4.1　特殊双排组合支护结构的应用

（a）坑底局部落深；（b）施工过程基坑加深

4.2　组合支护结构侧压力

支护结构上作用的土压力是影响基坑变形特性和稳定性的重要因素，因此，合理有效地评估支护结构上的侧压力是组合支护结构设计的重要内容。

对如图4.2所示的双排组合支护结构而言，外部支护结构所受到的主动土压力仍可近似按照常规土压力计算方法通过朗肯或库伦土压力理论计算得到，但其被动区的侧压力介于主动土压力与被动土压力之间，具体大小取决于内部支护结构的位移；对于内部支护结构而言，其受到的主动土压力由于受到外部支护结构的影响，已经不能按照传统土压力计算方法计算，其主动土压力分布相对复杂，具体数值介于主动土压力与被动土压力之间，但小于外部支护结构的被动土压力。

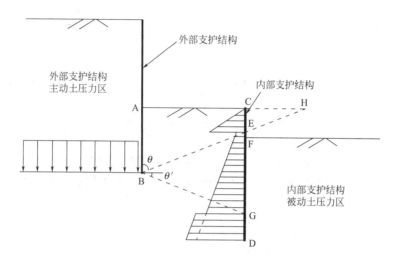

图 4.2 组合支护结构示意

文献 [45] 结合杭州某实际工程，对组合结构侧压力进行了研究，研究结果表明，对于内部支护结构而言，其所受到的土压力较为复杂，而且受到多种因素的影响，合理的设计支护结构的深度、位置能有效降低其土压力，使其支护性能发挥到最优。

4.3 组合支护结构稳定性

基坑支护结构的稳定特性是基坑工程设计的重要内容，基坑的稳定性也是影响基坑安全的重要内容。对于新型组合支护结构来讲，由于其复杂的结构形式，稳定性受到影响的因素更多。

对于组合支护结构的整体稳定性，可以参考现有基坑规范中的方法，采用圆弧滑动法验算支护结果和地基的整体抗滑移稳定性，通过试算确定最危险的滑动面和最小安全系数，考虑内支撑作用，通常不会发生整体稳定破坏，对于设置多道内支撑时也可以不作验算。

组合结构的抗倾覆稳定性可以通过将支护结构分为内外支护结构分别求解，对于外部支护结构可以以最下道支撑点为中心，计算最下道支撑点以下支护桩在土压力作用下的抗倾覆作用。如图 4.3-1 所示，O 点以下的土压力用规范采用的朗肯土压力计算方法计算得到。

对于内部支护结构，以内部结构上的第一道支撑 C 为中心，计算 C 点以下的支护桩在土压力作用下的抗倾覆作用，如图 4.3-2 所示，支护结构上的主动土压力按照上述方法计算，被动土压力利用朗肯土压力计算方法计算。

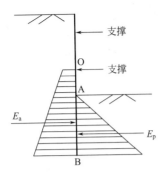
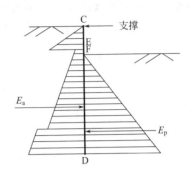

图 4.3-1　外部支护结构抗倾覆稳定性计算　　　　图 4.3-2　内部支护结构抗倾覆稳定性计算

组合支护结构的抗隆起稳定性对保证基坑稳定和控制变形意义重大。为了分析组合支护结构的抗隆起稳定性，采用圆弧滑动稳定性验算方法，认为内部支护结构嵌入的墙体能够起到抵抗基底土体隆起的作用，假定土体沿墙体地面滑动，如图 4.3-3 所示，产生滑动的力为土体自重和地面超载，抵抗滑动的力为滑动面上的土体抗剪强度，在计算滑动面上的抗剪强度时采用 $\tau = \sigma \tan\varphi + c$。

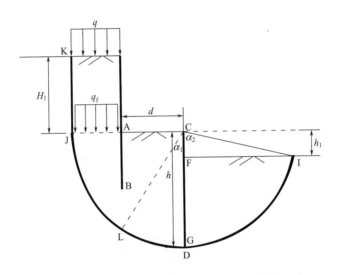

图 4.3-3　组合支护结构抗隆起稳定性计算

对于组合结构来说，其抗渗流、抵抗承压水等稳定性分析可以通过常规基坑的方法进行。通过对支护结构稳定性的分析，能有效地保证基坑的安全性。要求计算得到的稳定系数不小于常规支护条件下的稳定性系数，当坑底有软土层时，稳定系数可以适当增加，当基坑稳定性不够时，应采取有效措施，如增加支护结构潜入深度、加固被动区等方式提高组合支护结构的整体稳定性。

4.4　组合支护结构变形性状

支护结构的变形特性是影响基坑稳定性及周边建构筑物变形的重要因素，也是基坑设计所关心的重要问题，对于新型组合支护结构，其结构相对传统支护结构更为复杂，受力变形影响的因素较多，为了研究组合支护结构的变形性状，文献［45］结合杭州某实际工程采用 Plaxis 有限元软件对影响组合支护结构变形的影响因素进行了分析。研究了内外支护结构叠加深度、内部支护结构嵌入比、基坑外超载、支撑间距、内外墙间距对组合支护结构变形特性的影响。

外部支护结构的被动区土压力影响着内部支护结构主动区土压力，反之亦然，二者密切相关，相互影响程度取决于外部围护墙与内部围护墙的距离。为了更好地理解两者之间的相互影响，定义相互影响系数，假设距离 1m 时的相互影响系数是 1，15m 时的相互影响系数是 0，那么当距离为 i 时，相互影响系数定义为：

$$\varphi = \frac{\Delta_i - \Delta_{15}}{\Delta_1 - \Delta_{15}} \qquad （式 4.4）$$

式中 Δ_i 是两支护结构间距为 i 时内部支护结构的最大变形；Δ_1 和 Δ_{15} 分别为支护结构间距 1m 和 15m 时内部支护结构的最大位移。

图 4.4-1 对通过数值分析得到的相互影响系数随着距离的变化关系进行了拟合，从拟合结果可以看出，相互作用系数随着两支护结构间距的增加基本呈线性降低趋势。

当内部围护墙与外部围护墙之间的距离变化时，基坑坑底隆起量也有相应的变化，图4.4-2 给出了二者之间的关系，其中间距为 0 时，代表没有内部支护结构时的情况。由图可以看出：内部支护结构的增设减少了基坑开挖时的坑底隆起量，降低了基坑发生隆起破坏的可能性；随着距离的增加，两结构之间的相互作用减少，同时坑底隆起量也在不断地减少，因此增加两道支护结构之间的距离是增加基坑抗隆起稳定性安全度的重要措施。

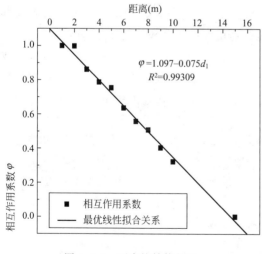

图 4.4-1 两支护结构相互作用系数拟合关系

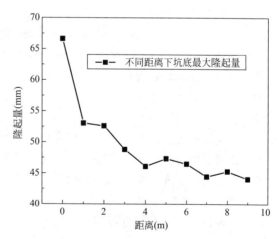

图 4.4-2 不同内外支护结构距离时坑底隆起的最大值

4.5 复杂地下障碍物处理技术

从古至今的自然演变、社会变迁和人类活动形成了较多的地下障碍物，给工程建设带来了难题。工程中常见的地下障碍物主要包括：

（1）深厚填土中的块石、建筑垃圾等；

（2）旧江、河驳坎、堤坝、抛石等；

（3）废弃的深基础、地下结构、基坑围护结构及工程桩；

（4）废弃的地下排水设施、管道、古井、古墓等。

在以上描述的复杂地层中进行基坑支护，围护体选型首先需要考虑施工的可行性问题。当有条件进行清障时，预先对障碍物进行清除，然后回填素土，再进行正常的工程建设。常用的清障方法包括：

（1）机械开挖。一般使用于场地开阔、地下水位较低、障碍物埋置较浅的情况；放坡开挖有困难时，也可进一步辅以钢板桩、降水等措施；开挖清障一般要求边清障边回填，避免开挖过长引起的边坡失稳及环境灾害。

（2）人工挖孔。适用于土质条件较好、地下水位低、障碍物埋深相对较深的情况。在具备安全保证措施的基础上，采取人工挖孔措施，及时护壁，挖至预定的深度清除障碍物，然后回填，再进行桩基或地下连续墙的施工。

（3）套管拔除。适用于清除废弃的工程桩，采用专门的机械将钢套管插入待拔除桩周边土体，将桩包入，分段或全长将桩拔出，当桩身抗拔性能较差而无法整根拔出时，也可用重锤砸碎后再清除钢筋及混凝土。当需清除地下结构而环境保护要求较高时，宜采用全回转套管切割工艺。

（4）多工艺组合清障。针对各种施工机械的不同特点，在不同深度组合使用，在成桩或成墙过程中消除地下障碍物的影响。以地下连续墙工法为例，在地下 10～20m 深存在较多大块石等障碍物时，可在成槽至障碍物顶面而无法继续成槽时，采用旋挖钻机、冲击钻等桩机击碎、松动深层块石层，然后继续成槽。

在本章第 5 节的工程实例中，浙江××大厦工程，场址上存在大量原建筑的基础工程桩，包括 22m 长的预制方桩和沉管灌注桩，部分桩位与地下连续墙重合，因此需要拔除。但距离地下墙约 5m 范围存在 2 幢桩结构状况很差的浅基础住宅楼，为确保其在拔桩、成槽过程中的安全，首先在地下墙外侧预先采取了高压摆喷槽壁加固技术，对废弃的工程桩采取了全钢套管护壁结合起重机拔除、人工凿除的措施，该处理方案的实施效果比较理想，在保证了周边环境的基础上，成功地完成了地下连续墙的施工。××大楼工程，设 2 层地下室，部分范围围护用钻孔灌注桩遇到大量原钱塘江底部抛石，采用深井降水结合人工挖孔的清障措施，效果良好。××大厦工程，地下连续墙遇到原围护用钢筋混凝土咬合桩，设计采用了人工挖孔部分清除、地连墙减短和坑内外高压旋喷加固的综合措施，较好地处理了复杂障碍物的清理问题。杭州××客运码头工程存在旧工程桩、运河填土、驳坎等地下障碍物，经合理选择围护桩形式较好地解决了这一问题。

4.6　实　　例

4.6.1　杭州湖滨地区某旧城改造项目（施工过程地下室增加一层）

1. 工程概况

杭州湖滨地区某旧城改造项目（图 4.6.1-1）场地平面尺寸约 360m×60m，原设计二

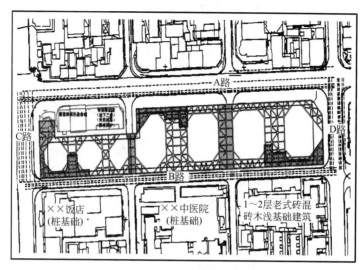

图 4.6.1-1　周边环境情况

层地下室，开挖深度约 11m，周边环境条件复杂。设计采用 700mm 厚地下连续墙（二墙合一）结合二道钢筋混凝土内支撑的围护方案，局部范围进一步采取了水泥土搅拌桩被动区土体加固措施。

按照设计图纸要求，工程桩（钻孔灌注桩）、地下连续墙、被动区水泥土搅拌桩及支撑系统的竖向立柱陆续施工完毕。正在进行第一层土方开挖及第一道钢筋混凝土内支撑施工时，由于建筑功能的调整，建设单位提出了地下室增加一层的设想。经初步估算，地下室调整为 3 层后，基坑开挖深度将增加 4m，达到 15m，根据当时的施工状况，地下室增层主要需要考虑如下技术问题：

（1）已经施工的地下连续墙按地下二层设计，其墙厚、深度及配筋均不满足地下三层的要求，地下室增层施工时，应采取措施确保地下连续墙在其承载性能范围内工作；

（2）原地下连续墙紧贴用地红线，红线外没有增设围护体的空间；

（3）已经施工的支撑竖向立柱底标高约 −13.000m，小于加深后的基坑开挖深度；

（4）环境条件复杂，基坑变形控制要求高，围护体的最大侧向位移应控制在 30mm 之内。

2. 周边环境

本工程用地红线外 3～4m 均为市政道路，道路下有包括雨水管，自来水管，中、低煤气管在内的众多管线。基坑东侧距离基坑 13～15m 有大量 1～2 层的老式砖混、砖木结构建筑。场地西南角距离基坑约 5m 有 5～6 层天然基础建筑物。基坑各边的变形控制要求均比较严格。

3. 水文地质条件

场地内土层分布略有起伏，基坑影响深度范围内的地基土主要为填土、黏质粉土和淤泥质土和粉质黏土。场地土层分布，自上而下分述如下：

第 1 层为杂填土，灰黄色、灰色及杂色，含较多砖瓦碎块、碎石等建筑垃圾，含量约为 35%～55%，最大粒径为 6～7cm，一般粒径为 1～3cm，其他以粉质黏土为主，少量生活垃圾。层厚 0.9～6.1m。

第2层为黏质粉土，灰～浅青色，稍密，饱和，层厚约2.5～8.0m。

第4层为淤泥质粉质黏土，灰色，流塑，饱和，局部夹粉土团块，层厚约0.6～12.55m。

第7层为粉质黏土，黄褐色，可塑～硬塑，层厚约3.5～11.0m。

第9层为粉质黏土，灰黄、灰白夹黄褐色，可塑～硬塑，层厚约4.4～9.5m。

（典型地质剖面如图4.6.1-2所示，各层土的物理力学指标见表4.6.1）

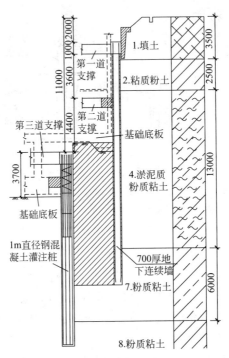

图4.6.1-2　围护及地质剖面图

各土层物理力学指标 表4.6.1

土　类	层　号	重度 γ (kN/m³)	摩擦角 φ (°)	黏聚力 C (kPa)
杂填土	1	17.5	15	12
黏质粉土	2	19.2	21	16
淤泥质粉质黏土	4	18.2	8	10
粉质黏土	7	19.5	14	30
粉质黏土	8	19.6	20	36

4. 地下三层平面范围确定及基坑围护措施

由于围护体不能超越用地红线，在地下连续墙外侧另外增设围护体没有可行性，为确保地下连续墙正常工作，经与建设单位、建筑、结构等专业协商，确定地下三层范围外墙线适当退进，退进距离一般为3～5m，保证地下二、三层交接处能有一定的空间设置围护体。地下三层的平面范围确定后，进一步采取的主要围护措施如下：

（1）中间地下三层的深坑采用一排 $\phi1000$ 钻孔灌注桩结合一道钢筋混凝土内支撑支护，这道支撑同时作为整体基坑的第三道支撑。由于地下墙及原竖向立柱已施工结束，故整个围护体系尽量维持原有的特点，第一、二道支撑的平面布置不再调整，第三道支撑的平面布置遵循第一、二道支撑的布置原则。（剖面图如图 4.6.1-2 所示，平面图如图 4.6.1-3 所示）

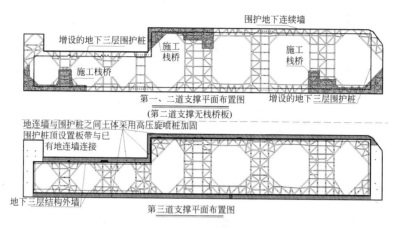

图 4.6.1-3　支撑平面布置图

（2）由于已经施工的竖向立柱底标高低于地下三层坑底标高，因此需要加固处理，处理方法如下：

1）第三道支撑按一般布置原则增设竖向立柱，立柱支承桩全部利用新增的基础抗拔桩；但第三道支撑同时作为原竖向立柱的临时支承构件，因此新设竖向立柱需考虑原竖向立柱传递的荷载，第三道支撑杆件需支托原竖向立柱时，应同时按转换梁设计。

2）第三道支撑施工结束，挖土至坑底后，进行原竖向立柱的加固工作，加固应跳开进行，严禁相邻两根立柱同时进行凿桩、加固。具体加固措施为：首先完成凿桩工作，凿桩工作完成后，原立柱处于完全由相邻立柱通过第三道支撑梁支承的状态，然后接长立柱，使之支承在桩顶。

3）一根立柱加固完成后，才能进行邻近立柱的加固。

立柱托换工况如图 4.6.1-4、图 4.6.1-5、图 4.6.1-6、图 4.6.1-7 所示：

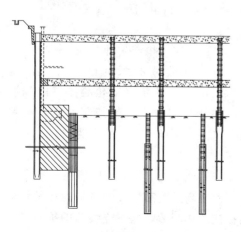

图 4.6.1-4　立柱托换工况 1

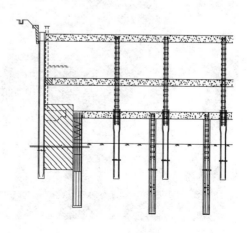

图 4.6.1-5　立柱托换工况 2

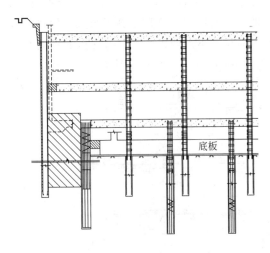

图 4.6.1-6　立柱托换工况 3　　　　　　　图 4.6.1-7　立柱托换工况 4

工况 1：第二道支撑施工完成后，挖土至第三道支撑底标高。

工况 2：第三道支撑施工结束，挖土至坑底，新增立柱桩顶超灌混凝土保留的情况下，开始进行原有立柱加固工作，加固工作应逐根跳开进行，严禁同时进行相邻桩的加固工作。

工况 3：完成所有立柱的接长加固工作后，新增立柱的超灌混凝土可以凿除，然后施工基础底板。

工况 4：基础底板施工完成且达到设计强度后，拆除第三道支撑。

（3）对钻孔灌注桩与地下墙之间的土体采用高压旋喷桩加固，改善地下连续墙被动区土体的性能。

（4）在深坑围护桩与地下墙之间设置板状传力带，确保地下墙的内力在原设计控制范围之内。

图 4.6.1-8　立柱托换现场照片

5. 计算分析

采用本章前述的组合支护结构计算理论，计算分析内容主要包括如下几个方面：

（1）基坑的稳定分析

地下连续墙的深度已经确定，地下二、三层交接处新增钻孔灌注桩的深度是基坑整体稳定安全度的控制因素，绕钻孔桩桩端滑动的安全系数为 1.63，满足要求。

（2）地下连续墙的抗倾覆稳定验算

考虑高压旋喷桩被动区加固体及坑中坑围护桩的作用后，地下连续墙的抗倾覆稳定安全系数为 1.33，满足要求。

（3）钻孔灌注桩的抗倾覆稳定验算

桩顶标高按地下二层坑底标高考虑，地下二层以上由地下连续墙支挡的土体按超载考虑，据此得到的安全系数为1.54，满足要求。

（4）基坑的隆起稳定按开挖深度15m，钻孔灌注桩的插入深度为12.3m，经验算，桩底抗隆起安全系数为2.22，坑底抗隆起安全系数为1.75，均满足要求。

（5）地下连续墙的内力变形分析

考虑高压旋喷桩被动区加固体、坑中坑围护桩在开挖及拆撑工况的变形等因素后，调整被动区土体水平基床系数，使地下连续墙在全过程各施工工况的内力及变形包络图在原设计包络图范围内，一般剖面作用于墙身的最大弯矩不超过950kN·m，最大侧向变形不超过30mm，保证其安全和正常使用。

6. 施工与监测

本工程至2009年初开始施工，至2009年11月左右大面积开挖至坑底，2010年4月±0.000以下部分施工完毕。施工现场如图4.6.1-9所示。

整个施工过程中，围护体系安全稳定，坑内未见涌水、涌土、坑底隆起等现象；施工过程中，基坑分块开挖，流水作业，立柱托换基坑周边建筑物及道路正常使用，未见明显裂缝及变形。

对监测结果进行分析，结果表明：

（1）基坑累计深层土体位移最大不超过26mm，多数位置深层土体位移控制在20mm以内（典型的深层土体位移曲线如图4.6.1-10所示）。

图4.6.1-9 基坑挖土至坑底后的现场照片

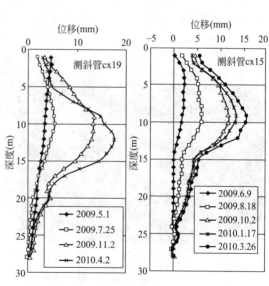

图4.6.1-10 典型深层土体位移曲线

（2）地表累计沉降

地表沉降监测结果如图4.6.1-11所示。

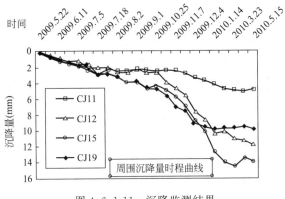

图 4.6.1-11 沉降监测结果

4.6.2 杭州钱江××广场（施工过程地下室增加一层）

1. 工程概况

该项目位于杭州市钱江新城××地块，由 2 幢 39 层和 2 幢 27 层超高层写字楼和宾馆组成，裙房 3～5 层，为框架-核心筒结构，平面尺寸约 190m×160m，总占地面积 29339m²。基础形式采用 ϕ800～1000mm 钻孔灌注桩基础。基坑原设计为 2 层地下室，开挖深度分别为 11.65m 和 13.6m，设计采用土钉墙或钻孔灌注桩复合土钉墙的支护形式，图 4.6.2-1 为原方案的剖面图及现场照片。但当围护桩施工完毕且开挖到约 6m 之后，建设方将地下室调整为 3 层，相应的基坑开挖深度变为 14.05m 和 15.70m。

图 4.6.2-1 原方案开挖 6m 后的现场照片及典型围护剖面图

2. 周边环境条件

基坑四周距离用地红线 0.7～12.8m 不等，红线外均为刚刚新建的道路，道路下均埋设有电力管、污水管、煤气管等大量的市政管线，部分管线距离基坑边很近（图 4.6.2-2）。

3. 水文地质条件

根据工程地质勘察报告，基坑开挖影响范围内的土层分布及物理力学指标见表 4.6.2-1。该场地存在一层潜水层和承压含水层：潜水层在地表下 2.0m 左右，厚度近 18m，为孔隙

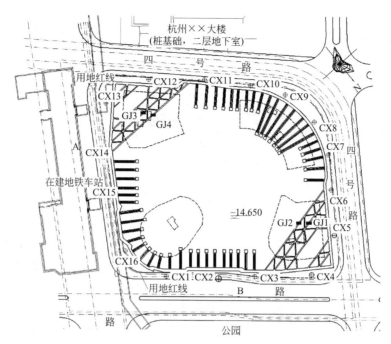

图 4.6.2-2 基坑总平面及测点布置

潜水，渗透性较大，与周边地表水及河流水系联系密切，勘察期间测得地下水位埋深在地表下 1.70～3.40m；承压水层主要处于层⑧粉细砂层和层⑨圆砾层，其隔水层顶板埋深标高为－19.46～－25.55m，含水层厚度达 25m，承压水头为地表下 5.0～9.3m。

土的物理力学指标   表 4.6.2-1

层号	土层名称	重度 $\gamma/kN/m^3$	固结快剪		水平渗透系数 $/\times10^{-3}cm/s$	土层厚度/m
			$\phi/°$	C/kPa		
①－1	杂填土	18.5	15	8		0.6～6.9
①－2	素填土	18	12	10		0～4.8
②	砂质粉土	19.14	32.4	6.2	2.92	1.0～6.1
③	砂质粉土	19.26	32.0	6.5	3.85	1.6～9.3
③－夹	淤泥质粉质黏土					1.5～2.1
⑤	粉砂	19.60	33.7	5.5	4.11	4.3～11
⑥	淤泥质粉质黏土	18.00	14.2	13.2		2.4～6.1
⑦－1	粉质黏土	19.60	19.4	26.7		1.0～5.5

4. 基坑特点

（1）本工程原设两层地下室，全部钻孔灌注桩及大部分深井已施工完毕，基坑土方平均开挖至－6.000m 标高，大部分范围已完成第四道土钉的施工。开挖深度增加后，围护设计在现有的围护措施基础上，一方面需考虑合理的地下水处理措施，同时要对原围护体进行加强，以解决基坑的稳定与变形问题。

（2）基坑深度范围内的土体均以粉性土为主，土质较均匀，强度高，渗透性也较好，围护设计应充分考虑好地下水的处理措施，如果采用坑外降水措施，要解决深层降水带来的周边设施沉降问题。

（3）基坑四周均为道路及管线，场地条件非常紧张，环境条件差，围护设计应合理控制基坑变形，确保道路及地下管线的安全。

（4）基坑平面尺寸大，空间效应小。

5. 主要设计措施

（1）在原围护钻孔灌注桩的后侧打设一排 $\phi850$mm SMW 挡墙（$\phi850$mm 三轴水泥土搅拌桩内插 H700×300 型钢）作为主要的侧向挡土结构兼防渗帷幕，经现场测量，大部分范围的现有土钉墙坡脚与钻孔灌注桩中心线的距离均在 1.5m 以上，考虑到施工偏差及扩颈因素后，三轴水泥土搅拌桩具有施工的可行性。局部范围，主要在基坑的东北角，由于土钉墙坡脚与钻孔灌注桩中心线的距离太小，SMW 挡墙无法在钻孔灌注桩后侧施工，经与主体结构协商，将该范围的 SMW 挡墙置于钻孔灌注桩的前侧，并采用 $\phi650$mm 三轴水泥土搅拌桩、型钢密插等措施减少新增围护体的宽度，同时保证围护体的刚度及强度满足要求。前置 SMW 挡墙与地下室外墙之间留有 100mm 的净空，利用处理后的围护体作为外墙模板，基础承台边与外墙平，内部另补基础抗拔桩。前置与后置的 SMW 挡墙交接处采用高压旋喷桩封堵，形成连续封闭的截水帷幕。

（2）由于预应力锚索的应用受到限制，为确保基坑的稳定和变形满足规范要求，坑内需设置内支撑。经与主体结构设计人员协商，内支撑的布置采取如下 2 种形式：

1）在基坑的西北角和东南角，该范围对应超高层的主楼，基础形式为厚板，开挖深度为 15.6m，为保证主体结构的整体受力性能，主楼基础宜一次施工。因此该范围增设一道钢筋混凝土水平大角撑。

2）在基坑的其余范围，采用中心岛的施工方法，基坑大面积开挖至 -10.000m 标高后，周边留设一定宽度的土体，中间范围挖至坑底，施工基础及混凝土牛腿，然后施工斜向钢管支撑，钢管支撑施工结束后，挖去周边留土，施工周边的基础。

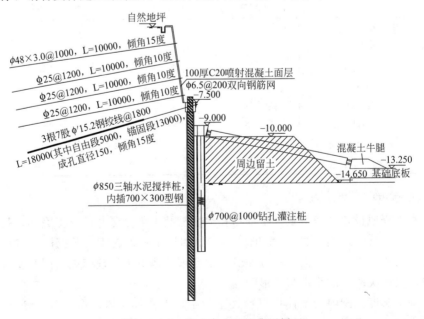

图 4.6.2-3 中心岛式开挖典型剖面

（3）基坑周边新增设的 SMW 挡墙插入至透水性较差的 6 号淤泥质土或 7 号粉质黏土层，将坑内外的水源隔断，这样，依靠已打设的深井就可以达到设计与施工的坑内外水位要求，不需要另外补打深井。

6. 分析计算及主要计算结果

图 4.6.2-4 为基坑开挖到距离基底约 2m 时，基坑东南侧的围护体水平位移沿深度变化的计算结果与相应范围测斜曲线 CX5 的比较。由图可以看出，计算和实测得到的位移最大值非常接近，且最大值都发生在接近开挖面附近。但计算值曲线的变化更能反映出支撑力对围护体变形的控制作用，而实测值反映的支撑作用并不是特别明显。可见由于基坑平面尺寸过大且形状不规则，大角撑形式的支撑杆件受力不大，从而使杆件无法有效抵挡围护体传过来的侧向力。

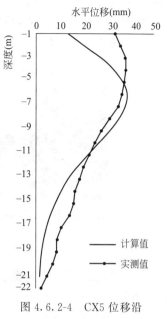

图 4.6.2-4　CX5 位移沿
深度变化曲线

7. 监测情况

表 4.6.2-2 为基坑周边布置的 16 个测斜管 CX1～CX16（位置如图 4.6.2-2 所示）监测得到的施工期间水平位移最大值。由表可见，除 CX3、CX4、CX5、CX6、CX8、CX9、CX13、CX15 累计位移略大于设计预警值 50mm 外，其他各测斜孔最大水平位移量均小于设计预警值。其实由于基坑在开挖到 6m 左右即施工到大约第四道土钉以后，由于地下室加深一层，中间经过了大半年的时间进行建筑、结构和围护设计图纸的调整、围护 SMW 工法桩施工（包括三轴水泥土搅拌桩打设和 H 型钢的插入，以及为了形成三轴搅拌桩施工场地而进行的场地平整和局部场地狭窄范围原围护钻孔灌注桩的接高），已开挖的基坑长期放置，土体的变形也是一直在发展的，因此，土体侧向位移稍微超过警戒值应该也是可以理解的。其中，CX3 和 CX9 的位移值偏大，是由于 CX3 位于水平支撑与斜向支撑 2 种体系的交界处，该范围围护体受力比较复杂；而 CX9 由于距离基坑内的电梯井深坑较近，电梯井的开挖深度达 18m 多，因此这 2 个位置围护体的变形都比较大。

各测斜孔最大水平位移汇总表　　　　　　　　表 4.6.2-2

孔号	CX1	CX2	CX3	CX4	CX5	CX6
最大位移/mm	45.5	44.1	65.1	52.9	50.6	58.7
发生深度/m	10	9	7	6	6	7
孔号	CX7	CX8	CX9	CX10	CX11	CX12
最大位移/mm	47.8	52.4	65.44	24.32	37.96	38.46
发生深度/m	5	6	9	4	6	8
孔号	CX13	CX14	CX15	CX16		
最大位移/mm	50.46	36.2	53.78	47.46		
发生深度/m	4	8	4	7		

8. 施工实施情况

本围护设计根据已有的围护措施以及施工的现状，有针对性地采用了 SMW 工法兼作截水及挡土结构，同时结合水平向以及斜向支撑的处理措施，有效地解决了基坑围护的难题，使加层后的地下室能顺利施工，且未对周边环境产生影响，基坑围护取得了圆满成果，图 4.6.2-5 为现场照片。该工程设计的成功之处在于：

图 4.6.2-5　现场照片

（1）有效地利用了原先已施工的钻孔灌注围护桩，使钻孔灌注桩与 SMW 桩形成双排桩式的支护形式，有效地控制了围护体的变形和稳定。

（2）根据场地条件紧张，可补桩的空间有限的情况，合理地采用了 SMW 工法桩兼作截水与挡土结构，一次性地解决了隔水问题和原围护桩桩长、桩径的不足问题。

（3）采取因地制宜的策略，有条件的位置尽量布置水平向内支撑，无条件的位置采用中心岛式开挖的斜向支撑处理。

（4）三轴搅拌桩施工条件异常艰苦，个别位置由于已施工钻孔桩的偏位与扩颈，三轴水泥土搅拌桩无法有效地连续搭接。后来搭接不好的位置虽经高压旋喷桩填实，但还是有个别地方在开挖过程中出现了渗漏现象。好在坑外本身就已布置了深井降水，基坑外的水位不高，另外，通过在坑外漏点位置增加深井，加强降水的措施，有效地解决了管涌的发生。

4.6.3　杭州××旅游客运码头（复杂地下障碍物）

1. 工程概况

该工程基坑平面形状为 L 形，最大边长分别为 146m 和 164m。主楼 31 层，裙房 8 层，下设 3 层地下室，基础采用桩筏基础，工程桩为钻孔灌注桩，设计±0.000 相当于绝对高程 7.800m，基坑周边的道路自然地坪标高－1.400m。如图 4.6.3-1 所示可以看到，该工程部分地下室已进入运河范围，为施工地下室，需设置围堰，对相应范围的运河回填，设计围堰及回填土顶标高－4.400m。综合考虑地下室基础及垫层厚度后，该基坑设计开挖深度分别为 13.4m 和 9.3m。电梯井范围坑中坑高差最大为 16.1m。

本工程地下室考虑分两期实施，主楼作为一期工程先行实施，其余范围作为二期工程。主楼基坑的平面形状为矩形，平面尺寸约 58m×62m，周边环境条件如下：

基坑南侧为杭州重要道路，地下室距离用地红线最近处约 9.8m，红线范围内有 1 根城市污水管（一污干管）距离基坑约 8.7m，污水管管径 1500mm，埋深 1.2m。红线外即为人行道及车道，道路下埋设有 ϕ300mm 及 ϕ900mm 自来水管（埋深 1.2m）、ϕ200mm 煤气管道（埋深 1.4m）、电力管线（埋深 0.7m）、ϕ400mm 雨水管（埋深 1.7m）等管线。

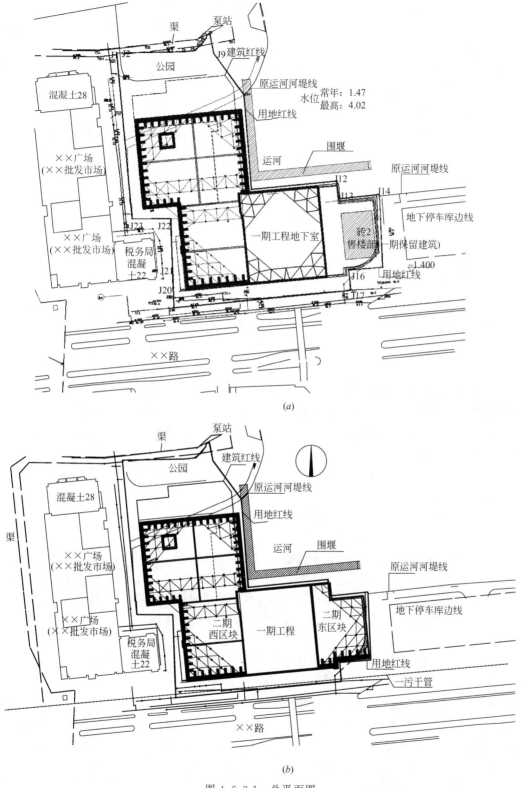

图 4.6.3-1 总平面图

(a) 一期工程总平面图；(b) 二期工程总平面图

基坑西侧有1幢8层大楼，东侧有1幢2层售楼部，这2幢建筑在一期工程施工期间需要保留，二期工程施工前拆除。大楼的基础采用 $\phi600mm$ 钻孔灌注桩，桩长32.5m，该建筑距离基坑最近处约6.6m；售楼部也采用钻孔灌注桩基础，距离基坑最近处约14.6m。基坑其余范围为运河，河水常年稳定水位标高为1.470m（绝对标高），河床底标高最深约-2.100m（绝对标高）。

2. 工程地质条件

根据工程地质勘察报告，场地土层分布大致为（各土层物理力学指标详见表4.6.3）：

土的物理力学指标表

表4.6.3

土类	层号	重度 γ（kN/m³）	摩擦角 ϕ（°）	黏聚力 C（kPa）	压缩模量 E_s （MPa）
杂填土	1	18.3	12	8	
淤泥	3-1	17.89	2.5	7.3	3
淤泥质黏土	3-2	17.84	6.5	10	4
粉质黏土	4-1	19.17	10.8	45.7	7
粉砂	4-2	21.66	27.8	23.7	8.5
粉质黏土	5	19.55	10.8	19.5	5
砾砂	6	22.53	26.8	9.2	9

第1层为杂填土。松散—稍密。大部分范围存在20～40cm的沥青或混凝土地坪。其下由含少量～大量的碎、瓦等建筑垃圾或生活垃圾，碎石，砂及黏性土和粉土组成，夹有机质土，结构较松散。运河部分主要由生活垃圾、塘泥及废油渣组成，底部局部夹黏质粉土或粉质黏土，层厚0.6～8.5m。

第3-1层为淤泥，流塑，含有机质，含有少量贝壳细屑，局部夹淤泥质粉质黏土，层厚约0.0～11.0m。

第3-2层淤泥质黏土，软塑，顶部局部为流塑，饱和，高压缩性，层厚约13.9～27.1m。

第4-1层为粉质黏土，可塑～硬可塑，局部为软塑黏土，土质不均匀，层厚约0.0～7.2m。

第4-2层为粉砂，中密，局部夹砾砂薄层或中细砂薄层，层厚约0.0～6.2m。

第5层为粉质黏土，软塑～可塑，层间局部夹黏质粉土或淤泥质粉质黏土，层厚约0.0～7.5m。

第6层为砾砂，中密，含一定量中细砂，砾石含量30%～40%，层厚约0.0～6.3m。

第7层为基岩。

本工程地下水埋深变化大，勘察期间水位在地表下0.0～7.4m，水位受大气降水和运河水位影响。地下水主要存在杂填土中，下部赋存在4-2粉砂及6层砾砂中（孔隙承压水），水量有限。勘探钻孔时，个别孔钻至33m时发生喷水现象，初步判断为粉砂层承压水。

本工程的不良地质现象为：

（1）杂填土深厚，且成分复杂；

(2) 淤泥及淤泥质土层深厚；

(3) 运河两岸填有抛石，且有一定厚度，部分范围厚度达 2m；

(4) 原运河范围的填土为含水量高的新近填土；

(5) 原码头的废弃工程桩、运河驳坎及其下木桩位于围护桩位置。

3. 基坑支护方案

本基坑工程具有如下一些特点：

(1) 基坑影响深度范围内的地基土主要为填土、淤泥质土。填土组成复杂，局部范围厚度达 8m，原码头范围还存在不少废弃的预制桩，桩长 10m 左右；且部分地下室将建在运河中，施工前需施工围堰、填河打桩，运河河堤范围存在较多的抛石障碍物，围护方案选择应充分考虑在这种地质状况下，围护结构的施工可行性及施工质量。

(2) 该工程开挖深度普遍达 13.4m，基坑开挖的影响范围相应比较大。

(3) 基坑周边距离用地红线均比较近，四周红线外均为道路或已有建筑物，道路下埋设有大量的市政、电力、煤气等管线，特别是一污干管应严加保护。

(4) 由于基坑位于××路与运河之间，两侧的土压力不平衡，基坑南侧地面与运河河床的最大高差达 8.5m，围护设计应对基坑的整体移动及临时围堰的安全予以充分考虑。

(5) 一期围护设计应考虑与二期工程的衔接。

综合考虑以上特点，本工程采用分期施工措施，将平面形状复杂、面积庞大的整个基坑分为几个小基坑，对基坑变形控制及土压力不平衡问题的解决均很有利。经多方案分析比较，确定采用围护墙结合多道混凝土内支撑的围护方案。

在围护体的选择方面，设计首先考虑采用地下连续墙，但由于在原码头范围存在较多预制桩，拔除后土体比较松散，如采用地下连续墙，一方面需采用比较可靠的槽壁加固措施，另一方面，如果施工中遇到没有拔除的老桩，处理相当麻烦。经反复分析比较后，最后确定采用咬合灌注桩作为围护桩。

咬合桩近年来在杭州的市政项目上得到一些应用，但在建筑工程中应用较少。它采用沉管取土的施工工艺，在深厚地层中形成钢筋混凝土桩与低强度等级的素混凝土截水桩相嵌的连续墙体，集挡土与截水于一体，围护体的占地面积小，且造价较地下连续墙低。本工程杂填土厚、成分复杂，采用一般钻孔灌注桩存在成孔难、充盈系数大的问题，采用沉管取土工艺后，成孔及桩身质量、截水效果均有保证。

本工程采用 ϕ1m 咬合桩，桩间搭接 300mm。

为解决基坑南北两侧的土压力不平衡问题，设计采取了如下一些技术措施：

(1) 采用连续搭接的咬合桩作为围护桩，围护体形成了一个连续封闭的矩形筒体，抗侧力性能好。基坑南侧的咬合桩穿透淤泥质土层，进入性质较好的 4 号土不少于 1m。

(2) 合理布置内支撑系统。在××路一侧，沿竖向设置三道钢筋混凝土支撑，支撑平面布置形式为对撑结合角撑，使南侧的土压力尽量向东西侧传递，并结合中间对撑，与咬合桩筒体共同形成一个强大的抗侧力体系；基坑北侧沿竖向布置两道钢筋混凝土角撑。

(3) 对南侧的被动区土体采用满堂高压旋喷桩加固，加固体顶标高设置在第二道钢筋混凝土支撑底部，使挖土过程每一工况的被动区土体均得到改善。

(4) 对施工提出严格要求，严格控制南侧基坑的无支撑暴露时间及坑底的无垫层暴露时间。基坑变形控制标准：土体最大侧向位移 50mm，地面沉降 50mm。

（5）加强围堰设计。为充分考虑可能的不平衡荷载影响，围堰设计宽度 6m，双排钢板桩内嵌密实的袋装土，前后钢板桩之间可靠连接，桩长均为 15m，以保证足够的插入深度。

4. 一期工程基坑工程施工及监控

2005 年 1 月份开始进行咬合桩施工，施工过程非常顺利，个别地方碰到了原有预制桩而及时调整了桩位，所有桩的充盈系数均比较理想，最大值没有超过 1.1。

本工程土方外运充分发挥了运河的优势，采用船运，避免了在闹市区陆运产生的各种麻烦，效率高，成本低。土方开挖的平面顺序基本是由南至北。

4 月份开始挖土施工第一道钢筋混凝土支撑，5 月份开始开挖第一道支撑以下土方，现场监测结果表明，南侧土方开挖到第二道支撑底部标高后，该侧最大的深层土体侧向变形达到 15mm，支撑施工完成后发展到 20.8mm，远大于设计相应工况的计算值 13mm，经各方协商，对第二道支撑以下的土方开挖及支撑施工提出如下要求：

（1）南侧土体严禁一次性全部开挖，先进行东南角的土方开挖，形成西南角角撑的施工工作面；

（2）2 天内完成西南角角撑的施工，养护 4d 后，方可进行南侧其余土方的开挖。

6 月份开始进行第二道支撑以下土方开挖，开挖结果表明，原设计的高压旋喷桩加固体近乎不存在，对几个稍好一些的桩进行取样检测，28d 的单轴抗压强度一般为 0.2～0.5MPa，远远达不到设计要求。挖土至第三道支撑底部后，基坑变形迅速增长，南侧深层土体的最大侧向变形达到 37mm，角撑施工结束后达到 50mm，路面沉降也已接近50mm，二者均已达到设计警戒值。基坑北侧的最大深层土体侧向位移发展到 38mm，基坑没有产生漂移。

从以上 2 个工况的变形性状可以看到，本工程的被动区加固体没有达到预期效果，软土的流变性状非常显著，挖土结束至支撑施工完成之间的变形增量比较大。在这种情况下，为有效控制基坑变形，确保周边道路、管线及设施的安全，设计提出下一阶段的技术要求：

（1）南侧坑边 8m 范围内，原设计的 200 厚块石和 100 厚素混凝土垫层改为 100 厚碎石加 200 厚 C30 钢筋混凝土垫层，在不增加基坑开挖深度的基础上，形成坑底的第四道支撑；

（2）分段开挖，分块施工垫层。首先进行东南角土方开挖，挖土至坑底后，24h 内完成角部有筋垫层施工，养护 4d 后，进行其余范围的土方开挖及有筋垫层施工，8m 宽的有筋垫层全部施工结束后，才能进行基坑中部的土方开挖；

（3）在 8m 宽的有筋垫层上采取反压措施，减少坑底隆起量。

以上措施取得了成效，开挖到坑底后，南侧土体变形发展到 67mm，北侧发展到50mm，有筋垫层形成后，变形趋于稳定。基坑、围堰及周边环境的安全得到了保证。

综合监测成果，分析基坑四周土体变形规律发现，本基坑虽然变形较大，但基坑整体没有产生漂移，各道支撑轴力的大小及分布也比较合理，虽然高压旋喷桩加固体质量不理想，但及时采取措施后，确保了工程的顺利进行，保证了周边道路及管线的安全。

5. 二期工程基坑工程施工及监控

2007 年初开始进行咬合桩施工，在围堰范围，采取钻孔灌注桩加强措施且严格控制成桩速度后，咬合桩施工对围堰的影响较一期大大减小，围堰没有产生明显的侧向位移。在原××大楼范围，对已有的钻孔灌注桩地下障碍物采取了如下技术措施：

(1) 调整桩位；

(2) 改用直径较小的钻孔灌注桩；

(3) 部分工程桩可以用作围护桩；

(4) 采用高压旋喷桩封闭围护体，确保截水效果。

本工程土方外运充分发挥了运河的优势，采用船运，避免了在闹市区陆运产生的各种麻烦，效率高且成本低。土方开挖的平面顺序基本是由南至北，由西至东。

9月份开始基坑土方开挖，施工第一道钢筋混凝土支撑，然后开挖第一道支撑以下土方；到12月份，南侧第一块基础施工完毕，全部基础底板在 2008 年 2 月施工结束。整个施工过程比较顺利，没有出现一期工程遇到的变形过快而影响环境的情况，这说明针对一期基坑的问题所采取的技术措施是有效的。

从监测结果来看，地下室施工完成后，基坑各部位的深层土体侧向位移最大值在 16～100mm 之间变化。南侧变形最大达 100mm，北侧、西侧为 45～90mm，围堰侧约 16mm。××路侧的地表沉降在 23～64.8mm 之间，接近一期工程部位的沉降偏大，这主要受一期基坑施工的影响。土体的变形具有如下特征：

(1) 最先进行土方开挖的部位变形最大。二期工程从南侧开始挖土，在东侧收头（围堰范围），因此南侧基坑的暴露时间最长，变形相对较大，因暴露时间长而增加的变形约 20mm，约为总变形的 20%。一期工程的监测数据也有同样的规律，在软土地基上的其他基坑也有类似现象。

(2) 软土地基的流变性状比较显著。以南侧测点为例，第一道支撑完成后挖土至第二道支撑底部时（10月18日），土体最大侧向变形约10mm，在第二道支撑施工及养护期间，变形以每天 0.5～0.8mm 的速率增加，第二道支撑以下土方开挖前（10月31日），累计变形接近 20mm；挖土至第三道支撑时，变形发展至 47mm（11月11日），第三道支撑以下土方开挖前（11月22日），变形发展至 58mm；挖土至坑底时，变形发展至 79mm（12月5日），基础施工结束后，最大变形发展至 100mm，拆撑产生的变形均在上部，对最大变形的影响不大。从以上数据可以看到，挖土间歇期基坑的变形发展比较明显，累计值约 40mm。

(3) 基坑的整体漂移不明显。虽然运河侧土体的最大侧向位移约 16mm，但其方向是朝坑内；东侧土体的最大侧向变形约 90mm，东西侧的变形差达 74mm。

(4) 虽然基坑的累计变形与一期相差不大，但对环境的影响大大减小。究其原因，由于二期在土方开挖方式、被动区加固等方面采取了改进措施，基坑变形速率得到有效控制，但由于本基坑位于深厚软土中，地基的流变效应非常显著，基坑变形收敛较慢，累计变形依然较大。

实际测得的支撑轴力与设计值基本接近，第二道支撑的最大轴力达到 9500kN，第三道支撑的轴力约 7500kN，对撑的轴力远大于角撑。

6. 结语

综合分析本工程的设计与施工过程，可得到如下一些结论：

(1) 本工程在复杂地层条件下，采用咬合桩作为围护桩技术先进，经济合理；不但有效地起到挡土作用，截水效果也比较理想，整个施工过程没有发现任何渗漏现象。

（2）软土的流变效应非常显著，基坑施工应充分考虑时空效应，尽量减少坑底土体的无支撑、无垫层暴露时间，减少流变效应的不利影响。

（3）基坑的变形速率控制对保护环境非常重要。变形速率过大时，尽管累计变形在控制值范围，也有可能产生较大的环境影响；当变形速率得到有效控制，有时即使累计变形超标，也有可能没有明显的环境影响。

（4）本工程妥善地解决了基坑南北两侧土压力不平衡问题，具体技术措施对同类工程有一定的参考价值。

（5）动态监测对复杂基坑工程特别重要，本工程的成功在很大程度上取决于及时根据监测结果对原设计及施工部署作出了调整。

 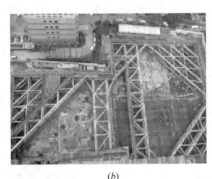

(a)　　　　　　　　　　　　　(b)

图 4.6.3-2　基坑施工期间的现场照片

(a) 一期照片；(b) 二期照片

4.6.4　××大厦（利用废弃围护桩）

1. 工程概况及地质条件

该项目上部主体建筑为一高层建筑，地下室平面形状呈不规则矩形，基坑面积约83m×80m。地下室3层，局部2层，挖深11.65～12.15m，局部电梯井挖深14.65m。

基坑东、南两侧紧邻道路（图4.6.4-1），道路下面埋设了大量的市政、电力、电信和煤气等管道。基坑西侧距离地下墙约5m处有多幢2～6层的老建筑物，浅基础，西北角有1幢7层住宅楼，桩基础。基坑北侧为××大酒店，高层带地下室，桩基础。

场地位于城市中心老城区，地基主要土层为填土、粉土和淤泥质土。表层填土厚度约5m，其下为约5m厚的黏质粉土和砂质粉土，粉土以下至坑底以下20m范围内均为土质较差的淤泥质黏土及粉质黏土。表4.6.4为场地30m深度范围内的土层物理力学指标。

各土层物理力学指标　　　　　　　　　　　表 4.6.4

土　类	层号	重度 γ (kN/m³)	摩擦角 φ (°)	黏聚力 C (kPa)	压缩模量 E_s (MPa)	渗透系数 K (×10⁻⁵cm/s)
杂填土	1A	18	20	6		
素填土	1B	17	12	10		
淤填土	1C	16	4	8		

土 类	层号	重度 γ (kN/m³)	摩擦角 ϕ (°)	黏聚力 C (kPa)	压缩模量 E_s (MPa)	渗透系数 K (×10⁻⁵cm/s)
粉质黏土	2	18.5	18	12	6	
黏质粉土	3A	19.1	28	8	10.2	2.99
砂质粉土	3B	18.9	30	6	11	46.1
淤泥质黏土	4A	17.4	12	16	2.8	
淤泥质粉质黏土	4B	18.4	14	13	3.0	
粉质黏土	5	19.0	20	18.6	6.5	
粉质黏土	7	18.9	18	30	10.2	
粉质黏土	8A	18.6	13	30	7.3	

图 4.6.4-1 总平面图

2. 工程主要特点

针对本基坑工程的具体情况,深基坑开挖方案设计和施工主要考虑解决以下几个方面问题:

(1) 基坑开挖深度较深且平面尺寸也较大,基坑开挖的影响范围也较大;

(2) 基坑影响深度范围内的地基土情况复杂。上部填土组成复杂,粉土渗透性能很好,并且地下水位较高;下部淤泥质土强度很低。应对基坑的防渗截水、抗管涌、浅层障碍物及不良地质等对围护体施工的影响等予以充分考虑;

(3) 基坑周边距离用地红线均比较近,东南两侧道路新埋设的大量密集管线,及基坑西侧几幢浅基础老建筑物对变形相当敏感。因此，要合理控制围护体的变形，确保基坑邻近设施的安全和正常使用；

（4）由于此工程建筑、围护方案已多次修改，并已按前方案打下工程桩及围护桩，现有围护体应考虑如何利用老的围护桩及工程桩，并应对交接处作特殊处理。

原有围护桩和地下墙平面位置如图 4.6.4-1 所示。

综上所述，本工程开挖深度深，面积大，且地处闹市，周边管线、建筑物众多，地质情况复杂，地下障碍物多，施工阶段控制变形要求高，基坑围护工程的顺利与否直接影响整个工程的成败。因此，对基坑围护工程的选型和布置提出了较高要求。

3. 围护方案的确定

经过对各种方案的计算分析比较，最后确定采用 0.8m 厚地下连续墙作为基坑挡土结构兼防渗帷幕，同时作为地下室外墙，即"二墙合一"；局部电梯井深坑处则采用土钉墙进行支护。为有效控制基坑的变形，沿竖向设置两道临时钢筋混凝土内支撑。

同时，为降低围护成本，应充分利用原有围护桩。原有围护桩在地下墙外侧的部位，通过顶部压顶梁将地下墙与围护桩相连，二者共同挡土；原有围护桩在地下墙内侧的部位，通过坑底有筋垫层将二者相连，有筋垫层形成坑底的局部第三道支撑，可以有效控制基坑变形。

本工程地下水位高，基坑内的土体都处于地下水位线以下。土体含水量高、容重大，受扰动后强度降低很多，从而使得下坑作业的施工机械移动困难。降低坑内地下水位，可使土体强度得到大幅度提高，施工作业条件大为改善。同时，本工程粉土层埋深超过 10m，透水性强，故采用真空深井降水。深井尽量靠近竖向立柱布置以方便挖土。为了进一步防止地下连续墙成槽过程中塌孔，降低浅层土体水压力，在坑外还布置了一排轻型井点。

（1）围护方案的特点

地下连续墙作为挡土结构，具有抗弯刚度大、整体性和防渗性能好、成墙施工对周围环境影响小，以及能适应各种土质条件等特点。采用二墙合一方案，能充分利用红线范围内的面积作为地下室使用面积，同时，能减少围护体本身的宽度，改善场地条件，还可以充分利用原有围护桩，既保证了基坑及周边环境的安全，也降低了工程成本。本工程地下室侧墙周边无上部结构，上部主楼及裙房内收，地下墙将兼作该范围地下室的抗拔桩（地下室受到的水浮力大于其自重）。因此，采用二墙合一方案在技术上及经济上均非常合理。

为确保地下室的干燥和美观，在地下墙内侧做砖砌衬墙，衬墙和外墙之间在楼面处做一条排水沟，地下室各楼层间水沟用竖管连通，并接至地下积水坑，当外墙有细微渗水现象时，渗透出来的水即可通过沟管流至积水坑内。

采用水平内支撑可以有效地控制地下连续墙的侧向变形和墙后土体的沉降，保证墙体的侧向位移在地下室使用允许范围之内，保证邻近道路、地下管线以及邻近建筑物的安全和正常使用。

由于本工程场地非常狭小，第一道支撑可作为施工栈桥（临时堆场、挖土通道等），场地条件将大大改善。

（2）水平内支撑的设计

设计对钢支撑与钢筋混凝土支撑均进行了比较，由于混凝土支撑可根据基坑的形状灵活布置，积累的经验也比较多，设计最后采用了混凝土支撑。

结合本基坑的平面形状，设计对工程中常用的几种支撑方案进行了分析比较，包括大角撑结合边桁架方案、椭圆拱方案和对撑结合角撑方案，最终确定采用对撑结合角撑、边桁架的方案，如图 4.6.4-2 所示。分析表明，该方案控制基坑变形最为有效，同时，支撑混凝土方量也较小，且在基坑中间留下了 2 个较大的挖土空间，挖土施工方便。

水平内支撑平面布置时，尽量避开主体结构的柱子位置，以使柱子的主筋接头按规范施工。为节约围护造价，尽量利用工程桩兼作内支撑的竖向立柱。

内支撑的竖向位置布置，需考虑多方面的因素，设计时按以下原则确定：

1）避开地下室的楼板，并留有足够的施工空间；第二道支撑与地下室底板间的净距应满足施工要求；

2）上、下道支撑的垂直净距应能满足小型挖土机进场操作；

3）在满足上述要求的同时，再对支撑的竖向位置进行优化设计，使地下墙在不同挖土阶段时的内力、变形最为合理。

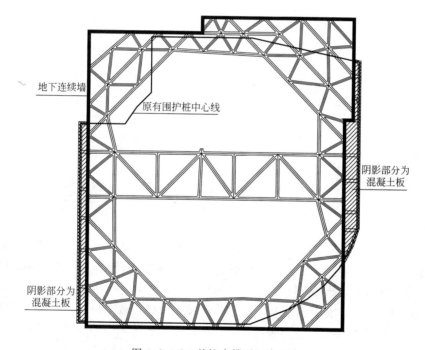

图 4.6.4-2 基坑支撑平面布置图

4. 围护结构分析计算与监测结果分析

设计中采用"考虑分工况施工的杆系有限元法"对围护桩的内力、变形进行计算；在施工阶段，采用朗肯土压力理论进行计算，水土分算，同时还考虑了土的成层性，即根据地质剖面的土层分布情况，分别采用相应的抗剪指标计算土压力。坑外设计水位取地表下3.0m。在使用阶段，采用静止土压力，水土分算。

图 4.6.4-3 为基坑围护结构 2 个典型剖面图。由图中可见，原有围护体为一排 ϕ800mm 钻孔灌注桩中间嵌素混凝土桩，其深度较地下墙浅 3～5m。原围护体在坑外的，通过压顶梁或混凝土梁板与地下墙连接；在坑内的，上部凿除后通过有筋垫层与地下墙连

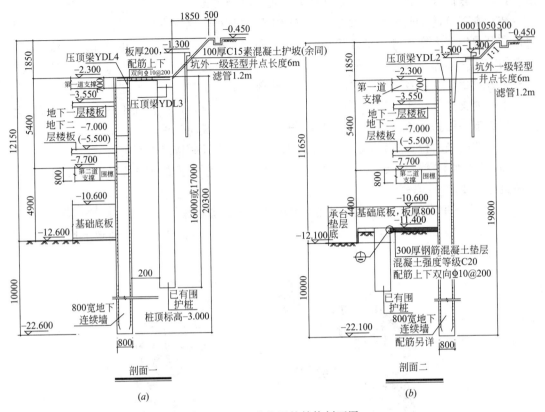

图 4.6.4-3　基坑围护结构剖面图

接，这样可充分利用原围护体，改善围护结构受力性能，同时节省造价。在地下连续墙的设计计算中，对土层参数进行适当修正，或根据经验适当提高土体的"m"值来反映原围护体的影响。

本工程自 2002 年下半年开始开挖施工至 2004 年上半年地下室施工完毕，基坑工程按照围护方案施工顺利，对周边环境的影响也较小。施工期间周边建筑物最大沉降量为30mm。施工现场如图 4.6.4-4 所示。

实际监测结果表明，位移及弯矩与计算值的分布规律一致，但基坑的水平位移及弯矩均较计算结果小。主要原因除了所采用计算方法计算围护体内力还不够精确外，还因为基坑中原已打设了数量众多的工程桩（包括原方案已施工的老桩和新打的工程桩），使坑底土体已得到了不同程度的加固，而设计计算中没有考虑其影响。此外，对于如何考虑原有围护体的作用，还可以更进一步研究。

5. 小结

本工程采用地下连续墙作为基坑挡土结构兼防渗帷幕，同时作为地下室外墙，即"二墙合一"，这样地下连续墙具有 4 种功能，即挡土结构、截水帷幕、地下室外墙、地下室抗拔桩。与其他围护方案比较，本方案更加经济合理。同时，对地下墙内外的原有围护桩采取不同方式进行了利用，既增加了基坑和周边环境的安全性，又节省了造价。

针对本工程的土质特点，在坑内采用真空深井降水，坑外采用一排轻型井点降水，保证了地下室施工的顺利进行，也控制降水对周边建筑物沉降的影响。

图 4.6.4-4 基坑挖土的现场照片

结合以往经验和计算分析结果选择的对撑结合大角撑、边桁架的内支撑系统，既满足了支护结构计算内力的合理性，又为方便施工、节省工程造价创造了条件。

4.6.5 杭州地铁 1 号线××站上盖物业城市综合体（破除原地下结构）

1. 工程概况

该项目位于杭州市延安路与平海路交叉口的东北端，西靠在建的杭州地铁一号线××站。拟建上部建筑 9～12 层，下设 3 层地下室，工程桩采用钻孔灌注桩。

现场地内有一条××渠自西北向东南通过，将基坑分成东西两块，西侧为一期，东侧为二期。一期施工时，××渠保留，需进行保护。待一期施工完毕，再将场地内的××渠改道后施工二期。

工程 ±0.000 相当于黄海高程 8.000m，现自然地坪高程为 7.950m，即相对标高 −0.050m。基坑底标高为 −15.150m，局部深坑为 −16.150m。因此，综合考虑室内外高差以及基础、垫层厚度后，基坑开挖深度为 15.100m，局部为 16.100m。

2. 周边地铁设施

基坑与周边环境的关系如图 4.6.5-1（a）所示。西侧距离在建的地铁××站主体结构约 11m，该地铁站开挖深度约 16m，采用 800mm 厚地下连续墙结合五道内支撑进行围护。另外，地铁站与本基坑之间还有煤气管、给水管等 4 根正在使用的市政管线通过。

3. 其他环境要素

基坑北侧为××渠，××渠沿着基坑边约有 75m 的范围距离基坑边仅 1.5m。根据现场踏勘，发现××渠分上下两层，下层高约 1.4m，为市区排污通道，上层高约 2.0m，为人防通道，是对变形相当敏感的设施，且牵涉到城市的排污等重大市政事宜，需加以重点保护。

基坑东侧为约 14m 宽的 B 路，该路以东距离基坑约 20m 外为 2 幢大楼。基坑南侧道

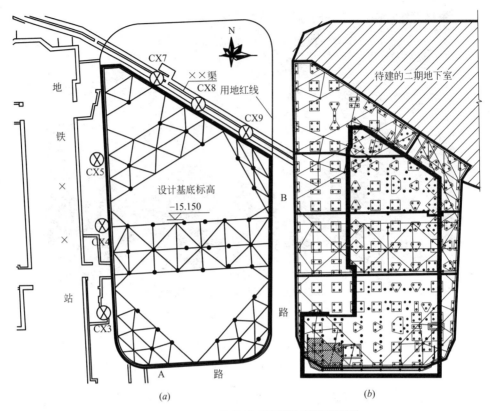

图 4.6.5-1 基坑总平面及原地下室平面图

路 A 下埋设有大量的市政管线，其中最近的煤气管距离基坑边约 7.50m。

4. 水文地质条件

在基坑的开挖深度范围内，浅层为填土，填土层以下约 20m 深度范围内为淤泥和淤泥质黏土，其下为黏土层，再往下就进入全风化安山玢岩（表 4.6.5）。

土的物理力学指标　　　　　　　　表 4.6.5

土　　层	重度（kN/m³）	摩擦角 φ（°）	黏聚力 C（kPa）
1-1 杂填土	18	10	5
1-2 素填土	18.9	18	7
3-1 淤泥质黏土	17.9	15	10.3
3-2 淤泥	17.0	10	11.3
3-3 淤泥质黏土	17.6	14	13.5
4-1 黏土	19.0	18.5	36
4-2 黏土	19.5	15.5	49.5
6-1 全风化岩	16.0	13.1	30
6-2 强风化岩	22	25	55

该项目场址有拟拆除的××大厦，××大厦设一层半地下室，钻孔灌注桩基础，采用钻孔灌注桩结合一道钢筋混凝土内支撑挡土，水泥土搅拌桩或高压旋喷桩截水的围护方

案。图 4.6.5-1 （b）给出了新老地下室的关系，该图表明，项目南侧地下连续墙进入原地下室范围，整个项目施工前需要破除既有地下结构。

5. 基坑特点分析

根据场地的地质条件、基坑规模和周边情况，本基坑具有如下特点：

（1）地下室外边线即为用地红线，场地条件非常紧张，需严格控制围护体不超出用地红线；

（2）基坑开挖深度达 15m，开挖的影响范围很大；

（3）在基坑开挖范围内存在大厚度的软土层，土体性质较差；

（4）场地内原有的一层地下室需清理，部分原有的工程桩及围护桩会成为新的围护结构的障碍物；

（5）基坑周边距离道路、管线以及在建或已建的建筑物很近，尤其是北侧紧贴××渠、西侧与在建的地铁车站距离很近，对变形和稳定的控制要求很高。

6. 主要设计措施

按照基坑的这些特点，除了地下连续墙"二墙合一"的方案，其他的围护形式没有实施的空间。因此，最后选定的围护结构为 0.8m 厚地下连续墙结合三道钢筋混凝土内支撑。地下连续墙既作为基坑支护挡土结构兼防渗帷幕，同时作为地下室外墙和大部分范围的上部承重结构。地铁设施是本项目基坑围护设计保护的重点，因此在设计时针对性地采取了一些加强措施：

（1）采用三轴水泥土搅拌桩对地下连续墙两侧进行槽壁加固，减小了地下连续墙成槽对环境的影响；

（2）对地下连续墙底部进行高压注浆，减小地下墙施工阶段的沉降，同时也提高了墙底土体的承载力；

（3）靠近地铁设施和××渠的位置，地下连续墙的入土深度加长，墙底插入到强～全风化安山玢岩。

针对既有地下结构，设计提出了如下处理步骤：

（1）首先，进行××大厦上部结构的拆除，拆至地下室顶板；

（2）在原地下室顶板保留的状况下，进行不受影响的地下连续墙施工；

（3）既有地下室范围在基础底板及楼板上开槽、施工深导墙，然后局部回填，施工相应部位地连墙；

（4）围护桩与地下连续墙交接处，采用全套管拔桩后回填水泥土，再进行地下连续墙施工；

（5）地连墙施工完成后，拆除原地下室顶板，在原地下室底板上凿洞施工工程桩；

（6）工程桩施工结束后，施工第一道钢混凝土内支撑；

（7）第一道支撑施工完成后，拆除剩余地下结构。

7. 分析计算及主要计算结果

采用考虑分工况施工的杆系有限元法对地下连续墙的内力、变形进行计算；同时，为了分析基坑开挖对邻近地铁车站的影响，采用 PLAXIS 有限元分析程序建立了二维模型。土体的本构模型采用摩尔-库仑模型，围护结构与土体之间设界面单元。

通过分析表明，基坑开挖会对地下连续墙产生最大约 29.28mm 的侧向位移，同时会

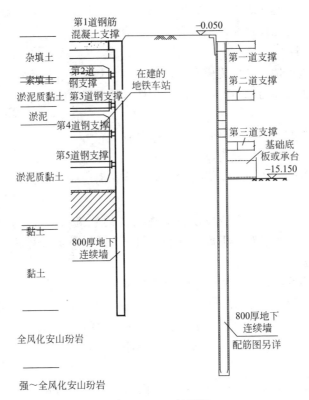

图 4.6.5-2　剖面图

引起地铁车站约 18.48mm 的最大变形（图 4.6.5-3）。

开挖引起靠近××渠侧地下连续墙 36.27mm 的侧向位移，同时通过分析也表明，基坑开挖引起该渠最大变形约 23.28mm（图 4.6.5-4）。

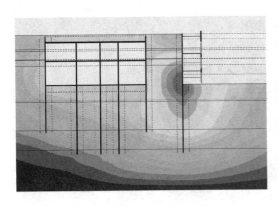

图 4.6.5-3　靠地铁设施的水平位移图

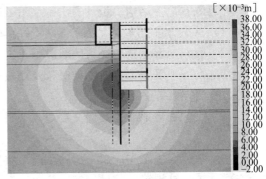

图 4.6.5-4　靠××渠的水平位移图

8. 施工

除了在设计上对围护结构进行加强，在施工措施上也提出了控制要求：

（1）三轴搅拌桩外边线距离××渠边仅有 45cm 的净距，安排分段施工，每个施工段长度不超过 20m；

（2）控制每天的三轴搅拌桩成桩进度，每天施工长度不超过 10m，采用跳打施工；

（3）地下连续墙采用跳槽施工，相邻两段连续墙尽量错开 2d 以上施工；

（4）为防止与地铁车站之间各自施工的相互影响，在地铁车站整个地下室施工完毕、顶板浇筑完成并养护到强度后，才开始本工程土方的开挖；

（5）严格控制该范围的坑边荷载，机械设备尽量远离。

采取了以上技术措施，基坑施工期间未与地铁车站的施工形成相互影响。

9. 监测

为确保施工的安全和开挖的顺利进行，在整个施工过程中进行了全过程监测，实行了动态管理和信息化施工。共布置了 12 个深层土体水平位移测斜孔、3 个水位监测孔、8 组轴力监测点以及 30 个周围沉降观测点。

监测人员于 2010 年 6 月土方开挖前进场埋设监测设备，并随后进行了初始数据的测试。监测人员随着基坑的开挖及地下室施工，进行跟踪监测。2011 年 8 月随着地下室结构施工结束而结束了监测工作。

按设计计算的要求，土体深层位移的报警值为 50mm，位移变化速率报警值为连续 3 天 3mm/d；支撑轴力的报警值为第一道支撑 6500kN，第二道支撑 8500kN，第三道支撑 10500kN。

根据现场靠近地铁车站一侧的 3 个水平位移监测点的监测结果（其中 CX6 被破坏），测斜管 CX3、CX4（图 4.6.5-5）、CX5 的最大位移值分别为 30.9mm、37.56mm 和 19.77mm，与有限元分析的结果基本一致。从现场实测的结果来看，基坑开挖引起的地表沉降量最大为 13.17mm，而对车站主体结构的影响仅 6～8mm 左右，确保了车站的安全。

而根据现场靠近××渠一侧的 3 个水平位移监测点的监测结果，测斜管 CX7（图 4.6.5-6）、CX8、CX9 的最大位移值分别为 43.12mm、26.14mm 和 20.88mm，与有限元

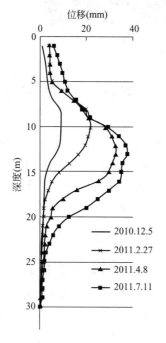

图 4.6.5-5　CX4 的土体侧向位移曲线

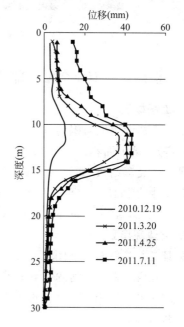

图 4.6.5-6　CX7 的土体侧向位移曲线

分析的地下连续墙 36.27mm 的侧向位移分析结果比较接近。同时，通过分析也表明，基坑开挖引起××渠最大变形约 23.28mm。而从现场实测的结果来看，基坑开挖引起的该侧地表沉降仅为 5.49mm，而对浣纱渠结构的影响则更小，确保了××渠的安全。

10. 总结

（1）在地铁车站整个地下室施工完毕、顶板浇筑完成并养护到强度后，才开始本工程土方的开挖，可有效避免基坑开挖与周边地铁车站施工的相互影响。

（2）为确保周边环境的安全，地下连续墙、搅拌桩等围护体的施工应采取跳槽施工的方式；土方开挖和地下室的施工宜采取分阶段、分区块的施工方法。

图 4.6.5-7　基坑挖土至坑底

4.6.6　杭州××商业金融总部项目（地下 5 层，既有地下结构障碍物）

1. 工程概况

该项目建设用地面积约 9991m²，建筑地上面积约为 64941.5m²（包括公交场站及其配套用房），地下面积约 43849m²，地面建筑为 37 层（高 168m）高层办公楼 1 幢以及 2 层裙房（公交车站），如图 4.6.6-1 所示。地下设 5 层地下室，采用钻孔灌注桩基础。基坑平面尺寸约为 105m×88m（图 4.6.6-2）。考虑至周边地梁垫层底后，基坑设计开挖深度为 25m 和 24.40m。局部电梯井高差 4.3m。

2. 周边环境条件

根据工程总平面图（图 4.6.6-2）以及现场踏勘，用地红线距离地下室外墙均在 3m 左右。基坑西北距××河约 25m；东北距××路主车道约 8m；东南现为空地，基坑边距一 3 层砖混房屋约 29m；西南现为森林公园。

3. 地质条件

根据岩土工程勘察报告，本工程开挖范围及围护桩所及范围内地层分布为：

图 4.6.6-1 项目效果图

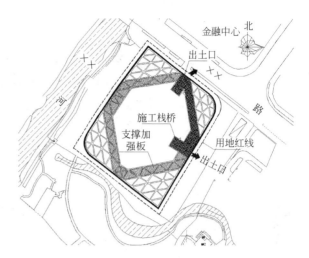

图 4.6.6-2 基坑总平面图

①1 杂填土：黄灰色、褐灰色，湿，松散，含较多块石、砖块及混凝土块等建筑垃圾，块径分布不等，最大超过 30cm，以粉土充填。块石成分主要为混凝土块。层面高程为 7.41～7.91m，层厚为 5.60m。全场分布。

①2 素填土：层厚为 0.30～4.70m，大部分分布。

①3 淤填土：层厚为 0.90～5.30m，大部分分布。

②1 砂质粉土：稍密，层厚为 0.70～4.70m。大部分分布。

②2 粉砂夹砂质粉土：稍密～中密，层厚为 2.00～7.60m。全场分布。

②3 砂质粉土：稍密，层厚为 0.80～6.20m。局部分布。

③1 粉砂：中密，层厚为 2.40～9.30m。全场分布。

③2 砂质粉土：稍密，层厚为 0.50～7.40m。大部分分布。

③2 夹砾砂：系③2 砂质粉土层中夹层，稍密，层厚为 1.40m，仅 Z07 孔揭露。

⑤ 淤泥质黏土：流塑，含有机质，夹粉土薄层，层厚为 2.90～9.20m。全场分布。

⑦ 灰色粉质黏土：软塑，含有机质及云母屑，层厚为 0.80～3.30m。全场分布。

⑧1 粉质黏土：软可塑～硬可塑，偶夹薄层粉土，层厚为 2.20～8.80m。大部分分布。

⑨ 灰色粉质黏土：软塑～软可塑，含有机质，少量腐殖物及云母屑，层厚为 0.80～3.10m。局部分布。

⑩1 粉质黏土，软可塑～硬可塑，夹少量粉砂薄层，层厚为 0.60～6.10m。大部分分布。

⑩2 中砂：中密，含云母、腐殖物及贝壳屑，层厚为 0.40～5.60m。大部分分布。

⑩3 圆砾：中密～密实，卵石含量约 20%～25%，直径约 20～60mm；圆砾含量约 30%～40%，直径约 2～20mm，卵砾石成分以砂岩为主，亚圆形；砂以中粗砂为主，并

夹少量黏性土。进尺每米约 18～23min 左右，层厚为 9.10～16.60m。全场分布。

⑩3 夹含砾粉细砂：中密，以粉细砂为主，中砂少量，其中圆砾含量约为 20%，粒径约为 2～20mm，层厚为 0.50～2.50m。局部分布。

⑭1 粉质黏土，硬可塑，夹粉细砂薄层，层厚为 0.70m。仅 Z17 孔揭露。

⑭2 含砾粉细砂，中密，含有机质，氧化铁质，云母屑，层厚为 0.60～2.40m。局部分布。

⑭3 圆砾：中密～密实。含卵石约 15%～25%，粒径为 20～40mm，砾石约 35%～40%，粒径约 2～20mm，卵石、圆砾以砂岩、凝灰岩为主，呈亚圆形，质地坚硬。其余以细砂、中砂及粗砂等充填。钻机钻进时有跳动，并伴有响声，干钻难钻进，进尺每米约 20～30min 左右，层厚为 3.30～14.80m。全场分布。

⑭3 夹含砾粉细砂：中密，以粉细砂为主，中砂少量，其中砾石含量约为 23%，粒径约为 2～20mm，层厚为 2.60～3.80m。局部分布。

⑰1 层全风化粉砂岩或砂砾岩：硬可塑。母岩成分与结构已完全风化成土状，干钻易钻进，采用 φ89mm 合金钻头钻进，钻进平稳，进尺每米约 8min 左右，层厚为 0.60～1.90m。局部分布。

⑰2 强风化粉砂岩或砂砾岩：褐红色，母岩成分与结构已大部破坏，岩芯呈碎块状。锤击声闷，采用 φ89mm 合金钻头钻进，钻进轻微跳动，进尺每米约 15min 左右。层面高程为 −57.28～−52.51m，层厚为 0.40～4.10m。全场分布。

4. 水文条件

松散岩类孔隙潜水，主要赋存于上部①填土层及②、③粉土、砂土层中。工程勘探期间测得钻孔中初见水位埋深 3.2～3.5m，相应高程 4.33～4.68m，测得钻孔中潜水稳定水位埋深 0.70～2.50m，相应高程 5.10～6.90m。潜水水位差异较大，主要受填土层性质变化大影响，在填土密实区域及黏粒含量高区域中水位埋深较深，在以建筑垃圾、碎石土性填土层中水位埋深较浅，年水位变幅约 1～3m。

松散岩类孔隙承压水，主要分布于深部的⑩2 层中砂、⑩3 层圆砾、⑭2 含砾粉细砂、⑭3 圆砾层中，详勘期间在一般性承压水观测孔 Z29（观测时间：2013 年 1 月 2～7 日），测得地下承压水水位埋深在 10.1～10.3m，相当于 1985 国家高程 −2.56～−2.76m。根据西北侧道路路上长期承压水观测孔在 2009 年 6 月～2010 年 6 月测得数据，测得承压水水位埋深变动在地下 9.09～11.02m，相当于 1985 国家高程 −1.65～−3.66m 间。

附近××河为新挖河流，原址为众多的鱼塘和河浜。××河流速与水位主要由人工控制，一般流速为 0.05～0.15m/s，流量为 30～50m³/s，常水位 4.32m，警戒水位 4.50m。该河与河道两侧的地下水呈相互补排关系。

5. 基坑工程特点

(1) 基坑深度范围内基本为砂质粉土，土质较均匀，强度较高但渗透性能强，应考虑好降水、截水措施，并充分考虑降水带来的周边设施和建筑物的沉降问题。

(2) 基坑开挖深度达 25m，坑底已进入承压水影响范围，承压水对基坑工程的安全、造价、工期影响重大，因此必须慎重考虑处理承压水问题。

(3) 基坑平面尺寸不大，但是基坑四周场地条件非常紧张，地下室外墙距离用地红线仅 3m，周边已不存在放坡空间。且本基坑地下 5 层、开挖深度 25m，属超深基坑，基坑施工工期较长。因而围护设计应合理控制基坑变形，确保周边环境的安全，同时也必须考虑充分利用场地、以利于施工方便。

（4）基坑北侧为杭州地铁 4 号线盾构隧道，距离基坑约 30m 左右，将投入运营，因此应协调好地铁隧道与本基坑施工之间的关系。

6. 主要设计措施

（1）采用"二墙合一"的 1000mm 厚地下连续墙（即围护结构兼作地下室外墙）作为挡土结构兼防渗帷幕，顺作法支撑体系采用临时混凝土内支撑方案（图 4.6.6-3）。

（2）结合基坑平面形状，混凝土内支撑采用 4 个大角撑形式，西北和东南侧设置带板带的边桁架，中间留出了较大的挖土空间。考虑到周边环境情况，在基坑东南边依据边桁架设置施工栈桥，在基坑东侧和南侧设置 2 个出土口。深层土方主要通过长臂挖掘机结合施工栈桥驳运。

（3）本项目地下墙兼做主体结构外墙，开挖深度较深，地下连续墙的墙段接头采用刚性接头，以确保截水效果。

（4）根据地下墙内力的计算结果对地下墙进行配筋。地下墙底部采用素混凝土，主要起隔断承压水层作用。这样既节约造价，又方便施工。

（5）地下墙与主体结构的底板、楼板、楼层梁、柱、混凝土内墙等构件相连，保证地下墙与主体结构连接的整体性。

（6）为防止地下墙在施工阶段沉降过大，以至影响到预埋件的精度，在地下墙的钢筋笼中预留注浆管，待地下墙施工结束后，对地下墙底部进行高压注浆。

（7）本工程局部范围杂填土及淤填土深厚，部分范围为原有池塘回填，土体松散，如不处理，易造成槽壁坍塌，影响地连墙质量，因此，需有针对性地处理，具体处理方法应根据填土类型进行换填或采取水泥土搅拌桩加固等。

7. 施工与监测

该项目于 2014 年初开始进行地下连续墙施工，在××路侧，由于已经施工完成的过街地道伸入到本项目基地，地下连续墙无法施工。过街地道埋深 8m，钢筋混凝土结构，原基坑采用放坡支护。经多方案分析比较，确定在过街地道范围采用 360°全回转咬合桩机械清障，根据槽壁加固宽度及地下连续墙厚度要求，设计三排清障孔，清障后采用素土回填。以上技术措施取得较好的成效，整个工程在开挖过程中没有出现任何渗漏现象，承压水稳定，基坑最大变形控制在 50mm 以内，周边环境及地铁隧道安然无恙；最大支撑轴力发生在第四道支撑拆除工况，第三道支撑轴力轴力约 17000kN。图 4.6.6-4 为基坑深层土体位移随深度变化的曲线，图 4.6.6-5 为基坑挖到底部的照片。

4.6.7 杭州××地下立体车库（超深坑中坑）

1. 工程概况

该项目东南两侧为道路，西侧为河流，北侧为本项目已建成 17 层主楼。南侧副楼下建 3 层地下室，基底以下另建地下十层立体车库。北侧主楼地下二层（已建成）开挖深度为 8.80～9.80m，南侧地下三层开挖深度 14.60m，地下三层与地下二层高差 5.60m，地下立体车库开挖深度 32.5m，与地下二层高差 22.7m。地下立体车库为长方形，平面尺寸 28m×18m。

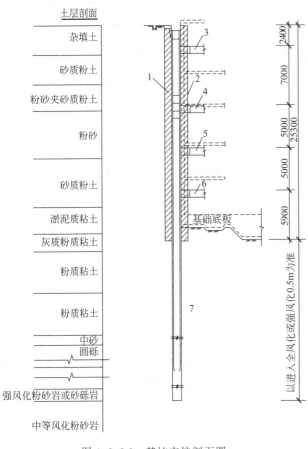

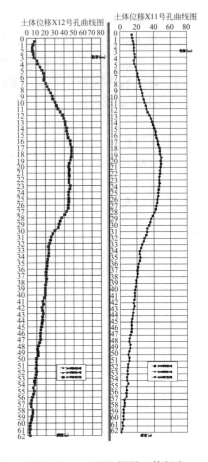

图 4.6.6-3　基坑支护剖面图

1—φ850@600 三轴水泥土搅拌桩（槽壁加固）；2—φ850@600

三轴水泥土搅拌桩（槽壁加固）；3—第一道内支撑；

4—第二道内支撑；5—第三道内支撑；

6—第四道支撑；7—地下连续墙（1m 厚）

图 4.6.6-4　基坑深层土体侧向
位移随深度变化曲线

图 4.6.6-5　基坑开挖至坑底

2. 周边环境条件

根据工程总平面图以及现场踏勘，施工场地原为 7 层框架结构建筑拆迁后空地，地形

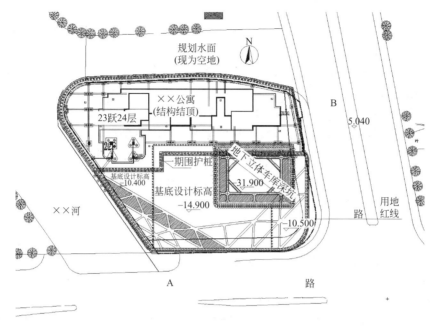

图 4.6.7-1 项目平面图

平坦。基坑西侧河流水面绝对标高约为 2.6m 左右,水深 1m 左右。红线即河道边线,围护须在河道填土后方能施工,场地很紧张;基坑北侧为本工程 24 层主楼及 2 层地下室及已施工地下室的围护结构,已结构结顶,尚未进行建筑装修及砌筑内墙,地下室外墙也未浇注,原围护桩与地下室间未回填。新建的地下立体车库内边线与已建地下室承台边最近 2.4m。已建地下室底板面标高为 -8.80m,原围护桩采用 $\phi 900mm$ 间距 1200mm 钻孔灌注桩,桩底标高 -18.70m,一排 $\phi 600mm$ 水泥土搅拌桩截水。基坑东侧道路人行道上有电力电信管线,距基坑边约 5m,道路中央还有雨水管及污水管,距离基坑均较远,约 15m 左右,地下立体车库基坑边距道路边线约 8m;基坑南侧道路下也埋有电力电信管线、雨水管、污水管等管线。基坑边距最近管线约 5m。地下立体车库基坑边距道路边线约 18m。场地内原有 7 层框架结构居民楼,采用 $\phi 377$ 沉管灌注桩桩基础,桩长 12m。

3. 水文地质条件

根据岩土工程勘察报告,本工程开挖范围及围护桩所及范围内地层分布为:

第 1 层杂填土:灰色,由软塑状黏性土夹建筑垃圾组成。

第 2 层黏土:灰~灰黄色,软塑,饱和,高压缩性,含有机质,局部见粉土。

第 3 层淤泥质黏土:灰色,流塑,饱和,高压缩性、高含水量。

第 4-1 层粉质黏土:灰绿色,硬可塑,饱和,中等压缩性。

第 4-2 层黏土:灰黄,饱和,硬可塑~硬塑,中等压缩性。

第 4-3 层黏土:灰黄色,褐黄色,饱和,硬塑,中等压缩性。

第 4-4 层黏土:灰黄色,饱和,软可塑,中等压缩性。

第 6-1 层黏土:灰、灰绿色,饱和,硬可塑~硬塑,中等压缩性。

第 6-2 层粉质黏土:灰色,软可塑,饱和,中等压缩性。

第 7-1 层粉砂混粉质黏土:青灰色,稍密,中等压缩性。一般黏性土含量 20%~40%

不等，黏性土多呈可塑状。

第 7-2 层含黏土圆砾：青灰色，中密，含砾 20％～40％不等，粒径一般在 20～30mm，充填中粗砂。

第 8-2 层强风化粉砂岩：紫红色，紫色，岩芯具陆源碎屑结构，泥钙质胶结，层状构造，局部风化成黏土状。

第 8-3 层中风化粉砂岩：紫红色，属完整次软岩。

根据本工程地质勘察资料，场地地下水位埋深较浅，勘察期间测得混合地下水位埋深 1.00～3.13m，属潜水类型。场地地下水主要受大气降水补给，且受季节性雨季影响，年变化幅度在 0.50～1.0m 左右。其余各土层透水性均较差。

根据设计要求对各孔承压水头进行了观测，经现场实测其承压水位埋深 5.55m 左右。

4. 基坑工程特点

（1）基坑深度范围内土质条件较复杂。上部土层为填土，自稳能力差。基坑开挖面大部分位于的淤泥质黏土，土质较差，土层厚度变化较大，该层土对围护体的稳定及变形控制非常不利。

（2）基坑周边环境复杂，施工空间狭小。基坑西紧邻河流，需要做好截水帷幕，防止渗漏；基坑南侧及东侧紧贴道路，围护设计应确保该范围基坑的整体稳定，并合理控制基坑的变形，保证基坑周边环境的安全，减少施工对周边环境的影响。

（3）基坑北侧为结构已结顶主楼及二层地下室和老的围护桩，作为围护支撑体的难度较大，对南侧、东侧、西侧基坑稳定、变形控制有较大影响。

（4）基坑开挖深度深，特别是坑内地下立体车库局部高差达 22m，从地面算起，其挖深近 33m。深坑距北侧已建地下室及东侧道路较近，北侧还要穿过老的围护桩。围护设计应对基坑的整体稳定、开挖对周边环境的影响以及深坑的处理等予以充分考虑。地下立体车库深坑的围护也是本次围护设计重点要考虑的内容。

（5）由于地下立体车库上方为 6 层副楼，因此整体工程须待地下立体车库施工完毕，才能逐层施工大地下室及上部主体结构，故基坑围护的时间较长，初步估算开挖至地下立体车库坑底至少须 10 个月，至地下室±0.00 建成至少需 1.5 年，时间因素对基坑位移的影响不可忽视。

5. 主要设计措施

经过计算分析后，最后确定大地下室范围采用 ϕ800mm 或 900mm 钻孔灌注桩作为挡土桩，采用一排 ϕ600mm 水泥土搅拌桩作为基坑防渗截水帷幕，局部在河道中填土部分，为确保截水效果，填土要求采用密实度较高的黏土，并在此部分增加一排水泥土搅拌桩。为控制围护体变形，坑内设置了两道钢筋混凝土内支撑。局部地下三层与地下二层高差处采用一排 ϕ600mm 钻孔灌注桩支护，该范围增设一道内支撑。

地下立体车库范围采用密排 ϕ1200mm 钻孔灌注桩作为挡土桩，桩间嵌打一根 ϕ800mm 高压旋喷桩作为截水体。坑内设置了四～五道内支撑（图 4.6.7-2、图 4.6.7-3）。考虑到施工安全以及地下立体车库墙板与地下二层底板的连接等因素，考虑利用围护桩内表面作为地下室外墙模板，在围护桩内壁上施工防水面层，地下室外墙紧贴围护桩施工。

6. 施工与监测

该工程于 2012 年 6 月基本完成全部地下结构施工，施工过程基坑及周边环境安全，

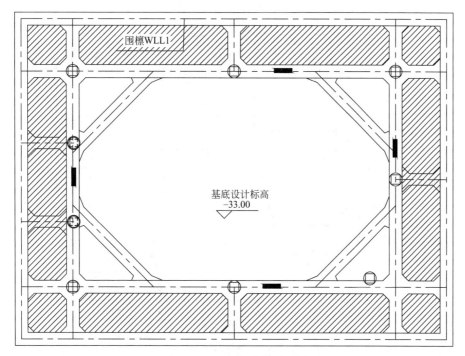

图 4.6.7-2 深坑支撑平面图

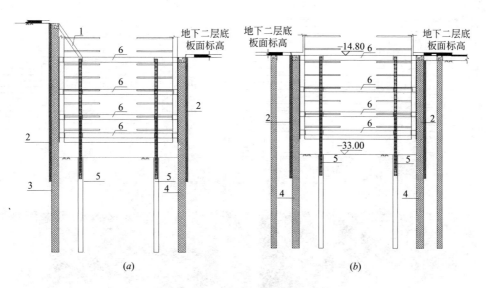

图 4.6.7-3 深坑支护剖面图

（a）南北向剖面；（b）东西向剖面

1—肋板；2—两排 800 高压旋喷桩；3—φ1200@1300 灌注桩；

4—φ1200@1400 灌注桩；5—支撑立柱；6—内支撑

没有出现大的险情。至 2012 年 4 月，深层土体最大监测变形约 2.5cm；支撑轴力最大值发生在第五、六道支撑，约 7000kN。基坑变形及支撑轴力如图 4.6.7-4、图 4.6.7-5 所示，现场照片如图 4.6.7-6 所示。

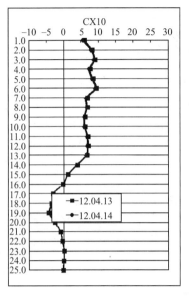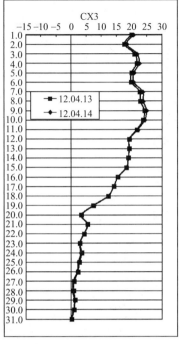

图 4.6.7-4　围护墙位移监测结果

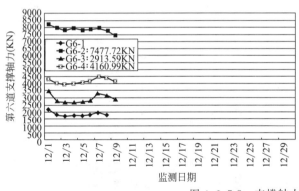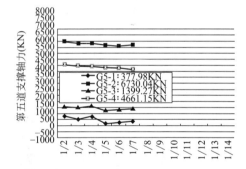

图 4.6.7-5　支撑轴力发展曲线

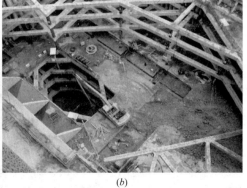

(a)　　　　　　　　　　　　　　　　(b)

图 4.6.7-6　现场照片

(a) 地下二层结构保护措施；(b) 坑中坑开挖

4.6.8 杭州××购物广场（处理原地下结构及土钉墙）

1. 工程概况

该项目地块西单元原拟建商业广场，设 1～2 层地下室，采用土钉墙或水泥土搅拌桩复合土钉墙支护，地下结构已施工完成。现将东、西单元地块（以步行街为分界）统一布局考虑建造购物广场（图 4.6.8-1），项目包括 11 幢主楼（其中东单元涉及 5 幢 19～22 层主楼），裙楼为 4 层（局部 6 层），统一设置 3 层地下室，平面尺寸约 200m×300m，围护周长 1000m。

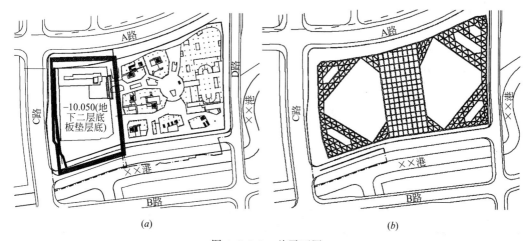

图 4.6.8-1 总平面图

（a）原富强商业广场地下室平面；（b）银泰购物广场基坑平面

2. 水文地质条件

详勘结果显示，本建筑场地揭露地层以海陆交替沉积的黏性土层为主，下伏基岩岩性为泥质粉砂岩，系软质岩。场区地层可分 13 个工程地层，25 个亚层。现就各层岩土特性及分布特征自上而下分别描述如下：

① 1 杂填土：层厚为 0.55～5.30m。大部分分布。

 2 素填土：呈粉质黏土性。层厚为 0.50～3.60m。部分分布。

 3 淤填土：含较多有机质，呈淤质黏土性。层厚为 0.40～2.90m。局部分布。

② 1 层黏质粉土：稍密，层厚为 0.40～1.70m。个别分布。

② 2 层粉质黏土：流塑～软塑，层厚为 0.30～2.00m。部分分布。

③ 层淤泥及淤泥质黏土：流塑，含有机质，层厚为 0.50～13.50m。

④ 1 层粉质黏土：软塑，层厚为 1.40～2.40m。局部仅个别分布。

④ 2-1 层黏土：可塑，层厚为 1.00～4.90m。局部分布。

④ 2-2 层砂质粉土层：稍密，层厚为 0.90～9.90m。局部分布。

④ 3 层黏土层：软塑～可塑，层厚为 0.40～6.10m。部分分布。

⑤ 层淤泥质粉质黏土：流塑，含有机质，层厚为 1.10～9.70m。仅在 ZK55 孔处缺失。

⑥ 层黏土：硬可塑，层厚为 2.20～13.40m。全场分布。

⑦ 层灰色黏土：软塑～软可塑，层厚为 0.90～6.50m。基本全场分布。

⑧ 层黏土：硬可塑，层厚为 0.60～4.70m。部分分布。

⑨ 层灰色粉质黏土：软塑～软可塑，局部含粉砂约 5%～20%。层厚为 0.50～4.00m。部分分布。

⑩ 层含砾中砂：稍密～中密。偶见少量砾石，以中细砂为主，少量黏性土。砾石一般粒径 0.2～1cm，最大粒径 2cm，以亚圆形为主，少量棱角状，成分以砂岩、石英砂岩为主。局部相变为粉细砂或中细砂。合金钻钻进，钻进时，机器偶有跳动，易干钻。层厚为 0.50～6.40m。

⑪ 层含砂粉质黏土：软可塑，含有机质及少量腐木屑，含粉砂约 10%～25%，局部含量较高。层厚为 0.50～7.00m。大部分分布。

⑫ 1 层粉细砂：稍密～中密。层厚为 0.90～4.30m。局部分布。

⑫ 2 层含砾中砂：中密。含砾石约 10%～20%左右，以中粗砂为主，少量黏性土。砾石一般粒径 0.3～1cm，最大粒径 3cm，以亚圆形为主，少量棱角状，成分以砂岩、石英砂岩为主。合金钻钻进，钻进时，机器稍有跳动，易干钻。层厚为 0.70～5.80m。局部分布。

⑫ 22 层粉质黏土：可塑～硬可塑，局部含粉细砂达 10%～20%，层厚为 0.50～2.50m。

⑫ 3 层砾砂：中密～密实。含砾石约 25%～40%左右，以中粗砂为主，少量黏性土。砾石一般粒径 0.2～2cm，最大粒径 5cm，以亚圆形为主，少量棱角状，成分以砂岩、石英砂岩为主。合金钻钻进，可或易干钻，进尺一般每米 2～8min。层厚为 1.20～8.20m。大部分分布。

⑫ 4 层圆砾：密实，含砾石约 35%，卵石约 20%，约 10%～20%左右黏性土，其余以中细砂充填。砾石以亚圆形为主，少量棱角状，成分以砂岩、凝灰岩为主，一般粒径 0.3～2cm，最大粒径 5～8cm。合金钻钻进，钻进时，机器跳动较大，干钻不易钻进，进尺一般每米 5～15min。层厚为 0.90～8.80m。小部分缺失。

⑬ 1 层全风化泥质粉砂岩：紫红色，硬可塑。母岩成分与结构已完全风化成土状，土弓可切割，干钻易钻进。层厚为 1.10～1.60m。

⑬ 2 层强风化泥质粉砂岩：紫红色，母岩成分与结构大部分已风化，节理裂隙较发育，岩芯呈短柱状，锤击声很沉闷，手可掰断。合金钻干钻可钻进，进尺每米 10～20min。层厚为 0.50～5.10m。全场分布。

⑬ 3 层中等风化泥质粉砂岩：紫红色，母岩成分与结构部分已破坏，节理裂隙发育，岩芯呈短柱状。锤击声稍脆，手不易掰断，锤击易碎。进尺慢且平稳，无响声，干钻不易进尺，合金钻钻进，进尺每米 20～35min。该层岩样天然单轴抗压强度值在 2.21～6.60MPa 之间，平均值为 4.32MPa。该层未揭穿，最大揭露厚度为 9.60m。全场分布。

上述各土层分布详见典型地质剖面（图 4.6.8-2）。

在勘探深度范围内本场地主要存在有一层松散孔隙型潜水和一层承压水。潜水赋存于浅部①填土及②黏质粉土或粉质黏土层中。在详勘期间测得潜水含水层水位埋深为 0.50～1.80m 左右，相当于 1985 国家高程 1.68～2.91m 之间。地下水接受大气降水、地下同层侧向径流的补给。据区域水文地质资料，本场地潜水年水位变幅约在 1.0m 左右。

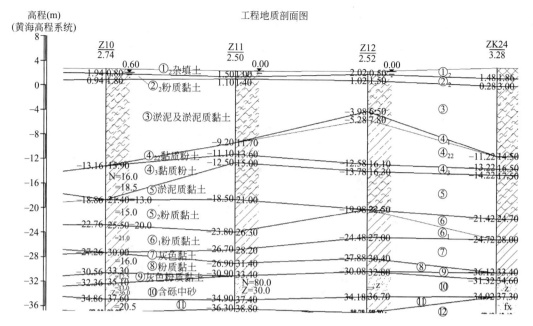

图 4.6.8-2 典型地质剖面

承压水赋存于底部⑩及⑫层砂砾层中。在详勘期间测得承压水含水层水位埋深为
1.70～2.40m左右，相当于1985国家高程1.38～1.40m之间。

3. 基坑支护设计方案

该项目具有下列特点：

(1) 基坑范围较大，平面尺寸约200m×300m，围护周长1000m；基坑深度较深，地
下三层，约15m；土质情况较差，基坑开挖范围内基本为淤泥质土；因此，基坑围护的要
求较高。

(2) 基坑西侧原商业中心地下室已施工完毕，该地下室主体地下两层，周边局部地下
一层，大部分开挖深度约7.5m，周边局部开挖深度约4m。工程桩采用预应力管桩。新的
围护及工程桩施工需考虑原有地下室结构及桩基的影响。

(3) 原商业中心基坑采用土钉墙或复合土钉墙支护，土钉长达18m，在原红线范围内
基本都有土钉存在，土钉间距1200mm×1200mm，呈梅花形布置，较为密集。该范围内
施工的围护桩及工程桩都将遇到此地下障碍物。由于基坑边已靠近红线及道路，围护桩必
须在土钉存在的情况下施工，因此该范围的围护桩施工有较高要求。

(4) 基坑范围大、深度深，工期紧，因此必须考虑基坑开挖可以分步、分块实施。

(5) 地下室北侧地下一层范围扩出地下二、三层范围，该范围地下一层结构施工与整
体地下室施工的相互关系应所合理考虑。

(6) 基坑南侧周边环境相对较好，而东、北、西三侧距周边已施工完毕的道路很近，
特别是西、北两侧道路交通较为繁忙、地下管线较多，围护必须采取措施控制好基坑
变形。

根据以上特点，为确保基坑安全，同时又尽量方便施工、减少工期，节省工程造价，
经对多方案分析比较和初步计算，最终确定基坑围护方案为：采用双排桩结合两道钢筋混

凝土内支撑进行支护（平面、典型剖面如图 4.6.8-3 所示）。在基坑西侧及北侧局部，由于围护桩穿越原土钉障碍物，围护桩采用咬合桩，既可截断土钉，又可起到截水帷幕的作用，其余范围围护桩采用钻孔灌注桩，并采用一排水泥土搅拌桩作为截水帷幕。

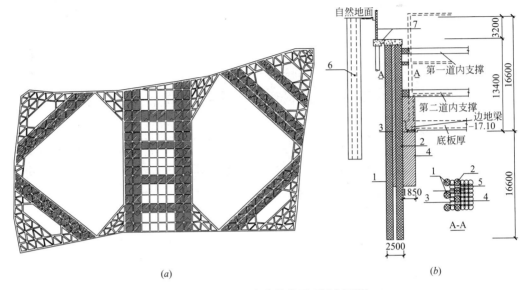

(a)   *(b)*

图 4.6.8-3 　基坑支护结构平面及剖面图

（*a*）支撑平面布置图；（*b*）典型剖面

1—ϕ1000@1800 灌注桩；2—ϕ1000@1200 灌注桩；3—ϕ800@600 高压旋喷桩；

4—坑内被动区加固；5—基坑内边线；6—主动区加固；7—已施工原商业广场一层地下室底板、外墙

该方案的施工流程如下（图 4.6.8-4）：

（1）首先，拆除已建建筑至地下室顶板，部分范围可拆至地下一层基础底板；

（2）施工围护桩，部分围护桩在原基础底板以上开洞施工；

（3）围护桩施工完成后，施工其顶部压顶梁，形成双排桩支护结构；

（4）拆除地下二层范围的地下一层楼板，施工全部工程桩；

（5）施工第一道支撑；

（6）拆除剩余基础结构，挖土至第二道支撑标高，施工第二道支撑；

（7）按常规程序继续施工。

本方案主要基于如下考虑：

（1）在双排桩支护的基础上仅设两道内支撑，初步确定第一道支撑标高位于地下一层楼板上，即为−5.00m，第二道支撑位于地下二层楼板上方，即为−10.00m。在地下室底板及地下二层楼板及传力带施工完毕后拆除第二道支撑，在地下一层楼板及传力带施工完毕后拆除第一道支撑。该方案便于原有地下结构的清除及工程桩的施工。

（2）基坑西侧原商业中心范围，应尽量在原底板上开洞施工工程桩，此后施工第一道内支撑，进行下一步土方开挖。这样在新的工程桩施工期间，围护须悬臂支护最大达7.5m 左右，采用双排桩悬臂支护很好地解决了这个阶段的基坑围护问题。

（3）相较于三道内支撑或更多道的内支撑，仅采用两道内支撑可以大大节省工期、方便施工。由于基坑范围较大，内支撑的工程量大，工期长，基坑开挖土方量也较大，初步

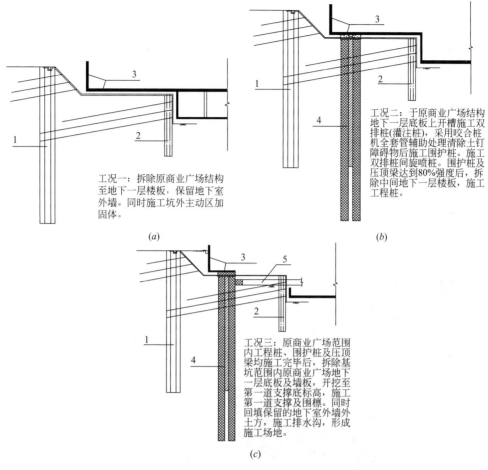

工况一：拆除原商业广场结构至地下一层楼板，保留地下室外墙。同时施工坑外主动区加固体。

(a)

工况二：于原商业广场结构地下一层底板上开槽施工双排桩(灌注桩)，采用咬合桩机全套管辅助处理清除土钉障碍物后施工围护桩。施工双排桩间旋喷桩。围护桩及压顶梁达到80%强度后，拆除中间地下一层楼板，施工工程桩。

(b)

工况三：原商业广场范围内工程桩、围护桩及压顶梁均施工完毕后，拆除基坑范围内原商业广场地下一层底板及墙板，开挖至第一道支撑底标高，施工第一道支撑及围檩。同时回填保留的地下室外墙外土方，施工排水沟，形成施工场地。

(c)

图 4.6.8-4　原地下室拆除工况

1—新设搅拌桩挡墙；2—原搅拌桩；3—原地下结构；
4—双排桩；5—内支撑

估算减少一道支撑可以节省工期 3 个月左右。

（4）支撑平面布置结合基坑平面形状，采用 4 个大角撑结合中间对撑的形式，5 块支撑受力明确，又相互有一定独立性，便于施工流水操作，为节省工期，方便施工创造了条件。

（5）基坑北侧地下一层扩出地下二、三层近 20m，考虑在整体地下室施工完毕后，再进行这一范围地下一层地下室的基坑开挖和施工。

（6）由于基坑范围较大，内支撑角撑最长达到 130m 左右，对撑达到 150m 左右，为确保支撑的受力性能，考虑支撑局部设置混凝土板带，也增强其整体刚度，同时也可利用其作为施工平台，改善施工操作环境。

4. 施工与监测

该项目自 2010 年初开始施工后，中间由于种种原因暂停了一段时间，2012 年初地下室基本完成。围护桩施工过程中，采取设计提供的技术措施，成功地克服了既有地下结构及土钉墙地下障碍物带来的施工难题。由于 15m 深的基坑只设置了两道支撑，土方开挖效率大大提高，项目进展顺利。在整个基坑施工过程中，监测的深层土体最大位移均在 50mm 以内（图 4.6.8-

5)，环境保护措施取得了较好的成效。图 4.6.8-6 为基坑施工过程的照片，本项目采取分段分块、流水作业的施工措施，提高了施工效率，同时较好利用了软土基坑的时空效应。

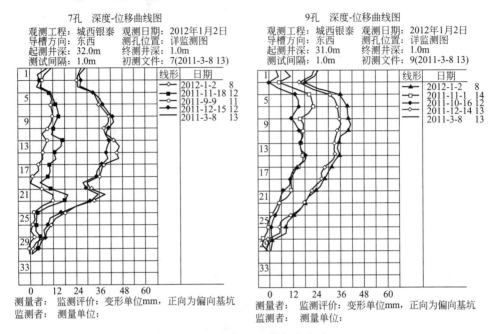

图 4.6.8-5 深层土体侧向位移

图 4.6.8-6 基坑施工的现场照片

5 环境保护技术

5.1 概　述

地下工程建设过程中，如何成功的保证周边既有建筑物及市政、管线设施的安全和正常使用，已成为工程界必须直面的难题。因为地下工程建设而引起的环境灾害屡见不鲜，图 5.1-1 给出了几个典型的基坑工程施工引起的环境灾害。

图 5.1　基坑环境影响案例

图 5.1（a）为某幢办公楼因邻近基坑开挖，产生不均匀沉降，墙体开裂；图 5.1（b）为某基坑坍塌导致邻近建筑物倾倒的事故；图 5.1（c）为某基坑坍塌致使城市道路下陷、车辆翻倒；图 5.1（d）为某基坑渗漏引起邻近排水管破坏、地面坍塌。以上几个典型案例表明，地下工程设计与施工不当，将影响到既有建筑物、道路、管线等资源的持续使用，危及人民的生命财产安全，因此应充分重视环境保护。

地下工程环境保护涉及的因素较多，包括水文地质条件、基坑平面尺寸及开挖深度、保护对象自身的特点等。

软土通常都具有强度低、压缩性高、含水量大的特性，软土地基中基坑围护设计不当，易造成过大的围护体侧向位移、周围地表沉陷及坑底隆起，进而影响基坑的稳定及其邻近设施的安全和正常使用。对渗透性较强的粉砂土地基，基坑施工过程的降水、渗漏、流砂及管涌均可能对周边环境产生较大影响。

目前，用于基坑支护结构计算的方法很多，由于基坑问题本身的复杂性，要准确地计算各类变形存在不少困难。国内外已有不少学者基于已完成工程的实测资料对基坑开挖的变形性状进行研究[21][24][3]，由于研究所基于的地质条件和围护形式不同，故得出的结论存在着一些差异。

随着我国社会和经济的发展，环境保护的要求越来越高。我国在20世纪八九十年代在城市建造了大量住宅，由于当时设计标准低、施工力量有限，不少建筑的结构较为薄弱。20世纪80年代以前的建筑，已成为老旧房屋；在村镇，这个问题更为突出，一些自建房没有经专业设计和正规施工，结构安全度低，对基坑变形较为敏感。以上房屋容易因为基坑开挖而产生裂缝或倾斜，设计和施工应采取有效措施，严格控制基坑变形。

随着城市基础设施的建设和地下空间的开发利用，一些市政和交通设施的保护难度也逐步显现。我国许多城市都已建成地铁，处于运营状态的地铁设施，特别是盾构隧道，对地下工程建设非常敏感，工程建设损坏地铁设施的事故时有发生，地铁设施的安全关系着人民群众的生命财产安全和社会稳定，应有切实可行的保护措施。

文献[47]介绍了软土地基基坑的变形性状，对基坑开挖引起的邻近建筑物沉降机理进行了分析，提出了针对基坑影响的建筑物沉降计算公式。设计应根据基坑周边既有保护设施的现状，提出变形控制标准，在当地工程经验基础上，采取数值分析手段预估基坑施工可能产生的变形，并结合全过程监测和施工实际情况，动态调整设计措施。施工应严格按设计方案，根据监测结果实施信息化施工，最终实现环境保护的目的。

5.2 环境保护措施

从环境保护角度考虑，基坑支护设计与施工应贯彻"节能、节地、节材、节水"的基本理念，选用绿色、节能、环保的材料、工艺、技术和施工方法。设计与施工前，应对工程建设影响范围的环境要素，如建筑物、道路、管线、地铁设施、河道、堤坝等进行调查，根据基坑环境要素的现状，确定其保护标准，提出基坑的变形控制值，作为围护设计的依据。下列基坑支护形式可优先考虑：

（1）地下连续墙"二墙合一"。该技术可充分利用地下空间、增加地下室面积，围护墙同时作为地下结构外墙，节省了材料；

（2）型钢水泥土连续墙。型钢可回收重复利用，型钢回收后水泥土形成的地下障碍物较易处理，围护墙施工速度快，施工噪声、泥浆污染少；

（3）装配式预应力钢支撑。可重复利用，粉尘及噪声少，施工速度快。

不宜采用的技术包括：

（1）土钉及锚杆。锚杆或土钉设置在邻近建（构）筑物下面存在下列问题：

1）锚杆、土钉成孔和注浆施工时，对地基土体有扰动，使保护对象产生附加沉降；

2）锚杆、土钉在工作状态时，锚固体周边土体的应力状态改变，土体产生变形；

3）锚杆或土钉形成的地下障碍物影响后续开发建设，容易引起社会纠纷。

（2）挤土型围护桩，如沉管灌注桩、预制桩等。

设计和施工除应满足基坑支护结构的稳定性和承载力的要求外，还应满足基坑周边环境对变形、噪声和环境污染等方面的要求，应根据周边环境状况及环境保护要求进行变形控制设计。由于场地地质情况、周边建（构）筑物等条件千变万化，同时，基坑变形发生在支护结构施工、土体开挖、降水、拆撑、回填等众多环节，而且基坑施工往往又是分区域、分阶段、分步骤动态进行，故基坑变形在开挖过程中是一个非常复杂的动态系统工程。在很多情况下，确定基坑周围环境对附加变形的承受能力较为困难，而要预测基坑开挖对周围环境的影响程度也往往存在很大难度及不确定性，因此也就难以针对某个具体工程提出非常合理的变形控制指标。此时，根据大量已实施的工程实践的统计资料来确定基坑的变形控制指标不失为一种有效的方法。

邻近基坑工程同时施工时，各自的边界条件随着工程的进展而不断变化，应预先评估施工全过程各工况存在的相互影响，复核设计安全度，明确对施工的要求。施工应按设计规定的条件进行，施工过程加强检查，及时对工程的安全状况进行评估，必要时对设计方案和施工方案进行调整，确保安全。

5.2.1 设计

应采用理论计算、工程类比等多种方法预估基坑工程对周边环境可能产生的影响，并根据周边环境全程监控数据对设计和施工进行实时动态调整。基坑支护设计可采取下列措施减少基坑变形：

1. 加大支护结构综合刚度

综合刚度包括围护墙刚度、支撑的竖向间距、支撑的水平向间距、支撑刚度以及围护墙的插入深度等，这些参数中任何一个发生变化都会使综合刚度发生变化。已有研究表明，随着综合刚度的增加，围护墙最大侧向位移呈非线性减小，但当综合刚度增大到一定值后，位移减小幅度甚小。实际设计时可根据需要的变形控制值，确定合理的综合刚度。需要注意的是，在加大支护结构刚度的同时，应充分考虑围护墙截面尺寸加大后，成墙施工过程的环境影响也将加大，应综合考虑多方面不利因素的影响。曾有项目为保护地铁盾构隧道，采用1200mm厚度地下连续墙以严格控制基坑变形，但成墙过程引起的隧道变形远远大于基坑开挖的变形，且初始变形过大极大地影响了后续工作的开展。

2. 增加围护墙的插入深度

黏性土地基的基坑工程，土体抗隆起安全系数的大小与围护墙后地面沉降、墙体侧向位移有着明显的相关性。增加围护墙的插入深度，有效地减小了墙后土体绕过墙底向坑内的隆起，提高了基坑抗隆起的安全系数。同样，也需考虑墙体加深后，成墙时间长，影响范围广，尤其墙端处于较硬土层或岩层时，施工进尺慢、对上部土层扰动大，环境影响不容忽视。

3. 主动区、被动区土体加固

基坑被动区土体加固是减小支护结构变形的有效措施，为了严格控制变形，可将被动区加固延伸至坑底以上至支撑底，使支撑设置和随后的开挖过程始终处于被动区加固状态。

对超深基坑，特别是采用地下连续墙支护的基坑工程，坑内设置对撑式地中墙或扶壁式地中墙可有效地减小基坑变形；即通过在围护墙边设置钢筋混凝土（或素混凝土）条形或格形加固体，达到开挖前预支撑或增大围护墙刚度的目的，开挖过程中，暴露的加固体逐步凿除。加固体可采用地下连续墙或咬合桩施工工艺，保证其连续性；与水泥土加固方法相比，具有加固体强度高、质量稳定的特点。

地中墙的作用主要有：

（1）将大基坑分成若干个小基坑。围护墙与地中墙构成了类似沉井式结构，使围护墙的变形显示出显著的角隅效应，提高了支护结构的刚度；

（2）提高坑底土抗隆起稳定性；

（3）减小围护墙体应力；

（4）减小围护墙插入深度；

（5）提高基础抗浮承载力。

根据有关工程经验，地中墙的间距宜大于 8m 而小于 20m。地中墙在坑底以上部分可采用低强度等级混凝土，随开挖逐步凿除。

4. 在被保护建筑物与围护墙之间设置隔离墙

如图 5.2.1 所示，隔离墙的主要作用如下：

（1）增加滑动面抗剪力，提高基坑抗滑稳定性；

（2）滑动土体与隔离墙的摩阻力减小了土体沉降量；

（3）围护墙与隔离墙之间土体因土与墙的摩阻力使其上覆土压力减小，因而减小了围护墙的侧压力，也因此减小了围护墙的侧向位移和墙后土体沉降量。

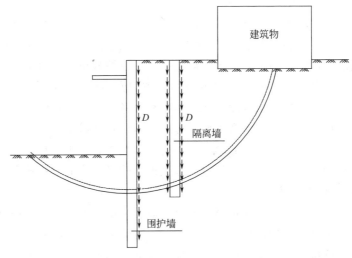

图 5.2.1　隔离墙的作用机理

5. 坑内设置临时封堵墙

将基坑化大为小，分区实施。当保护对象对基坑的变形要求相当严格时，如地铁盾构隧道，对平面尺寸很大的基坑，通过设置中间临时封堵墙控制变形是行之有效的措施。变形控制效果应充分考虑施工总体水平和实际的可操作性，对于平面尺寸很大的基坑，试图通过基坑施工分段、分块进行来实现变形控制的目的具有很大的难度；采取封堵墙的措施，对变形控制更具把握性。

除了对基坑支护设计采取有效的变形控制措施外，有条件时，对邻近基坑的保护对象预先进行加固处理，提高其变形适应能力，可能会取得更为理想的综合效益。对保护对象可预先采取的保护措施包括：

（1）在基坑与重要保护对象之间设置隔离桩；

（2）对邻近建筑物采取地基加固、结构补强、基础托换等措施，提高建筑物的变形适应能力；

（3）对管线采取架空、临时或永久搬迁移位等措施；

（4）对盾构隧道采取注浆加固、结构补强等措施。

降水设计可采取设置截水帷幕、控制降水水位、回灌等措施减少降水对环境的影响，但应充分注意下列要点：

（1）应进行抽水试验确定降水影响范围，评估降水对环境的影响；

（2）调整降水井数量、间距和深度，控制降水影响范围，在保证地下水位达到要求时减少抽水量；

（3）限定单井出水流量，控制地下水流速。

5.2.2 施工

应从支护结构、土方开挖、地下结构施工等全过程采取环境保护措施，专项施工方案中应有环境保护专篇。专项施工方案中的环境专篇一般包括下列内容：

（1）环境描述，明确基坑周边的保护对象及其基本特征，内容应详细、具体；

（2）施工全过程采取的环境保护措施；

（3）针对环境的监测要求及应急预案。

可采取下列措施减少围护墙施工对环境的影响：

（1）对地下连续墙，采取槽壁加固、优质泥浆和提高泥浆液面标高、控制成槽时间、减少单幅槽段宽度等措施。地下连续墙成槽施工引起周边建筑物或盾构隧道产生过大沉降的案例屡见不鲜，究其原因，是对地下连续墙成槽施工环境影响的理解还不够深刻，思想上还不够重视，最终没有从施工方面采取有效的环境保护措施。

（2）对钻孔灌注桩，可采取套管护壁、地基预加固、控制相邻桩施工的时间间隔及成桩速度等措施。

（3）高压旋喷桩和水泥土搅拌桩施工时，控制施工速度，优化施工流程。某工程采用水泥土搅拌桩重力式挡土结构，由于工期紧，多台搅拌桩机同时施工，搅拌桩的施工速度过快致使道路隆起、建筑物开裂。

土方开挖、支撑安装与拆除的顺序应与设计工况一致，并符合下列规定：

（1）分段分层开挖，控制围护墙无支撑的暴露长度和基坑暴露面积；基坑暴露时间越短、暴露面积越小，土体的强度降低幅值越小，对基坑变形控制效果越显著；

（2）挖土至支撑标高后，立即施工支撑，减少支撑形成时间；

（3）挖土至坑底后，立即浇筑垫层，减少基底无垫层暴露时间，减少对土体的扰动；

（4）支撑拆除应注意分段、分区，严格控制荷载释放的速率，避免卸荷过快影响周边环境的安全；环境保护要求严格时，不应采用镐头机直接操作，靠近保护对象附近宜人工凿断或采取静力切割技术。曾有项目在基坑开挖时小心谨慎，基坑变形也控制的较为理想，但拆撑时思想放松，最终导致建筑物在拆撑阶段产生较大沉降。

地下水的保持不仅涉及水资源的保护，过度降水或截水不力更容易导致环境灾害。施工应采取下列措施减少降水对周边环境的影响：

（1）土方开挖前，通过坑内预降水检验截水帷幕施工质量和截水效果，对渗漏点进行处理；

（2）应做到出水常清，抽水含砂量应符合有关规范要求；

（3）降水开始时，应根据与保护对象的距离按先远后近的原则启动各降水井的降水工作；降水结束时，按先近后远的原则停止各降水井的降水作业。

基坑施工过程还应注意下列环境保护问题：

（1）应采取措施防止泥浆、水泥浆对周边环境产生不利影响；

（2）现场条件许可，宜回收利用基坑降水抽取的地下水；

（3）宜采用封闭运输车或对运输车覆盖进行土方运输；运输车出现场应进行冲洗，冲洗水宜回收、沉淀后重复利用；

（4）应合理安排施工时间、采取措施减少施工噪声；

（5）保护对象附近应限制重车行驶，严格控制地面超载。重车长期反复的动力荷载和大量的地面超载将使地基产生明显变形，对环境保护非常不利。一些项目为达到保护环境、控制变形的目的，在支护结构设计与施工方面采取了充分的措施，但由于施工荷载控制不当，重车的频繁振动影响使邻近建筑开裂、管线破坏，造成了较大的环境灾害；

（6）基坑施工结束后，围护体与主体结构之间的空隙应及时采用设计规定的填料回填，保证填土的密实度，避免因填土质量问题产生后续变形。

5.2.3 监测

鉴于土质条件的复杂性、多样性，以及岩土工程勘察手段、仪器、布点的局限性，基坑工程勘察和设计往往不能全面反映工程的各种变化。为确保基坑施工过程围护结构自身的安全和邻近道路、建（构）筑物的正常使用，必须有计划地进行现场基坑工程相关项目的监测。通过监测和预警，为基坑工程信息化施工提供依据，及时发现安全隐患，保护基坑及其周边环境的安全和正常使用。监测得到的相关数据，反过来可验证基坑围护设计的合理性以及理论和实际的相符性，成为发展基坑工程设计理论的重要手段。

仪器监测可取得定量的数据，进行定量分析；目测为主的巡视检查相对简单、及时，可作为仪器监测的补充，起到定性分析的作用。

针对环境保护的监测应注意如下事项：

（1）当围护桩或围护墙施工对周边环境影响可能较大时，应在其施工前建立监测点，对围护桩或围护墙施工过程的环境影响进行监测。

（2）在台风、暴雨等恶劣天气状况下，应加强监测。

（3）对变形控制值较为严格的过程，应设立各个施工阶段的变形控制值，通过全过程的系统控制，确保最终变形值满足要求。

（4）对人工监测较为困难的部位，如运营地铁盾构隧道等，应建立自动化监测系统。

（5）对地下管线，宜设置直接监测点。由于直接从地下管线上设点较为困难，不少项目利用管线对应的地表变形作为管线变形，造成监测数据的失真，影响了对真实状态的判断。

（6）监测数据宜通过互联网手段，快速、及时发送给相关人员。

（7）建立利用监测数据的信息化施工机制，根据监测结果，及时调整施工部署，在确保安全的基础上，提高施工效率。

5.3　常　见　问　题

基坑工程引起的环境问题已越来越成为社会关注的热点。根据近几年我国出现的各类基坑环境灾害，分析其存在的问题，主要归于以下几类：

（1）环境调查工作不够全面、详细。

不少环境灾害的发生在于施工前没有对保护对象进行详细地了解，甚至没有发现保护对象的存在。环境调查经常遗漏的对象包括：

1）军用光缆、超深大型输气输油管道等，特别是一些带有保密性质的管线；

2）远离基坑的敏感设施，由于其变形控制要求特别严格，尽管距离较远，但仍有可能受到影响，如地铁盾构隧道；

3）年代久远的建筑，其下的辅助设施，如化粪池、下水道等，这些设施出现问题后可能会由于水土流失危机建筑物和基坑的安全。

（2）围护墙和地基加固施工不当。

地下连续墙成槽对周边环境的影响已逐步得到重视，但近几年此类的工程事故还时有发生。某城市软土地基上一基坑工程，地下连续墙成槽没有采取槽壁加固措施，成槽的速度和次序没有严格控制，最终导致15m之外1幢6层的浅基础商场产生严重沉降，且沉降一直不稳定，最后全部拆除。某粉土地基上地下连续墙工程，尽管采取高压旋喷桩槽壁加固措施，但由于进一步的环境保护措施不到位，致使邻近1幢10层的短桩基础建筑产生了接近50mm的沉降，此后的基坑开挖过程建筑物的沉降增量约20mm，建筑物的累计沉降主要由成槽引起。

钻孔灌注桩施工同样可能引起较大的地基沉降。某运营地铁盾构隧道周边拟建城市高架桥，工程桩直径1200mm，离隧道最近净距约3m，为确保隧道安全，首先进行试成桩，采取全套管护壁后，隧道因桩基施工引起的最大沉降约20mm，远远超过保护要求。根据试桩结果，建设单位选择了改线方案。

高压旋喷桩、水泥土搅拌桩等施工引起的环境问题也屡见不鲜，特别对大体积地基加固，环境影响问题更为突出。曾有工程在大面积地基加固施工时，施工速度过快，导致已施工的钻孔灌注桩（工程桩）产生了近2m的上拔量。

（3）围护体施工质量缺陷。

在围护体施工时采取有效措施确保质量是环境保护的基础，不少项目在基坑开挖时出现变形过大、环境影响严重等问题，其根本原因在于围护体的施工质量存在严重缺陷，图5.3为某工程钻孔灌注桩严重露筋、混凝土夹泥和箍筋折断的状况，由于混凝土质量问题的存在，围护桩的抗弯刚度大大降低，已暴露的部位可以及时修复，尚在坑底的部位则受

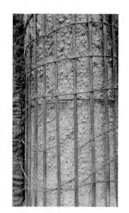

图 5.3 钻孔灌注桩施工缺陷

力性能严重削弱，最终导致基坑变形过大，甚至围护桩因强度不足而破坏。

地下连续墙也常常出现如图 5.3 所示的露筋、夹泥现象，接头部位的劣质混凝土更易导致渗漏，如果在成墙阶段严格控制质量，施工期间因此形成的渗漏、流砂、管涌等现象就不会发生。

（4）地下水处理效果不理想。

坑内在进行降水施工时，如果设置竖向和平面完全封闭的截水帷幕，周边环境影响较小。实际工程中因地下水处理引发的环境问题包括：

1）降水井质量缺陷，抽水带砂，长期降水造成大量的土颗粒流失，引起地面塌陷或沉降；

2）截水帷幕质量缺陷，渗漏、流砂及管涌将直接造成环境灾害，坑外水位长期的过度下降，也可能产生明显的环境影响；

3）大量进行承压水减压降水，可能导致区域地面及建筑沉降。

（5）土方开挖不规范。

下列土方开挖的不规范行为可能导致基坑的稳定和变形难以控制：

1）超挖，特别对采用土钉墙、锚杆、钢支撑及逆作法的工程，超挖现象较为常见；

2）土方开挖与支撑施工脱节，基坑无支撑暴露面过大，暴露时间过长；

3）坑中坑开挖未根据相应的支护条件施工，致使坑中坑位移过大而影响整体基坑支护结构。

（6）支撑设置与拆除不合理。

支撑系统应尽快形成封闭整体，确保整体受力性能。不少项目在局部支撑形成后，即进行下一阶段的土方开挖，形成支护的薄弱环节；支撑设置应及时，减少无支撑暴露时间，对重要保护对象，应根据变形控制要求规定支撑形成时间；采取分区拆撑措施时，应分析换撑条件的满足程度，避免薄弱部位的出现，必要时采取临时加固措施。

（7）应急措施不力。

工程出现险情时，应第一时间采取果断措施抢险。曾有项目在基坑刚挖至坑底，进行人工修土作业时，监测发现围护桩变形发展速率加快，提醒各方注意。其他监测指标也表明基坑处于比较危险的状态，但施工方存在侥幸心理，在要求采取回填措施时，迟迟下不了决心，浪费了宝贵的抢险机会，等发现局面无法挽回时再回填，事态已难以控制，造成巨大损失。某工程开挖时发现地下连续墙接缝出现轻微渗漏现象，现场没有重视，几天后发现渗漏现象有加剧的趋势，地面明显沉降，现场准备采取抢险措施，但人、设备、材料均没有准备，待所有条件均具备，准备堵漏时，渗漏已发展为涌水、涌砂，堵漏无法进行，坑外地面很快坍塌。

（8）信息化施工没有落到实处。

一些项目没有真正的重视监测工作，致使工程事故的发生，主要问题包括：

1）监测工作滞后。基坑已开挖后，甚至有基坑已经坍塌，监测工作尚未开展；一些项目在前期围护墙施工时没有对周边环境监测，在围护墙施工过程中或围护墙施工结束后，出现环境灾害，为时已晚。

2）土方开挖过程没有根据监测结果信息化施工，导致周边环境累计变形过大，陷入被动。

3）监测数据提供不及时。有些项目在当天监测工作完成后，第二天提供报告；当事态紧急时，可能当天就应该进入抢险状态，监测数据的不及时提供可能贻误抢险时机。

（9）施工动载和堆载过大。

某些深厚软土地基上的基坑，坑边大量的荷载将直接产生较大的地基沉降。多个项目的实践表明，基坑支护措施合理，监测得到的支护结构变形均在控制值范围，但周边建筑物和管线设施仍产生过大沉降，究其原因，沉降主要由大面积堆载或长期的施工动载直接引起。某邻近地铁盾构基坑项目，为确保隧道安全，设计采取了分坑、隔离桩、土体加固等技术措施，基坑水平变位、隧道水平及竖向变形均远小于控制标准，但隧道收敛超标，事后经分析，施工期间大量运土、运材料重车直接在隧道上方地面行驶，在侧向卸载的状况下，长期、反复的竖向动力作用使隧道产生过大的收敛变形。

5.4 工 程 实 例

5.4.1 ××医院脑科中心（保护短桩基础多层手术楼）

1. 工程概况

该工程基坑尺寸约 40m×40m，如图 5.4.1-1 所示。

该工程地上 22 层，设二层地下室，工程桩采用钻孔灌注桩，基坑实际开挖深度普遍为 12.1m，电梯井范围开挖深度达 13.9m。

周边环境相当复杂。西侧为医院现有急诊楼及放射楼，二者均为桩基础，急诊楼工程桩为 400mm×400mm 预制方桩，桩长 6.5m；放射楼工程桩为 ϕ325mm 沉管灌注桩，桩长为 5m；老楼基础紧贴新楼基础；基坑北侧为医院现有肿瘤研究所、高压氧门诊楼及一层设备用房，肿瘤研究所工程桩为钻孔灌注桩，桩长约 9m，高压氧门诊楼及一层设备用房为浅基础。基坑邻近大楼内有许多贵重仪器和设备，如直线加速器、核磁共振、CT 等。基坑东侧街巷路面下埋设有污水、煤气管道，基坑最近处距离规划道路边线约 6m；基坑南侧距离道路人行道最近处约 8m，人行道下面埋设了大量的市政、电力、电信和煤气等管道。

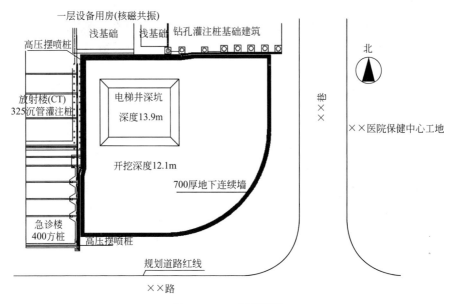

图 5.4.1-1　总平面图

根据工程地质勘察报告，本工程场地 30m 以内的土层分布及土的物理力学性质指标详见表 5.4.1。

各土层物理力学指标　　　　　　　　　　　　　表 5.4.1

土　类	层号	层厚（m）	重度 γ（kN/m³）	摩擦角 ϕ（°）	黏聚力 C（kPa）	压缩模量 E_s（mPa）
粉土	2	1.1～2.6	19.3	27.8	9.3	7.6
粉土	3-1	2.0～3.0	19.6	29	5.8	12.5
粉砂	3-2	7.7～9.9	19.8	33	7.7	16.5
淤泥质粉质黏土	4	0.0～2.5	18.0	12	15	2.7
粉土	5	1.6～4.3	19.41	26.7	4.3	6.3
淤泥质黏土	6	4.8～8.0	17.18	8	17.8	2.5
粉质黏土	7-1	1	19.4	14.3	14.5	6.3

本工程地下水主要为浅层潜水，勘察期间测得场地地下水位在地表下 1.2～2.5m。

2. 基坑围护方案

根据本工程的具体特点，设计对可能采用的围护方案在技术经济上进行了分析比较。常规的大直径钻孔灌注桩结合截水帷幕的做法在施工场地方面有一定难度，经仔细测算，老楼基础承台边距离新楼基础承台边仅有 1.2m 的空间，ϕ800mm 钻孔灌注桩无法施工，截水帷幕的实施难度更大。即使结构设计做适当调整以满足钻孔灌注桩的成桩需要，截水帷幕也只能设置在钻孔灌注桩位置，即首先施工截水帷幕（一般采用高压旋喷桩），然后在其位置施工钻孔灌注桩（通常所说的"原位施工"）。由于基坑较深，截水帷幕桩与桩之间在较深处的搭接难以保证质量，另外钻孔灌注桩施工时，也有可能对截水帷幕造成破坏，挖土至坑底后，坑内外的水头差很大（有可能超过 15m），土层的渗透系数大，地下水很容易在截水帷幕的薄弱点突破，从而产生大量流砂、涌砂现象，基坑邻近建筑物及设施的安全将难以保证。本工程任何部位都不能允许发生这种现象，否则后果将非常严重。

采用地下连续墙作为挡土结构兼防渗帷幕比较适合本工程。由于场地非常紧张，地下墙将作为主体结构地下室侧墙，即"二墙合一"。"二墙合一"方案将地下室外墙与围护墙合为一体，使基坑面积最小，相应的土方开挖量及降水量均达到最小。采用地下连续墙作为截水帷幕，其截水效果要优于高压旋喷桩或素混凝土桩。

综上分析，最后选定采用 0.7m 厚地下连续墙作为基坑支护结构，挡土兼防渗帷幕，同时作为地下室外墙，即"二墙合一"方案。为有效控制基坑的变形，沿竖向设置两道钢筋混凝土支撑。基坑内采用真空深井降水。

本地基存有较厚的杂填土及粉砂土，在这种地层中施工地下墙，如采用常规的施工措施，容易产生较大的槽壁坍塌，从而危及周边建筑物及设施的安全，同时也会造成地下墙充盈系数过大。为确保邻近建筑物及设施的安全，提高地下墙的质量，设计考虑采取如下技术措施：

（1）为方便导墙及地下墙成槽施工，在坑外沿基坑周边设置一级轻型井点，以降低坑外地下水位，减小坑内外的水头差；为减小降水对浅基础建筑物沉降的不利影响，降水之前应对浅基础建筑物（主要是一层设备用房、高压氧门诊楼）进行加固；

（2）基坑西、北侧的单元槽段长度做适当控制；

（3）成槽前，对浅层不良土体进行加固。经与有关各方协商，确定在西、北侧采用一排 ϕ1500mm 150°定向摆喷桩，做到单向喷射。对本工程而言，选择向原有建筑桩基方向喷射切割土体、地下连续墙槽段方向不喷射，这就不会造成浆液渗透到地下连续墙槽段内而影响成槽作业，这样同时达到槽壁土体加固和邻近建筑物基础加固的目的。在其余各侧采用一排 ϕ500mm 低掺量水泥土搅拌桩进行槽壁加固。

高压摆喷桩的具体加固方式为：在距地下连续墙外边 0.3m 处向槽壁外进行连续高压摆喷加固，加固范围为地下连续墙与现建筑物桩基之间土体，深度为槽底下 4.0m。地下连续墙成槽时，现有建筑对槽壁的附加荷载将主要由一定强度的连续加固体来承受，槽壁稳定可得到保证。图 5.4.1-2 表示了加固简图。

设计对工程中常用的几种支撑形式进行了分析比较，如大圆环、大角撑、角撑结合边桁架、井形对撑等，由于本工程各侧作用于地下墙上的土压力差异较大，即在有建筑物的两侧土压力很大，而另外两侧相对较小，因而作用于支撑系统各侧的荷载很不平衡，而且本工程对支撑系统的稳定及变形要求相当高，为严格控制基坑的变形，确保基坑的安全，最终确定采用井形布置的支撑系统。

3. 基坑施工及监控

2001 年 12 月 18 日开始进行高压摆喷桩加固，为尽量减小摆喷桩施工对周边建筑的不利影响，采用跳打法施工，2002 年 1 月 19 日，摆喷桩全部施工结束。在其余范围进行低掺量水泥土搅拌桩施工，由于采用了比较有效的槽壁和地基加固措施，接下来的地下连续墙成槽施工比较顺利，2002 年 3 月 23 日，地下连续墙全部施工完毕，从地下墙的施工记录看，充盈系数基本在 1.02 左右，这说明地下墙槽壁质量非常理想，没有明显的坍塌。在加固及成槽过程中，周边建筑物的最大沉降接近 8mm，没有影响到周边建筑物的安全和正常使用。2002 年 5 月正式开始挖土，此后进行两道临时支撑及地下室施工，到 11 月

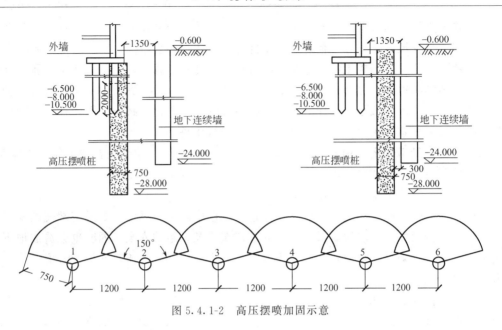

图 5.4.1-2　高压摆喷加固示意

底，地下结构基本完成。在土方开挖及地下室施工过程中，对地下墙沿深度的侧向位移、地下墙的墙身弯矩、作用于墙上的水土压力、支撑轴力、周边建筑物及管线的沉降等进行了监测，下面依次对监测结果进行分析：

（1）基坑周边设施的变形监测

随着降水及基坑土方开挖的开始，周边建筑物及道路不同程度地产生了一些沉降，并最终稳定在1cm左右；当进行第二道支撑以下土方开挖时，急诊楼、放射楼的外墙窗角附近的墙体局部开裂，但很快趋于稳定。

（2）地下连续墙的内力

基坑土方开挖开始后，地下墙逐渐承受侧向压力，随着挖土深度的增加，地下墙的墙身弯矩不断发展，挖土至坑底时达到最大至1000kN·m/m，随着地下室底板的浇筑和支撑的拆除，地下墙的墙身弯矩逐渐减小，并最终降至最大值的一半左右。

（3）土体及墙体的侧向位移

设计共布置了6根测斜管。其中2根埋设于地下墙的钢筋笼内，其余埋设在坑外土体中。从监测结果可知，土体最大侧向位移没有超过土体侧移40mm的预警值，墙体位移也没有超过25mm的预警值。

从整个监测结果来看，在整个基坑施工过程中，基坑的各项监控数据基本都在设计控制值范围内，基坑没有产生任何险情，该医院的医疗没有受到任何影响，周边建筑物及道路、管线安然无恙，这说明本工程的基坑围护设计是成功的，图5.4.1-3为基坑开挖到底部的场景。

图 5.4.1-3　基坑开挖至坑底

4. 结论

总结整个工程设计、施工全过程，得到如下

结论：

（1）本工程采用高压摆喷桩对邻近建筑物基础进行加固，同时兼作槽壁加固措施，取得了比较理想的结果。

（2）在复杂地质条件下，采用低掺量水泥土搅拌桩槽壁加固措施，对保证槽壁稳定、提高地下墙质量非常有利。

（3）采用地下连续墙结合多道内支撑的围护措施可有效控制基坑变形，保证基坑及周边环境的安全，特别是在场地条件紧张时，采取"二墙合一"措施更具优势。

5.4.2 浙江××大厦（保护老旧房屋）

1. 工程概况

该项目基坑平面形状接近矩形，基坑尺寸约 45m×50m。总平面如图 5.4.2-1 所示。

该工程为 19 层的办公楼，设两层地下室，±0.000 标高相当于黄海高程 8.350m，自然地坪标高相当于黄海高程 8.150m，该基坑开挖深度为 9.650、10.650m，局部深坑开挖深度为 12.050、13.550m。

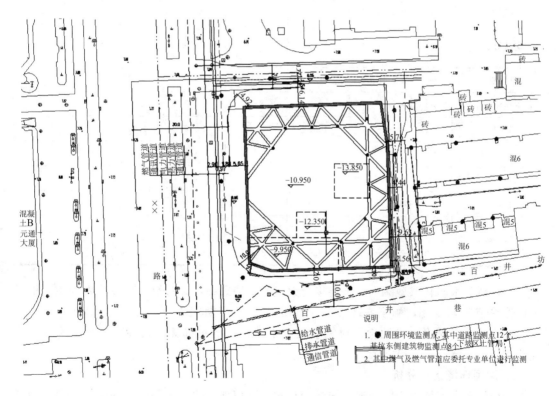

图 5.4.2-1　总平面图

2. 土质条件

场地勘探深度范围内土层分布大致为：1 层为杂填土，稍湿，层厚 4.60～5.50m；2-1 层为粉质黏土，可塑，层厚约 0.60～2.70m；2-2 层为黏质粉土，很湿，稍密，局部缺失，层厚 0.00～1.70m；3-1 层为淤泥质粉质黏土，流塑，层厚 5.10～7.90m；3-2 层为黏质粉土，全场分布，层厚 2.80～5.10m；3-3 层为淤泥质粉质黏土，流塑，局部缺失，层厚 0.00～2.80m；4-1 层为粉质黏土，软塑，层厚 0.00～2.00m；4-2 层为粉质黏土，可塑，全场分布，层厚 9.80～16.20m；5 层为粉质黏土，可塑，局部分布，层厚约 0.00～3.30m；6 层为粉质黏土，可塑～硬塑，层厚约 4.10～10.50m；7-1 层为粗砂，中密，局部分布，层厚约 0.00～3.00m；7-1 夹层为粉质黏土，软～可塑，层厚约 0.00～0.40m；7-2 层为粉质黏土，可塑～硬塑，全场分布，层厚 0.80～4.90m。以下为 8-2b 层为强风化泥岩、8-3a 层为强风化泥岩、8-3b 层为中等风化泥岩等。根据基坑的实际开挖深度以及土质分布状况，基坑开挖面位于 3-1 层。各土层物理力学指标详见表 5.4.2。

各土层物理力学指标   表 5.4.2

土 类	层号	层厚	重度 γ kN/m³	摩擦角 ϕ (°)	黏聚力 C (kPa)	压缩模量 E_s (MPa)	竖向渗透系数 kV (×10⁻⁵cm/s)
杂填土	1	4.60～5.50	19	10	5		
粉质黏土	2-1	0.60～2.70	19.3	27.3	20.0	7.64	20.7
黏质粉土	2-2	0.00～1.70	19.3	29.0	29.0	1.30	74.0
淤泥质粉质黏土	3-1	5.10～7.90	17.6	14.6 (8.0)	16.0	2.51	37.3
黏质粉土	3-2	2.80～5.10	18.6	26.7	26.0	5.72	
淤泥质粉质黏土	3-3	0.00～2.80	16.7	8.1	10.0	1.82	
粉质黏土	4-1	0.00～2.00	18.5	16.0	15.0	3.47	
粉质黏土	4-2	9.80～16.20	18.9	18.6	35.0	6.22	
粉质黏土	5	0.00～3.30	18.6	16.0	34.0	7.43	
粉质黏土	6	4.10～10.50	19.5	21.8	41.0	8.51	
粗砂	7-1	0.00～3.00	20.4.5			13.78	
粉质黏土	7-2	0.80～4.90	19.8	23.0	41.0	6.28	

工程地下水属孔隙型潜水，主要接受大气降水渗入补给，排泄途径以蒸发为主，地下水位受季节影响变化，幅度在 1.00～1.50m 间。勘察期间水位在地表下 1.60～2.00m。地下水水质对混凝土无腐蚀性，对钢筋混凝土结构中的钢筋无腐蚀性，对钢结构具弱腐蚀性。

3. 周围环境条件分析

工程地下室基坑周边距用地红线近，东侧紧贴用地红线，南侧基坑内边线距离用地红线约 1.900m；西侧和北侧相对稍远，基坑内边线距离用地红线分别为 5.650、6.140m。

场地四周都为道路，道路下埋设了大量的市政、电力管线。其中东侧道路路面下有通信、电力、热力管道等，最近的管道距离基坑内边线约 7.500m；北侧的小区道路上有排水、燃气、热力和污水管道，热力和燃气管道距离基坑内边线分别约 10.000、

7.700m；东侧的小区路上有排水、煤气管道，且煤气管道距离基坑内边线仅 2.500m；南侧街巷上有给水、排水和通信管道等，最近的管道距离基坑内边线约 3.800m。特别是基坑东侧还有 2 幢 5 层 1980 年代的浅基础多层住宅，最近处距离基坑内边线仅约 5.500m。

因此，本工程基坑周边用地紧张，周边环境复杂，尤其是基坑的东侧，既有煤气管道，又有浅基础多层住宅，且相距均较近，围护设计应选择适合的围护结构形式，严格控制围护结构的变形。

4. 基坑工程特点

综合分析基坑形状、面积、开挖深度、地质条件及周围环境，基坑工程特点如下：

（1）基坑影响深度范围内的地基土主要为填土、粉土和淤泥质土。填土组成复杂；粉土强度高、压缩性低，但渗透性能很好；淤泥质土强度低，压缩性高。围护设计应对基坑的防渗截水、抗管涌、浅层障碍物及不良地质等对围护体施工的影响等予以充分考虑。

（2）工程开挖深度在 11m 左右，局部电梯井处更深，基坑开挖的影响范围相应比较大。

（3）基坑周边距离用地红线均比较近，四周红线外为道路或邻近建筑物，路下埋设有大量的市政、电力、煤气等管线，基坑东侧还有 2 幢 1980 年代的 5 层多层住宅楼，对变形相当敏感。设计应合理控制围护体的变形，确保基坑邻近设施的安全和正常使用。

5. 围护方案比较与确定

经多种方案比较，确定采用 700mm 厚地下连续墙作为基坑挡土结构兼防渗帷幕，同时作为地下室外墙，即"二墙合一"，沿竖向设置两道临时钢筋混凝土内支撑。坑内局部深坑采用水泥土搅拌桩重力式挡墙结构。围护方案的特点主要如下：

（1）地下连续墙作为挡土结构，具有抗弯刚度大、整体性和防渗性能好、成墙施工对周围环境影响小，以及能适应各种土质条件等特点。采用二墙合一方案，能充分利用红线范围内的面积作为地下室使用面积，同时能减少围护体本身的宽度，改善场地条件。

（2）为确保地下室的干燥和美观，在地下墙内侧做内衬墙，以地下连续墙内壁作为外模，另做一个 0.2m 厚的钢筋混凝土墙，确保地下室侧墙的防渗效果。具体做法与主体建筑设计协商后定。

（3）采用水平内支撑能有效地控制地下连续墙的侧向变形和墙后土体的沉降，保证墙体的侧向位移在地下室使用允许范围之内，保证邻近道路、地下管线以及邻近建筑物的安全和正常使用。

（4）本工程场地非常狭小，第一道支撑可作为施工栈桥（临时堆场、挖土通道等），场地条件将大大改善。第一道支撑若兼作施工栈桥，应另行加固设计，具体待施工单位确定后定。

围护方案支撑平面如图 5.4.2-2 所示。

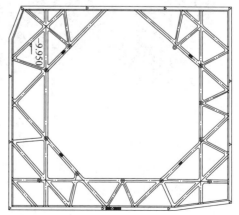

图 5.4.2-2　支撑平面布置图

6. 施工和监测

工程于 2004 年施工。由于场地为延安饭店旧址，其下埋藏有大量原有建筑的桩基础，即预应力方桩，如图 5.4.2-3 所示；尤其是东北侧，地下连续墙位置遇大量老桩。经围护设计复核，微调地下连续墙位置后，东北角仍有一定数量的预应力方桩需拔除，方桩长约 20m，为两节。为防止拔桩时，土体深层扰动影响邻近浅基础建筑物，施工单位采用全套管工艺，图 5.4.2-4 为拔桩设备及拔桩照片。最终，地下连续墙位置原有方桩得以顺利拔除。

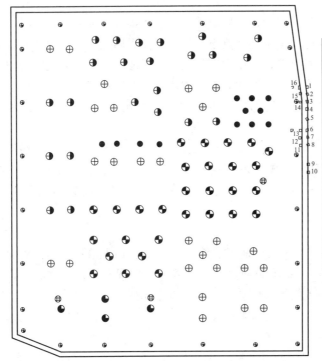

待处理桩与地连墙相对位置图

处理桩号	与墙最近垂直距离(mm)
1	44.2
2	-107.2
3	-204.1
4	-243.8
5	-320.8
6	-230.2
7	-192.7
8	-111.5
9	-87.9
10	-99.9
11	56.8
12	151.8
13	56.7
14	69.8
15	-78.8
16	-115.6

图 5.4.2-3　拔桩平面图

(a)　　　　　(b)　　　　　(c)　　　　　(d)

图 5.4.2-4　拔桩场景
(a) 导墙；(b) 拔桩设备；(c) 拔桩过程；(d) 拔出的方桩

至工程结束，围护结构各项监测结果满足设计要求，工程顺利完成。图 5.4.2-5 为基坑施工期间的现场实景。

图 5.4.2-5 基坑施工的实景

5.4.3 萧政储出××号地块基坑工程（保护运营地铁盾构隧道）

1. 工程概况

该项目区位如图 5.4.3-1 所示。本工程主要拟建物包括办公塔楼 A（地上 16 层，建筑高度约 70.0m）、办公塔楼 B（地上 27 层，建筑高度约 114.5m）、购物中心（地上 6 层，建筑高度约 28m²）和时尚休闲街区（地上 3～4 层）。项目总用地面积 51358m²，地上面积约 21 万 m²，地下面积约 11 万 m²。项目设地下三层整体地下室，地下车库与杭州地铁 2 号线人民广场站直接连通。工程桩采用钻孔灌注桩。结构±0.000 标高相当于绝对标高 6.300m，自然地坪参考周边道路取绝对标高 5.800m（相对标高 −0.500m），地下一层楼板面标高 −6.600m，地下二层楼板面标高 −10.200m，基础面标高 −13.900m，开挖深度考虑至承台垫层底，开挖深度 15.3～15.9m，主楼核心筒落深约 3m。基坑面积约 40000m²。地铁连接通道开挖深度约 7.8m。

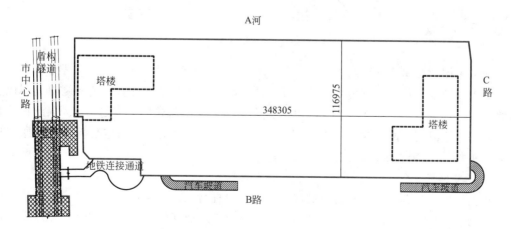

图 5.4.3-1 项目区位图及与地铁隧道位置关系示意

2. 周边地铁设施

基坑西侧市心路下布有杭州地铁 2 号线盾构隧道（本项目土方开挖时已运营），埋深约 14.3m，本基坑与盾构管片外边界最小距离约 13m，盾构隧道水平变形及竖向变形均按不超过 5mm 控制，人民广场站开挖深度 18.1m，基坑围护采用 800mm 厚地下连续墙支护。地铁站外侧已建 2 号出入口及风亭距离基坑最近约 3.6m。风亭开挖深度约 10.8m²，采用 ϕ850mm 三轴水泥土搅拌桩内插 H 型钢围护（H 型钢未拔除），与地铁公司沟通后，距离 SMW 工法桩 500mm 以外可实施本项目围护桩墙。基坑南侧地铁 5 号线车站及盾构隧道未施工。

3. 其他环境要素

本项目基坑平面尺寸呈长方形，约 340m×120m（图 5.4.3-2）。基坑北侧距离用地红线约 5.1m，该侧东北部沿红线布置有污水压力管和污水重力管，红线外为 A 河，现场实测水位约 3.500m，河床底标高在 2.500～3.000m 之间。河对岸 48m 处布置有浅基础住宅。

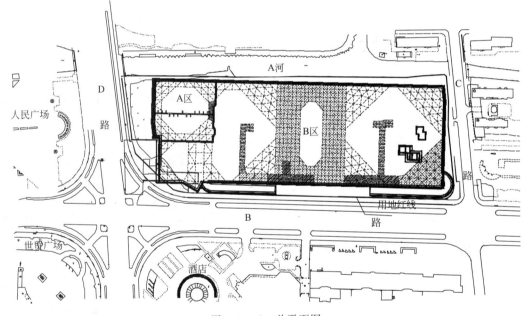

图 5.4.3-2 总平面图

基坑东侧距离用地红线约 14.7m（该侧现有泵站用房未拆除），红线外道路下布有雨污水等市政管线，马路东侧为 6 层的城建公寓，距离基坑超过 40m。基坑南侧距离用地红线约 12.3m，红线为 B 路，道路下市政管线众多，道路交通繁忙，该侧拟作为出土口。基坑中东部为原河道，回填时未清淤，埋深最大约 4.8m，桩基施工前应妥善处理，原河道过 B 路的桥梁结构围墙下可见。

4. 水文地质条件

根据场地勘探点揭露地基岩土的成因时代、岩性特征、埋藏条件及物理力学性质，结合附近勘察资料，场地勘探深度以浅可划分为 8 个工程地质层，包括 23 个工程地质亚层和 2 个夹层，地基土的物理力学指标见表 5.4.3，典型地质剖面如图 5.4.3-3 所示。

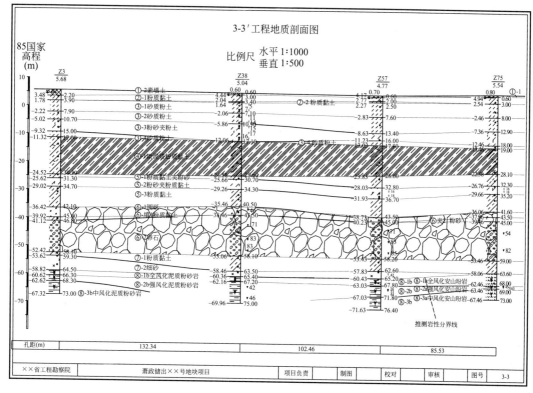

图 5.4.3-3　典型地质剖面

场地勘探深度以浅的地下水类型按其含水介质、水动力特征及其赋存条件，主要分为第四系松散岩类孔隙潜水、第四系松散岩类孔隙承压水和基岩裂隙水 3 类。

（1）第四系松散岩类孔隙潜水

主要赋存于场区浅部粉、砂性土层内，其富水性和透水性具有各向异性，受沉积层理影响，一般透水性水平向大于垂直向。含水层厚度在 17.0～19.0m，下部④-1 层淤泥质粉质黏土构成了潜水含水层的隔水底板。孔隙潜水受大气降水竖向入渗补给及地表水体下渗补给为主，径流缓慢，以蒸发方式排泄和向附近河塘侧向径流排泄为主，水位随季节气候动态变化明显，与地表水体具一定的水力联系，地下水埋深和变化幅度受季节和大气降水的影响，动态变化大，水位变幅 1.0～2.0m。勘察期间实测地下水位埋深为 0.60～1.40m，相应标高为 4.07～4.74m 左右，平均标高为 4.34m 左右。

（2）第四系松散岩类孔隙承压水

主要赋存于下部⑥层圆砾、细砂、卵石层内，上覆黏性土层构成了相对隔水层，含水层顶板埋深为 40.50～43.50m 左右，含水层厚度一般在 15.00～17.00m 左右，透水性良好，为钱塘江古河道淤积形成，地下水受上游侧向径流补给，水量充沛，具有明显的埋藏深、污染少、水量大的特点。根据区域水文地质资料，其承压水位埋深 9.8～11.4m 左右，对应标高 -3.80～-5.40m。该层渗透性较好，其渗透系数在 10^{-2}～10^{-1}cm/s 数量级之间，富水性较好。根据邻近建筑经验，场地孔隙承压水对桩基施工影响不大，与地表水及上部潜水无水力联系。其水质为咸水，对混凝土结构及钢筋混凝土结构中钢筋具微腐蚀性。

本层含水层对本工程桩基施工影响不大，但对本工程基坑工程有一定的影响。

（根据上述资料计算，基坑开挖深度在 20m 以内坑内抗承压水突涌安全系数大于规范要求，基本上不用考虑，但应注意勘察孔封堵，并合理组织局部深坑的施工，确保安全）

（3）基岩裂隙水

本场地主要的不良地质作用是原有建（构）筑物基础、浅层沼气、饱和砂土液化、暗浜及局部分布的地下管线等。

（1）原有建（构）筑物基础

场地西侧部分现有中铁隧道临时用房，场地东面有一座萧山区排水管理处城北泵站和 2 层仓储用房，其基础方案采用天然地基，基础型式为条基，基础埋深多在 0.50m 左右。原条形基础对桩基工程有一定影响。在桩基工程施工时可预先挖除，对本工程正常施工影响不大。

（2）浅层沼气

根据区域资料，浅部沼气主要分布在淤泥质粉质黏土层粉砂层透镜体中，当形成通道，浅层沼气会冒出地表，冲走上部的粉土、粉砂层，形成塌方和产生流砂等，勘探过程中在 Z65 孔疑似有浅层沼气冒出地表，形成的水柱喷射高度约 4～5m，喷射时间 10min 左右。

（3）地下管线

在本场地西部靠近现有中铁隧道临时施工用房处有较多市政管网分布，包括综合通信光缆、自来水管、污水管等，据现场初步调查：综合通信光缆宽约 1.0m，埋深约 0.7～1.0m，自来水管埋深约 2.5m，污水管埋深约 3.0m，施工前应迁移或进行保护。

特殊性岩土：

（1）饱和砂土液化

根据液化判别结果，在 7 度抗震设防烈度条件下，场地饱和粉（砂）土会产生轻微液化，主要的液化土层有③-1 层、③-2 层砂质粉土。

（2）暗塘土

在场地中东部一条宽约 20～35m 的河道贯穿场地南北，北侧与 A 河相连，本次详勘工作前期已对该河道进行回填，由于回填时对原河道下部的塘泥未进行清淤作业，现有河道将形成暗浜。原有河道底部厚约 0.5～1.0m 的塘泥将形成暗塘土，由于暗塘土具有高压缩性、易流动性，将对基坑工程的基坑开挖有一定影响。

土的物理力学指标　　　　　　　　　表 5.4.3

层 号	岩性名称	天然重度	建议值	
			固结快剪	
		γ	C	Φ
		(kN/m³)	kPa	度
②-1	粉质黏土	19.3	21.0	11.0
②-2	淤泥质粉质黏土	18.7	17.0（12.0）	8.0
③-1	砂质粉土	18.5	6.0	23.0
③-2	砂质粉土	19.2	5.0	22.0
③-3	粉砂夹粉土	19.4	3.0	25.5
③-4	砂质粉土	19.5	4.0	23.0

5. 基坑特点分析

该基坑具有如下几个特点:

(1) 本基坑开挖深度深,基坑面积大,长边尺寸超过 340m,基坑开挖对周边环境影响范围广。

(2) 在基坑开挖范围内存在大厚度的粉土层,渗透系数大,坑底以下则为淤泥质土,土体性质差,影响整体稳定和变形控制。

(3) 基坑周边距离道路及用地红线较近,场地条件较为紧张,环境条件复杂,位于城市繁华地带,社会影响大。

(4) 西侧地铁 2 号线已运营,盾构隧道保护要求高,与盾构管片外边界最小距离约 13m,地铁保护措施直接影响基坑围护方案。

(5) 本基坑南侧及东侧均为市政道路,沿道路分布大量的管线(电力、污水、电信、给水管、污水管、雨水管),且距基坑外边线较近。

(6) 项目建设工期紧。

西侧市心北路下杭州地铁 2 号线盾构隧道下行线距离基坑围护体内边线约 13m,盾构隧道中心处埋深 14.3m,位于本基坑坑底附近,该侧开挖深度范围内均为性质较好的粉土,对变形控制有利,但渗透性较高,对截水帷幕提出更高的要求。为减小基坑施工期间对盾构隧道的不利影响,设计对下列问题进行了重点考虑,并提出解决方案:

(1) 基坑平面尺寸大,基坑变形控制难。

解决方案:虽然本基坑相对短边方向临地铁盾构隧道,但基坑长边尺寸接近 350m,如整体开挖,支撑设置及土方开挖周期较长,不利于变形控制。为有效实现基坑的空间效应,沿地铁盾构隧道侧设置分隔墙,将临地铁盾构隧道侧大基坑划分为单独的小基坑。

基坑平面尺寸,尤其是靠盾构隧道一侧基坑尺寸缩小后,可大大提高土方开挖、支撑以及主体结构的施工速度,基坑的空间效应和时效性大大提高,有利于基坑变形控制。

(2) 运营盾构隧道变形要求控制严格。

解决方案:

1) 为进一步控制变形,沿盾构隧道一侧采用双排围护墙结构形式(前排采用 800mm 厚地下连续墙,后排采用 ϕ800mm 钻孔灌注桩,间距加密为 1200mm),保证了围护结构控制变形所需的刚度,钻孔灌注桩打设在搅拌桩内部,减少成桩施工对地铁盾构隧道的影响(图 5.4.3-4)。

2) 加大该侧围护体刚度,双排桩之间采用三轴水泥土搅拌桩进行加固(图 5.4.3-4),进一步减小了围护结构侧向位移。

3) 该侧被动区土体采取加固措施(图 5.4.3-5),从盾构顶至坑底以下范围采用三轴水泥土搅拌桩加固,角部满堂加固,进一步减少围护体侧向位移。

4) 地铁盾构隧道埋置深度位于坑底附近,坑底位置的变形直接影响隧道安全,坑底底板垫层可根据监测情况设置配筋垫层,在坑底位置短期形成有效的支撑,减少开挖暴露变形。

5) 坑内设置 800mm 厚地下连续墙地中壁,加强支撑系统,平面布置如图 5.4.3-6 所示(考虑其自身稳定,采用 T 型或十字型幅):盾构隧道顶标高以上暗撑采用素混凝土,顶标高以下采用钢筋混凝土结构。

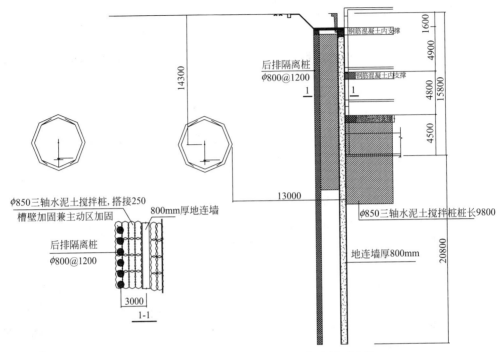

图 5.4.3-4 地铁盾构与基坑相互关系剖面示意

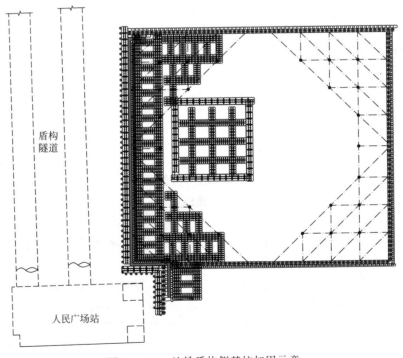

图 5.4.3-5 地铁盾构侧基坑加固示意

（3）盾构隧道侧对截水帷幕质量要求高：

解决方案：地铁设施一旦受损将造成巨大损失，本工程土体易产生管涌和流砂现象，截水帷幕要求高。为提高截水帷幕可靠度，该侧设置双重截水帷幕，即地连墙＋多排三轴

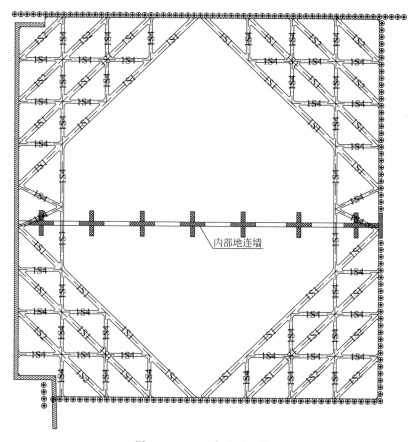

图 5.4.3-6 地中壁平面布置

水泥土搅拌桩的截水帷幕。

设计对施工提出了下列要求：

（1）沿盾构隧道一侧的小基坑先行施工。施工前，应设置测斜管等监测点，监控围护结构施工对地铁的影响，并动态调整施工方案。该侧需严格控制围护墙施工速度。

（2）基坑沿盾构隧道一侧的土方开挖，应严格分块开挖，及时支撑，确保控制到位。

1）第三道钢筋混凝土支撑以下土方开挖需严格按照分块施工要求进行。沿基坑侧分为 2 个区块，先开挖北侧区块第三道支撑以下土方，保留南侧区块土方。

2）分块开挖至坑底后，应在 24h 内施工混凝土垫层，北侧区块垫层达到设计强度且变形稳定后方可开挖南侧区块土方。必要时根据围护结构以及盾构隧道变形监测结果，考虑增设配筋垫层。

（3）严格控制地铁侧基坑周边的施工荷载，严禁挖土、运输机械等在该侧行驶。基坑外周边 10m 范围内施工静荷载不得超过 15kN/m²，10m 范围以外施工静荷载不得超过 10kN/m²。

6. 施工实施情况

2014 年 10 月 20 日开始打桩，2015 年 1 月 11 日完成。地连墙 11 月 10 日开始正式施工，12 月 4 日完成。第一层土方 2015 年 1 月 16 日开挖，第一道支撑 2015 年 2 月 12 日完成。3月10日开始第二层土方施工。第二道支撑4月14日完成，5月3～7日第三道支撑完成，根据变形情况，小坑底板分6块实施，确保分块要求及达到快速封闭坑底的目的，分块示意及底板完成时间如图5.4.3-7所示（出土口位于6区东端），由于项目地处区中心，交通繁忙，对土方车的管理和要求严格，基坑土方开挖受到诸多限制，基坑暴露时间也相应变长，对地铁变形控制相对不利。

考虑盾构隧道侧被动区土体已采用三轴水泥土搅拌桩加固，加固效果较好，故先施工远端的1区和2区，待1区和2区底板基础后，设置斜向钢支撑，钢支撑架设完成后方可开挖3区和4区，3区和4区基础底板浇筑完成且变形稳定后方可开挖5区土方，最后开挖6区土方。

小坑原为梁板基础，考虑到实际施工作业较长，非常不利于快速施工，经与各方协商，调整为筏板结构，便于底板快速形成。

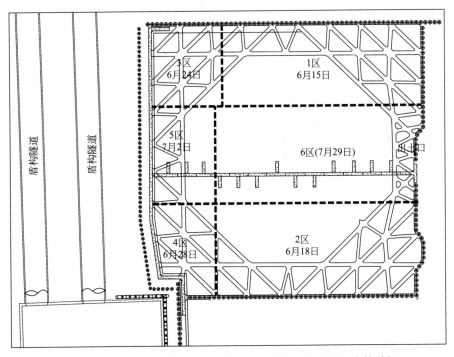

图 5.4.3-7　基础底板分块施工示意（图示时间为本块底板浇筑时间）

7. 监测情况

本项目采取以上的设计与施工措施后，运营地铁盾构隧道的变形与收敛基本在控制值范围，地铁安全运营得到了保证。监测结果表明，地连墙施工期间，水平位移有一定的增长，表明成槽施工对周边环境有影响，影响程度与施工速度、施工工艺等存在一定的关系。坑中暗撑对变形控制具有显著的作用，是重要工程变形控制的有效手段。

5.4.4　地铁控制中心（保护尚未运营的地铁车站及盾构隧道）

1. 工程概况

该项目包括 T1、T2、T3 三幢主楼，下设三层地下室，基坑平面尺寸约为 251m×

75m，开挖深度为 12.56、13.06m。

基坑南侧为已施工完成的地铁 1 号线建华站及其盾构区间。建华站地下二层，埋深约 15m，桩基础，钢筋混凝土结构，地下室外墙紧贴其自身的 800 厚地下连续墙围护结构。盾构隧道分别以 2.3‰、2.2‰ 坡率爬坡进站和下坡出站，其顶、底标高约为地表下 7m 和 13m。车站以及隧道管片外皮最近处距离基坑围护结构内边线 5.49、8.3m。隧道内轨道还未铺设。B、C、D 区块工程紧贴基坑北侧围护结构，无地下室。其桩基础承台与本工程地下室外墙净距仅 1000mm。两者同步施工，相互影响较大。其余两侧为空地（图 5.4.4-1）。

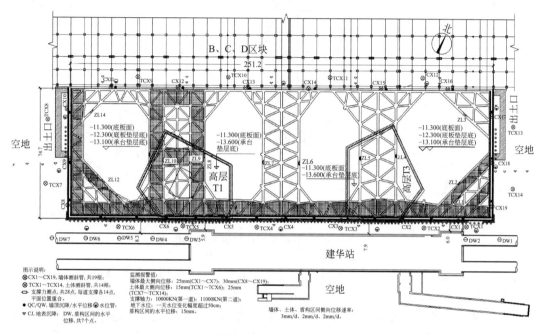

图 5.4.4-1　总平面图

2. 工程地质条件

工程场地为粉砂土地基。场地浅部约 17m 内为冲海相砂质粉土夹粉砂，中部约 17～40m 为中～高压缩性流塑状淤泥质粉质粉土层。基坑开挖面下存在两层淤泥质黏土层，其间为④-4 砂质粉土层。④-4 层分布有第一层承压水，水头埋深为地表下 3.8m。第二承压含水层分布于⑫-4 层圆砾层中，埋深大，对基坑工程施工影响小，可忽略。第一承压水则可能引起坑底土体突涌问题。

3. 基坑支护方案

控制中心工程对于地铁建成通车至关重要，建设工期紧。根据基坑开挖对隧道的影响研究，双排围护结构可有效控制围护结构变形。而降水是基坑施工的临时措施，一般分层沉降总和法计算的最终沉降量数值偏大。尽管如此，鉴于隧道严格的变形控制要求，确定隧道一侧降水深度不超过 4m；在降水先行启动使地基预沉降的前提下，B、C、D 区块工程一侧降水深度不超过 9m。围护结构方案最终确定如下：

（1）建华站和盾构隧道处，采用 800mm 厚地下连续墙和一排大直径钻孔灌注桩的双排围护结构，两者之间设置三轴水泥土搅拌桩槽壁加固和 φ800mm 的高压旋喷桩，作为截水帷幕兼双排围护结构的加固体；同时采用坑内被动区土体加固，如图 5.4.4-2 所示。

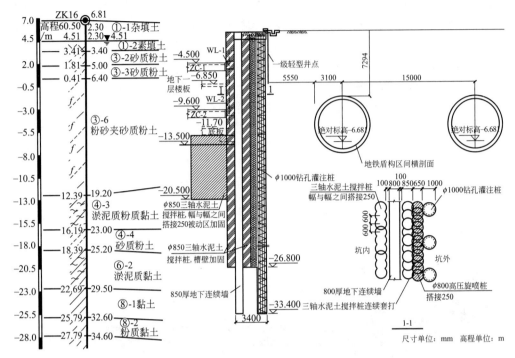

图 5.4.4-2　双排围护结构典型剖面图

（2）东北角、西北角设置出土口，采用 800mm 厚地下连续墙外加大直径钻孔灌注桩的双排围护结构形式。其余侧采用 800mm 厚地下连续墙的围护方案。

（3）临近隧道侧坑外周边采用一级轻型井点降水，降水深度不超过 4m。坑周距离隧道 45m 以外范围及坑内采用自流深井降水。深坑位置设置减压降水井，以降低④-4 层的承压水头。

（4）沿围护结构竖向设置两道支撑，支撑形式为大角撑结合对撑和边桁架的形式（如图 5.4.4-1 所示），盾构隧道侧每道支撑顶面增设钢筋混凝土板带。

围护方案采用双排围护结构、坑内被动区加固和设置钢筋混凝土板带措施，保证足够的抗侧刚度，以严格控制隧道一侧的土体变形；采用地下连续墙、三轴水泥土搅拌桩槽壁加固和其间嵌入的高压旋喷桩，形成三道截水帷幕，确保环境安全。结合平面布置图，在东西两侧设置出土口，施工期间可将基坑沿长边划分为若干分段，缩小了各区块的施工时间。基于 5m 的支撑竖向间距，可使运输车辆直接在第一、二道支撑间行走，缩短了出土时间。

4. 施工与监测

地下室工程于 2010 年 6 月开工，2011 年 4 月完成顶板浇筑。因地下墙已全部穿越⑥-2 层淤泥质黏土层，可有效地将基坑外水流截断。坑内自流深井降水对坑外周边环境影响小。根据减压降水井的试抽水试验，④-4 层含水层补给有限，最终撤销减压降水井的布置。开挖至坑底后，未出现④-4 层含水层的坑底突涌现象。

根据最终监测报告，地下室顶板浇筑完成后，盾构隧道附近土体最大深层水平位移值

248

为 9.53mm。建华站及隧道水平位移小，墙顶沉降波动幅度大，这与施工期间该侧重型施工机械行走有关。

支撑轴力随土方开挖而增大，开挖完成后轴力逐渐稳定，此后轴力受气温变化影响产生一定波动。监测期间第一道支撑轴力值超出设计标准值较多，第二道支撑轴力值均在设计控制范围内，现场未发现支撑开裂等现象，支撑体系安全。除第一道支撑轴力因受气温变化影响产生波动外，其

图 5.4.4-3 基坑施工过程的照片

余监测点监测值均在允许值范围内。围护结构水平位移和实测位移基本一致，计算结果略大于实测值。

5.4.5 上海市××医院改扩建工程（保护敏感浅基础老旧房屋）

1. 工程概况及周围环境分析

上海市××医院改扩建工程位于其旧址。该工程由 14 层主楼及 3 层门诊楼、医技楼及急诊楼等组成，分两期完成，一期工程包括图 5.4.5-1 所示的 Ⅰ、Ⅱ 及 Ⅳ 区，二期工程包括 Ⅲ 区及地下停车场工程。主楼高度为 68.5m，裙房高度为 15m。

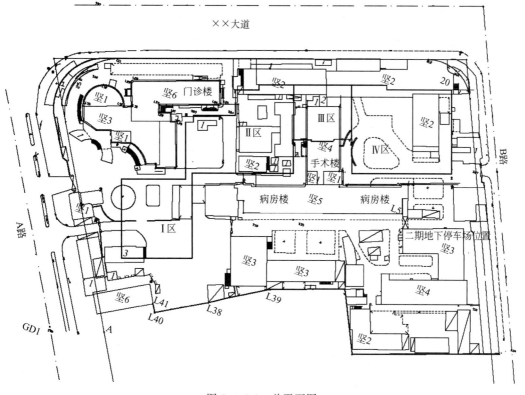

图 5.4.5-1 总平面图

本工程Ⅰ区平面尺寸约为37m×40m，Ⅱ区平面尺寸为45m×54m，Ⅳ区平面尺寸为45×50m。三区均设一层地下室，地下室底板面标高为-6.000m。Ⅰ、Ⅱ区的场地地坪标高在3.500m至3.600m之间变化，Ⅳ区的场地地坪标高为3.500m，考虑地下室底板及垫层厚度后，该基坑实际开挖深度为6.95m。

根据工程总平面布置图及现场观测结果，拟建工程Ⅰ区南部及西部有一窨井紧贴基坑，内有煤气管道及污水管；Ⅱ区北部为××大道，南部为该医院旧病房楼（5层），东部为手术楼（4层），病房楼及手术楼距基坑仅4m左右，二者基础均为天然条基，基础埋深约0.8m，且病房楼北侧有一窨井，内有污水管，窨井外缘距基坑仅2.3m；西部为医院现有门诊楼（6层），一层地下室，箱形基础，地下室埋深4.2m。门诊楼边紧靠基坑有一二层附属建筑及水池，水池局部距离基坑仅1m左右。Ⅳ区西部为手术楼，南部为病房楼，东部为B路。北、东、西三侧道路下均埋有大量管线。

2. 工程地质条件

根据工程地质勘察报告，场地30m以内的土层分布大致为（各土层物理力学指标详见表5.4.5）：

表层由杂填土、素填土及浜填土等组成。其中杂填土主要由水泥路面及碎石碎砖等组成，厚约0.8～1.6m；素填土呈粉质黏土，土质松散，厚约0.4～0.8m；场地西部有一条南北向的暗浜穿过。

第2层为褐黄色粉质黏土，该层下部局部含砂，土质比较均匀，层厚约1.6～2.0m，中压缩性。

第3层为灰色淤泥质粉质黏土夹砂。该层呈饱和、软～流塑状，层间局部夹砂，夹砂稍重时呈砂质粉土状，土质不匀，层厚约3.8～4.8m，高压缩性。

第4层为灰色淤泥质黏土，该层呈饱和、流塑状，层中夹少许砂，土质比较均匀，层厚约为6.0～7.5m，高压缩性。

第5-1层为灰色黏土。该层土呈软塑～可塑状，土质比较均匀，层厚约为2.5～5.5m，高压缩性。

第5-2层为灰色粉质黏土。该层土可塑，土质比较均匀，层厚约4.6～5.6m，中压缩性。

第6层为粉质黏土，硬塑，中压缩性。

本工程浅层地下水属潜水类型，稳定水位为0.7～1.2m。

各土层物理力学指标 表5.4.5

土　　　类	重度γ (kN/m³)	摩擦角φ (°)	粘聚力C (kPa)	水平向渗透系数 K_h (×10^{-7}cm/s)	无侧限抗压强度 Q_u (kPa)	静止土压力系数 K_0
杂填土						
粉质黏土	18.6	20	20	2.48	37.7	0.51
淤泥质粉质黏土夹砂	18.2	27	9	961	30.7	0.51
淤泥质黏土	17.1	11	11	1.99	49.1	0.59
灰色黏土	17.7	14	14		71.0	
灰色粉质黏土	18.3	22	17			

3. 基坑围护方案

本工程±0.000 相当于绝对高程 4.050m,现暂定自然地坪标高为绝对高程 3.500m,即相对标高－0.550m 整个地下室大面积底板板面标高为－6.000m,考虑底板厚度为 1.3m,垫层厚度为 200mm,则坑底标高为－7.500m,这样该基坑的开挖深度为 6.95m。

综合分析本工程的基坑形状、面积、开挖深度、地质条件及周围环境,该基坑具有如下几个特点:

(1) 土质条件差。地质报告提供的第四层大厚度淤泥质黏土的固结快剪指标仅为 C＝11kPa,ϕ＝11°45′;围护桩深度范围内的大多土层中夹砂,特别是第三层淤泥质粉质黏土,其水平向渗透系数达 9.61×10^{-5} cm/s,围护设计应对该基坑的防渗截水予以充分考虑。

(2) 周围环境复杂。该工程 3 个区基坑附近均有地下管线,邻近建筑物紧贴基坑,特别是病房楼及手术楼均为 1958 年设计的老式建筑,对地基变形非常敏感,这就要求围护设计要充分控制围护体的侧向变形,确保基坑开挖及地下室施工过程中邻近建筑物及管线的安全和正常使用。

(3) 该工程的分期进行。一期工程设计时应对二期的围护设计及地下室施工予以一定考虑。

设计时曾对多种围护方案进行了比较。

地下连续墙作为一种挡土结构,由于具有截面抗弯刚度大、墙体整体性及防渗性能好、对周围环境影响小,以及能适应各种土质条件等特点,在实际工程中已有广泛应用,特别是对于深大基坑以及建筑物基坑紧贴规划红线的情况,这种结构将更具优越性。但是,地下连续墙的机械化施工程度高,造价相对昂贵,另外紧贴邻近建筑物成槽可能会对建筑物的基础产生不利影响。

由于本工程场地位于医院院内,施工过程不能产生过大的噪声或振动以影响病人的休息和医生的工作。故钢板桩、打入式预制桩及沉管灌注桩等任何一种可能产生过大噪声或振动的桩型均被排除。

以一排钻孔灌注桩加一道(或多道)水平支撑作为挡土结构,并结合一定的截水措施,这种围护形式能有效地控制土体侧向位移和地面沉降,因而对于周围环境复杂、需要严格控制土体变形的基坑工程较为适宜。钻孔灌注桩施工时无噪声,对周围环境的影响也比较小;用于防渗截水的一般有水泥土搅拌桩、高压旋喷桩或压密注浆,只要合理地安排打桩次序,控制打桩速度,截水帷幕的施工对周围环境也不会有太大影响。

经过以上多方案比较,并结合本工程的特点,最后确定采用的围护方案为:

一排 ϕ800mm 钻孔灌注桩并结合一道混凝土内支撑作为挡土结构,在钻孔灌注桩后打一排 ϕ700mm 双头水泥土搅拌桩或 ϕ600mm 高压旋喷桩作为截水帷幕。在场地容许的部位,如靠近马路的几侧,可以采用较宽的围护体,故采用价格相对较低的水泥土搅拌桩来截水,为增强截水效果,在钻孔灌注桩与水泥土搅拌桩之间再进行压密注浆,注浆孔布置在各相邻钻孔灌注桩之间;在场地比较紧张的部位,如靠近病房楼及手术楼的各侧,则采用高压旋喷桩作截水帷幕。

如前所述,本工程第 3 号土层局部夹砂,水平向及竖向渗透系数均较大,钻孔灌注桩施工时,容易发生坍孔现象。另外,在以水泥土搅拌桩作为截水帷幕的各部位,局部的坍孔可能会影响到已打下的水泥土搅拌桩的质量，为以后渗水留下隐患。为保证钻孔灌注桩施工质量，保证围护体的截水效果，在施工钻孔灌注桩之前，先在钻孔灌注桩原位打设一排低掺量水泥土搅拌桩，保证成孔质量。

　　结合本工程3个区基坑的平面形状，水平内支撑采用井字形对撑布置（图5.4.5-2），这样可以有效地控制围护体的变形，确保邻近建筑物及管线的安全和正常使用。支撑的竖向立柱则尽量利用工程桩，不能利用的则要保证打设的竖向支撑桩与工程桩有一定间距。支撑的水平标高确定对围护桩的内力及变形影响较大，设计时充分考虑了不同工况，以使围护桩在不同挖土阶段的内力、变形最为合理。为减小悬臂挖土时的桩身变形，在坑内局部不利区域的压顶梁高度处施加临时钢管斜撑。为保证坑底围护体的截水效果，并改善坑底土的受力性能，在坑底围护桩边打设一排 ϕ700mm 水泥土搅拌桩。在场地相对更为重要的各边（如病房楼及手术楼处）设计以水泥土搅拌桩墩的形式对相应的被动区土体进行了加固。

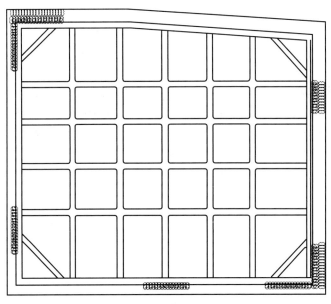

图 5.4.5-2　典型支撑平面布置图

4. 施工与监测

　　本工程采用钻孔灌注桩在水泥土搅拌桩原位施工的技术措施较好地控制了钻孔桩施工过程对周边建筑的影响，节省了场地空间。本工程采取的井形对撑、被动区加固等措施起到了较好的变形控制效果，整个基坑施工过程中医院功能正常运转，没有受到影响。基坑支护的环境保护措施取得了成功。

参 考 文 献

[1] 赵吉广，刘国彬．SMW 工法围护结构的计算模型和施工方法研究［D］，同济大学，硕士学位论文，2001.

[2] 朱廷忠，郑刚，李志国，刘畅，雷华阳．天津市浅部典型土层水泥土力学性能试验研究［J］，地下空间与工程学报，2005（05）：728～732.

[3] 黄新，周国钧．水泥土加固硬化机理初探［J］．岩土工程学报，1994，vol16（1）：63～68.

[4] 浙江省工程建设标准 DB33/T1082-2011 型钢水泥土搅拌墙技术规程［S］，杭州：浙江工商大学出版社，2011.

[5] 中华人民共和国住房和城乡建设部．JGJ/T303-2013 渠式切割水泥土连续墙技术规程［S］，北京：中国建筑工业出版社，2013.

[6] 浙江省工程建设标准 DB33/T1096-2014 建筑基坑工程技术规程［S］，杭州：浙江工商大学出版社，2014.

[7] 赵锡宏等．高层建筑深基坑围护工程实践与分析［M］，上海：同济大学出版社，1996.

[8] Clough, G. W. and O'Rourke, T. D., Construction-induced movements of in situ walls, Proceedings, Design and performance of earth retaining structure［C］，ASCE Special conference，Ithaca，New York，439～470，1990.

[9] Ou, C. Y., Hsieh, P. G. and Chiou, D. D., Characteristics of ground surface settlement during excavation［J］，Can. Geotech. J. Vol. 30，758～767，1993.

[10] Peck, R. B., Deep excavations and tunneling in soft ground［J］，7th ICSMFE State-of-the-art Volume：225～290，1969.

[11] 刘建航等．基坑工程手册［M］，北京：中国建筑工业出版社，1997.

[12] Caspe, M. S., Surface settlement adjacent to braced open cuts［J］，JSMFD，ASCE，VOL 92，SM4，51～59，1966.

[13] Hashash, Y. M. A, Whittle, A. J., Ground movement prediction for deep excavations in soft clay［J］，J. Geotech. Engrg.，ASCE，122（6）：474～486，1996.

[14] Hsi, J. P., and Small, J. C., Ground settlements and draw-down of the water table around an excavation［J］，Can. Geotech. J. Vol. 29，740～756，1992.

[15] Lin, H. D., Wang, J. J., Creep effects on deformation of deep excavation［J］，Proc.，10th Asian Conf. on Soil Mech. and Found. Engrg.，321～324，1995.

[16] Mana, A. I., Clough, G. W., Prediction of movements for braced cuts in clay［J］，ASCE，Vol. 107，No. GT6，759～777，June，1981.

[17] Morsy, M. M., et al, An effective stress model for creep of clay［J］，Can. Geotech. J. Vol. 32，819～834，1995.

[18] Ng, C. W. W., and Lings, M. L., Effects of modeling soil nonlinearity and wall installation on back-analysis of deep excavation in stiff clay［J］，J. Geotech. Engrg.，ASCE，Vol. 121，No. 10，687～695，1995.

[19] O'Rourke, T. D., Ground movements caused by braced excavations［J］，ASCE，Vol. 107，No. GT9，1159～1178，September，1981.

[20] Osaimi, A. E., and Clough, G. W., Pore-pressure dissipation during excavation［J］，J. Geotech. En-

grg.，Proc. of ASCE，Vol. 105，No. GT4，481～498，1979.

[21] 龚晓南. 土塑性力学 [M]，杭州：浙江大学出版社，1990.

[22] 华南工学院等四校合编. 地基及基础 [M]，北京：中国建筑工业出版社，1981.

[23] 刘兴旺，施祖元，益德清. 基坑开挖整体稳定分析计算 [C]，第八届全国建筑工程计算机应用学术会议论文集，杭州：浙江大学出版社，1996.

[24] 刘兴旺，施祖元，益德清. 基坑围护结构设计的改进等值梁法 [C]，第二届结构与地基国际学术研讨会论文集，香港，1997.

[25] 刘兴旺，施祖元，益德清，吴世明. 基坑围护结构全过程内力及变形分析 [J]，建筑结构学报，19 (5)：58～64，1998.

[26] 朱百里，沈珠江. 计算土力学 [M]，上海：上海科学技术出版社，1990.

[27] 林耀煌. 地下连续壁工法之发展 [J]，地工技术杂志，第 21 期，35～41，1988.

[28] 杨晓军，龚晓南. 基坑开挖中考虑水压力的土压力计算方法 [J]，土木工程学报，30 (4)：58～62，1997.

[29] 陈仲颐，叶书麟. 基础工程学 [M]，北京：中国建筑工业出版社，1990.

[30] Finno, R. J., and Harahap, I. S., Finite element analysis of HDR-4 excavation [J]，J. Geotech. Engrg.，ASCE，117 (10)：1590～1609，1991.

[31] Finno, R. J., Harahap, I. S. and Sabatini P. J., Analysis of braced excavations with coupled finite element formulations [J]，Comp. And Geotechnics，Vol. 12，91～114，1991.

[32] 王元湘. 盖挖逆作法在我国地铁工程中的应用 [J]，土木工程学报，29 (1)：1～14，1996.

[33] 日本建设机械化协会，祝国荣等译. 地下连续墙设计与施工手册 [M]，北京：中国建筑工业出版社，1983.

[34] （日）藤井清光、植田进武编，祝国荣等译. 地下连续墙工法的理论与实际 [M]，北京：中国铁道出版社，1986.

[35] 夏明耀. 多撑式地下连续墙施工阶段静力计算理论探讨 [J]，同济大学学报，1978，第 6 卷：67～72.

[36] 夏明耀. 多撑式地下连续墙入土深度的模型试验研究 [J]，大坝观测与土工测试，1984 (2)：15～19.

[37] 夏明耀等. 考虑分步开挖效应和预加轴力的地下连续墙的计算方法 [J]，同济大学学报，1993，21 (1)：35～40.

[38] Newmark，N. M.，Numerical Procedure for computing deflections, moments and buckling loads [J]，Proc. ASCE，1942，68 (5)：1161～1234.

[39] J. E. Bowls 著，胡人礼、陈太平译. 基础工程结构分析及程序 [M]，北京：中国铁道出版社，1982.

[40] 马洪建. SMW 工法在天津地铁车站建设中的应用 [M]，中铁十六局集团第一工程公司，2004.

[41] 史佩栋. 日本 SMW 工法地下连续墙 [J]，地基基础工程，1995，Vol. 5 (1)：59～65.

[42] 王健等. H 型钢与水泥土搅拌墙围护结构的设计与计算 [J]，同济大学学报，1998，26 (6)：636～639.

[43] 周希圣等. SMW 围护深基坑逆筑法设计研究与工程实践 [J]，岩土工程学报，2004，26 (4)：511～515.

[44] 踞娟等. SMW 工法桩施工对深层土体水平位移影响试验研究 [J]，建筑技术，2006，37 (12)：903～905.

[45] Kai Fang, Zhongmiao Zhang, Xingwang Liu, et al. Numerical analysis of the behavior of double-row support structure for braced excavation deepening [J]. Journal of Civil Engineering and Manage-

ment.2013，19（2）：169～176.

[46] 张忠苗，房凯，刘兴旺．特殊双排桩围护结构基坑周围地面沉降控制 [J].浙江大学学报（工学版），2012，46（7）：1275～1280.

[47] 刘兴旺，施祖元，益德清，吴世明．软土地区基坑开挖变形性状研究 [J]，岩土工程学报，1999，21（4）：456～460.